우리 나무 이름 사전

나무 이름
우 리 사 전

박상진

눌와

이름으로 만나는 나무 세상

사람과 사람이 처음 만나면 이름부터 주고받는다. 나무와 친근해지는 첫걸음도 이름을 아는 것이다. 또한 이름을 기계적으로 외우기보다 그 유래를 알면 훨씬 쉽게 머릿속에 담을 수 있을 뿐만 아니라 나무에 대한 이해의 폭을 넓힐 수 있다.

　요즘 나는 나무 전문가들보다, 나무를 좋아하고 관심을 갖는 평범한 분들과 만나는 때가 많다. 대학에서 관련 공부를 하진 않았지만 열정적으로 현장을 다니면서 익혀온 탓에 전문가를 뺨칠 만큼 해박한 지식을 가진 분들도 많다. 궁궐, 왕릉, 천연기념물 고목나무 등을 찾아다니면서 이런 분들과 나무와 문화를 이야기하다 보면 이때마다 나오는 가장 흔한 질문은 "이 나무 이름은 뭔가요?", "왜 이런 이름이 붙었나요?"이다.

　나무 이름은 최근에 붙인 몇몇 이름을 제외하면 우리말과 한자어로 이루어진다. 순우리말 이름은 대부분 살면서 숲과 나무를 가까이 할 수밖에 없는 백성들이 붙였다. 나무의 생김새나 특징을 뜻으로 나타내기보단 직관적인 느낌을 꾸밈없이 그대로 나타낸 이름이 많다. 나는 우리말 나무 이름 중 층층나무는 가지가 매년 돌려나기로 층층을 이루기 때문에, 뽕나무는 소화가 잘 되는 열매 오디를 먹으면 '뿡뿡' 방귀가 잘 나왔기 때문에 그런 이름이 붙었다고 믿는다. 반면에 한자어 이름은 글을 아는 선비들이 붙였다. 산수유처럼 중국 이름을 그대로 따오거나, 나무껍질이나 속이 붉다고 붉을 주(朱)를 붙여 주목(朱木)이라고 하는 식이다. 대부분 한자를 알아야만 의미를 알 수 있다.

나도 나무를 공부해오면서 끊임없이 "왜 이런 이름이 붙었지?"란 의문을 가져왔다. 자료를 모아 정리를 시작하고도 수십 년이 흘렀다. 지난 해 여름, 나무 이름의 유래를 찾는 오랜 숙제를 이제는 내려놓아야겠다는 생각으로 새삼 자료를 꺼내 읽어보았다. 아직 공개적으로 내놓고 발표하기에는 망설여지는 부분이 많았다. 사실 나무 이름의 유래는 논란이 있을 수밖에 없다. 우리 선조들이 어떻게 이름을 붙였는지를 추정할 수 있는 자료가 거의 없기 때문이다. 나무 이름의 유래에 대한 견해는 사람마다 너무나 다양하다. 다시 확인하고 검토해야 할 내용도 여기저기 보인다. 마침표를 찍으려면 앞으로도 많은 시간이 필요하다. 하지만 궁금해 하는 분들이 너무 많으니 일단 세상에

내놓고 모자란 점은 고쳐나가자고 마음먹었다. 따라서 내용에 미비한 점이 많고, 내 일방적인 주장도 있으며 오류도 있을 것이다. 겸허히 비판을 받아 다듬어나가고 싶다. 읽는 분들이 더 깊이 생각하고 보태서 나무 이름마다 붙은 물음표가 모두 풀리는 날이 오기를 고대한다.

이 책에는 상세히 설명한 것과 간략히 설명한 것을 합쳐 모두 500여 종의 나무들의 이름과 그 유래를 실었다. 소나무, 참나무, 느티나무 등 주변의 흔한 나무들은 대부분 이름의 유래를 찾을 수 있었으나 아쉽게도 시닥나무, 생달나무, 참식나무 등 상당수 나무들은 그렇지 않았다. 나무 이름의 유래를 추적할 때는 우선 옛 문헌부터 찾아보았다. 국립국어원 자료나 어원 사전 등을 이용한 어문학적인 접근도 시도했지만, 주로 생김새 등 생태적인 특징에 주목했다. 나무의 생태에서 이름의 유래를 알 수 있는 경우가 의외로 굉장히 많다. 나무 이름 앞에 붙는 '눈'은 줄기가 곧추서지 않고 누워 자란다는 뜻이며, '물'은 물가에 자라거나 목재 속에 물이 많은 나무에 붙고, '왕'은 비슷한 다른 나무보다 더 크고 웅장하다는 뜻을 담고 있다.

나무 이름은 가나다순으로 배열하여 찾기 쉽게 했으며 유사 수종은 묶어서 같은 항에 넣기도 했다. 이름 해설 이외에 나무의 식물학적인 정보를 알기 위한 학명 해설을 비롯하여 우리 이름과 불가분의 관계를 가진 중국 이름은 물론 일본 이름, 북한 이름까지 함께 넣어 참고할 수 있게 하였다.

　　끝으로 졸고를 비판적으로 읽고 여러 조언을 주셨으며, 추천의 글까지 보내주신 전 국립국어원장 이상규 교수님과 시인 안도현 교수님에게 깊이 감사드린다. 아울러 학명 해설 등은 국립백두대간수목원 허태임 연구원의 많은 도움을 받았다.

2019년 8월

박상진

차례

일러두기

※ 이 책에 별도의 항목으로 이름을 실어 그 유래를 설명한 나무는 409종이다. 그 외 100여 종의 나무 이름을 본문에서 간략히 해설하고 굵은 글씨로 표시하였다.

※ 각 항목은 나무 이름의 가나다순으로 실었고, 대표 수종에 뒤따라 실은 나무의 경우 중요도에 따라 배열하였다.

※ 각 항목마다 본문의 아래에 과명(科名), 학명(學名), 영명(英名), 중명(中名), 일명(日名)을 싣고 학명의 속명(屬名) 및 종소명(種小名)을 풀어 설명하였다.

※ 나무 이름 및 학명은 원칙적으로 2018년 말 기준《국가표준식물목록》을 따랐다. 그러나 잘 쓰이지 않는 이름이나 견해가 일치하지 않는 학명은 다른 자료를 참조하여 결정하였다.

※ 속명 및 종소명 해설은《원색 대한식물도감》(이창복, 향문사, 2009)을 기준으로 일본 홋카이도대학 홈페이지 등의 온라인 자료들을 참고하였다.

※ 대표 수종에 뒤따라 실은 나무의 경우 속명과 종소명이 반복되는 경우 해설을 생략하였다.

※ 영어 이름(영명)은 '국가생물종자원시스템(www.nature.go.kr)'을 기준으로 《한반도수목 필드 가이드》(장진성 외, 디자인포스트, 2012)를 참조하여 정하였다.

※ 중국 이름(중명)은《Dictionary of seed plants names: Latin-Chinese-English》(冯宋明, 중국과학출판사, 1989)에서 찾고 온라인 자료를 참조하여 확인하였다.

※ 일본 이름(일명)은 '국가생물종자원시스템(www.nature.go.kr)'을 따르고 일부는 일본 수목도감 및 온라인 자료를 참고하였다.

※ 중명과 일명 옆에 표시한 늑은 위에서 설명한 나무와 정확히 일치하진 않으나 비슷한 나무임을 나타낸다.

※ 북한 이름이 본문에 나오는 경우 굵은 글씨로 표시하였다.

※ 참고문헌은 마지막에 일괄 처리하고 본문에 주는 따로 달지 않았다.

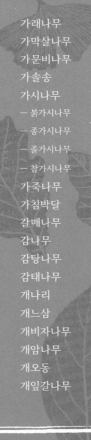

ㄱ

가래나무

잎지는 넓은잎 큰키나무

가래나무의 씨앗은 밭갈이에 쓰는 농기구 가래의 날과 매우 닮았다. 씨앗이 가래 모양인 나무라 하여 가래나무가 된 것이다. 가래나무를 한자로는 추(楸)라고 쓰는데, 농기구 가래를 나타내는 초(鍬)에서 쇠 금(金) 변을 나무 목(木) 변으로 바꾸면 가래나무 추(楸)가 되어 이 역시 가래와 관련이 있다. 가래나무는 무늬가 아름답고 재질이 좋다. 때문에 무늬가 아름다운 나무라는 뜻으로 문내목(文乃木)으로도 기록되어 있다. 호두나무와 함께 서양에서도 월넛(walnut)이란 이름으로 고급 가구를 만드는 데 널리 이용된다.

가래나무를 한자로 재(梓)라고도 쓰는데, 임금님의 관은 재궁(梓宮)이라고 한다. 중국에서는 실제로 2천 2백 년 전의 미라가 출토되어 유명한 호남성 장사(長沙)의 마왕퇴(馬王堆) 무덤에서 가래나무로 만든 재궁이 출토되기도 했다. 그러나 우리나라에서는 느티나무, 참나무, 주목을 주로 썼고, 조선시대에는 거의 소나무로 재궁을 만들었다. 가래나무를 이두로는 가내(加乃)라고 표기했으며, 그 나무판은 가내판이라 했다. 가래나무는 우리나라에 본래부터 자라던 토종 나무이다. 가래 알은 석기시대 우리나라 생활 유적지를 비롯한 각종 고고 발굴지에서 빠지지 않고 출토된다.

과명 가래나무과	영명 Mandshurica walnut
학명 *Juglans mandshurica*	중명 胡桃楸
	일명 オニグルミ(鬼胡桃)

속명 *Juglans*는 고대 라틴어 jovis(제우스)와 glans(도토리)의 합성어이다. 맛이 좋은 호두 등 견과가 달린 나무를 제우스에게 바친 것에서 유래하였다. 종소명 *mandshurica*는 만주를 뜻한다.

가래나무

가막살나무

잎지는 넓은잎 작은키나무

흰 꽃이 우산 모양의 꽃차례로 가득 피고, 가을이면 꽃자리마다 콩알 굵기의 붉은 열매가 익는다. 핵과(核果)라서 가운데 딱딱한 씨앗이 들어 있으므로 먹을 만한 육질이 많지는 않지만 산새들의 중요한 먹잇감이다. 이 열매를 특히 까마귀가 잘 먹는다 하여 '까마귀의 쌀나무'란 뜻의 가막살나무란 이름이 붙었다. 옛사람들은 다른 새보다 인가 가까이 사는 까마귀가 열매를 먹는 모습을 더 자주 보았던 것 같다.

과명 인동과
학명 *Viburnum dilatatum*

영명 Linden viburnum
중명 莢蒾
일명 ガマズミ(莢蒾)

속명 *Viburnum*은 이 속의 나무를 가리키던 고대 라틴어 이름에서 따왔으며 종소명 *dilatatum*은 '넓다', '통통하다'는 뜻이다.

가문비나무

늘푸른 바늘잎 큰키나무

껍질이 검은빛이어서 한자 이름이 흑피목(黑皮木)이다. 한글로 풀어 쓰면 '검은 껍질 나무'이나, 껍질이란 말은 한자 그대로 피(皮)라고 두는 경우가 많다. 따라서 '흑피목'이 '검은 피나무'가 되고 이것이 다시 변하여 '가문비나무'가 되었다. 주로 고산지대에서 자라 쉽게 볼 수 없으며, 우리 주변에는 유럽에서 들여온 독일가문비나무를 조경수로 흔히 심고 있다.

과명 소나무과
학명 *Picea jezoensis*

영명 Dark-bark spruce
중명 鱼鳞云杉
일명 エゾマツ(蝦夷松)

속명 *Picea*는 송진을 뜻하는 pix에서 유래하였고 종소명 *jezoensis*는 일본 홋카이도를 뜻한다.

가솔송

늘푸른 넓은잎 작은키나무

잎이 폭이 좁은 선형(線形)이라 바늘잎나무인 솔송나무의 잎과 닮았지만, 넓은잎나무 무리에 들어간다. 솔송나무와 닮았으나 진짜 솔송나무는 아니라는 뜻으로 이름에 가(假)가 붙어 가솔 송이 되었다. 함경도 고산지대에 자라며 다 자라도 키가 한 뼘 남짓한 작은 나무다. 가을에 동그란 삭과(蒴果·열매 속이 여러 칸으로 나뉘어 각 칸마다 많은 씨가 들어 있는 열매)가 달린다.

과명 진달래과	영명 Blue mountain-heath
학명 *Phyllodoce caerulea*	

속명 *Phyllodoce*는 고대 로마의 시인 베르길리우스가 명명한 바다 여신의 이름에서 따왔다. 종소명 *caerulea*는 푸른색을 뜻한다.

가시나무

늘푸른 넓은잎 큰키나무

옛날 임금님 행차의 앞에서 깃대를 매는 긴 막대기를 가서봉(哥舒棒)이라 하는데, 가시나무를 가서봉을 만들 때 흔히 사용했기에 그 이름이 가서목-가서나무-가시나무로 변한 것으로 보인다. 가서목(哥舒木) 이외에 가서목(柯西木), 가사목(加斜木), 가시목(加時木) 등으로 표기하기도 했다. 가시나무는 단단하고 질긴 좋은 재목이었기에 군수용으로 중요하게 쓰였으며, 대장군전(大將軍箭)이라는 대형 목제 화살로도 이용되었다. 참나무 종류의 열매를 도토리라고 하듯 가시나무 종류의 열매를 가시라고 부르는데, 가시가 2년 만에 익으므로 옛날에는 이년목(二年木)이라고도 했다. 흥미롭게도 가시나무를 일본에서도 역시 가시(ガシ)라고 부른다. 일본에 우리말이 건너간 대표적인 예이다. 가시나무는 참나무 종류이지만 늘푸른나무다.

과명 참나무과	영명 Bamboo-leaf oak
학명 *Quercus myrsinaefolia*	중명 小叶青冈
	일명 シラカシ(白樫)

속명 *Quercus*는 켈트어 quer(질 좋은)와 cuez(재목)의 합성어이며 종소명 *myrsinaefolia*는 미르시네속(*Myrsine*)과 잎이 닮았다는 뜻이다.

가시나무

붉가시나무

늘푸른 넓은잎 큰키나무

목재의 색깔이 다른 가시나무보다
붉은 빛을 띠어 붉가시나무다.
가시나무 종류 중 잎이 가장 크다.
잎은 긴 타원형이며 가장자리에
톱니가 없어 밋밋하다. 추위에 약하여 자랄 수 있는 북쪽
한계가 남서해안 섬 지역과 울릉도다.

과명 참나무과
학명 *Quercus acuta*
종소명 *acuta*는 날카롭다는
뜻이다.

영명 Japanese red oak,
Japanese evergreen
oak
중명 日本常緑橡樹
일명 アカガシ(赤樫)

종가시나무

늘푸른 넓은잎 큰키나무

열매의 깍지가 종 모양이라
종가시나무다. 다른 가시나무보다
추위에 잘 버티어 중부 지방까지도
자란다. 톱니가 잎의 위쪽에만 있다.

과명 참나무과
학명 *Quercus glauca*
종소명 *glauca*는 '청회색'
혹은 '분백색'이란 뜻이다.
잎 뒷면에 회색빛 연한 털이
있어서 잎 뒷면이 분백색을
띠는 것처럼 보이는 특징에서
붙인 이름이다.

영명 Ring-cup oak
중명 日本藍橡樹
일명 アラカシ(粗樫)

졸가시나무

늘푸른 넓은잎 중간키나무

중국 남부와 일본에 자라며
우리나라에는 조경수로 들여왔다.
가시나무 종류 중에서 잎이 가장
작아서 졸가시나무라고 한다. 잎의
위쪽에만 톱니가 있다.

과명 참나무과
학명 *Quercus phillyraeoides*

종소명 *phillyraeoides*는
물푸레나무과의 *phillyraea*와
닮았다는 뜻이다.

영명 Blue Japanese oak
중명 乌冈栎
일명 ウバメガシ(姥目樫)

참가시나무

늘푸른 넓은잎 큰키나무

여러 가시나무 중 진짜 혹은
표준이라는 뜻으로 이름에 '참'이
붙었다. 다른 가시나무와 달리 잎이
가늘고 길다. 잎의 톱니가 뾰족하고
뒷면은 하얗다. 반대로, 잎 모양은 비슷하지만 다른 종류의
나무인 **개가시나무**가 있다.

과명 참나무과
학명 *Quercus salicina*

종소명 *salicina*는 잎이
버드나무속(*Salix*)과
비슷하다는 뜻이다.

영명 Willow-leaf evergreen oak
중명 白背栎, 柳椇
일명 ウラジロガシ(裏白樫)

가솔송

가죽나무

잎지는 넓은잎 큰키나무

절에 심어 스님들이 잎을 먹는 참죽나무가 있다. 본래 '진짜 중나무(眞僧木)'란 뜻으로 '참중나무'라고 부르던 것이 변한 이름이다. 가죽나무는 참죽나무와 과(科)가 다를 만큼 식물학적으로 먼 사이지만 잎 모양은 비슷하다. 하지만 가죽나무 잎은 가장자리의 선점(腺點)에서 역한 냄새가 나므로 먹을 수 없다. 그래서 '가짜 중나무(假僧木)'란 뜻의 '가중나무'에서 가죽나무가 되었다. 가죽나무는 쓸모없다는 뜻의 한자인 저(樗)로 표기하기도 한다. 참죽나무는 잎 가장자리 전체에 톱니가 있지만, 가죽나무는 잎 가장자리 아래에 2~3개의 큰 톱니가 있다. 가죽나무와 참죽나무는 흔히 혼동되곤 한다. 남부 일부 지방에서는 참죽나무를 가죽나무라 하고, 가죽나무는 개가죽나무로 부르기도 한다.

과명 소태나무과
학명 *Ailanthus altissima*

영명 Tree of heaven
중명 臭椿
일명 ニワウルシ(庭漆)

속명 *Ailanthus*는 '하늘에 닿을 정도로 큰 나무'란 뜻의 인도네시아 몰루카제도 원주민들의 단어에서 유래하였다. 종소명 *altissima*는 '굉장히 키가 큰 나무'란 뜻이다.

가침박달

잎지는 넓은잎 작은키나무

가침박달의 열매는 깃봉 모양이고 끝은 오목하게 패여 있다. 씨
방 여럿이 마치 바느질할 때 감치기를 한 것처럼 연결되어 있다.
'감치기'와 박달나무처럼 단단하다는 의미를 합친 '감치기박달'
이 변하여 가침박달이 되었다. 자그마한 나무이며 무리 지어
자라면서 피는 흰 꽃이 아름답다.

과명 장미과
학명 *Exochorda serratifolia*

영명 Korean pearl bush
중명 齿叶白鹃梅
일명 ヤナギザクラ(柳桜)

속명 *Exochorda*는 그리스어로 바깥을 뜻하는 exo와 끈을 뜻하는
chorde의 합성어이다. 우리 이름처럼 끈으로 꿰매었다는 특성을 담고 있다. 종소명
*serratifolia*는 '톱니가 있는 잎'이란 뜻이다.

가침박달

갈매나무

잎지는 넓은잎 중간키나무

짙은 초록빛의 다른 이름은 '갈맷빛'이다. 갈매나무 껍질을 벗겨 삶은 물에 염색을 하면 갈맷빛을 얻을 수 있다. 갈매나무 껍질은 7품 이하의 관리들이 입던 녹포(綠袍)를 물들이는 데도 이용하였다. 조선 후기의 실학자 서유구가 쓴《임원경제지(林園經濟志)》에는 '늙은 갈매나무 껍질로 염색을 하면 역시 진초록색을 얻을 수 있다'라고 했다. 잎도 진한 초록색이다. 그래서 '갈매색을 얻을 수 있는 나무'라 하여 갈매나무가 되었다. 시인 백석의 시에 "그 드물다는 굳고 정한 갈매나무"라는 표현이 있다. 비중이 0.7 정도 되니 굳은 나무임에 틀림없다. 갈매나무 목재는 고고학 발굴 현장에서 흔히 출토되며, 나무속의 세포 배열이 아주 독특하다. 현미경으로 들여다보면 작은 물관이 무리 지어 일정한 문양을 이루고 있어 문양공재(紋樣孔材)라고도 한다.

과명 갈매나무과	영명 Dahurian buckthorn
학명 *Rhamnus davurica*	중명 鼠李
	일명 クロツバラ(黒つ薔薇)

속명 *Rhamnus*는 '가시가 있는 작은 나무'란 뜻의 그리스어 옛말에서 왔으며 종소명 *davurica*는 시베리아 남부의 다우리아 지방을 뜻한다.

감나무

잎지는 넓은잎 큰키나무

감나무는 중국 장강 유역이 원산지로 한
자로 쓸 때는 중국 이름 그대로 시(柿)라고
한다. 단맛이 나는 음식이 많지 않던 옛날에
는 감이 달콤한 맛의 대표였다. 때문에 달다는 뜻의 한
자 감(甘)이 붙어 감나무가 된 것으로 짐작된다. 옛 중국에서는
감나무를 '가지가 열리는 나무'란 뜻으로 가자목(枷子木)이라 썼
는데, 이것을 '가치무'로 읽다가 '감'으로 변했다는 이야기도 있
다. 송나라 사람 손목이 고려에 다녀와 쓴 견문록이자 어휘집
인《계림유사(鷄林類事)》에 감을 부르는 고려 이름이 '감(坎)'으로
기록되어 있어 순우리말로 봐야 한다는 견해도 많다.《동의보
감(東醫寶鑑)》한글본에는 한자로 홍시(紅柿), 한글로 감이라 쓰
여 있다.

과명 감나무과
학명 *Diospyros kaki*

영명 Oriental persimmon
중명 柿
일명 カキノキ(柿の木)

속명 *Diospyros*는 그리스어 dios(신성함)와 pyros(곡물)의 합성어로 '신의 식물'이란
뜻이다. 과일의 맛을 찬양한 것으로 보인다. 종소명 *kaki*는 우리말 감나무가 변한
일본어 가키(カキ)에서 왔다.

감탕나무

늘푸른 넓은잎 큰키나무

감탕나무의 속껍질을 벗겨 삶거나, 나무껍질에다 상처를 내어
수액을 받아 굳히면 감탕(甘湯)을 얻을 수 있다. 감탕이란 동물
가죽이나 뼈를 고아 굳힌 아교에다 송진을 끓여서 만든 옛 접착
제를 말한다. 감탕을 얻을 수 있다 하여 감탕나무란 이름이 붙
었다. 한자로는 풀을 뜻하는 점(黏)을 써서 점목(黏木)이라 하니,
예부터 접착제를 얻는 나무로 이용되었음을 짐작할 수 있다.

과명 감탕나무과
학명 *Ilex integra*

영명 Elegance female holly
종명 全缘冬青
일명 モチノキ(黐の木)

속명 *Ilex*는 서양호랑가시나무의 라틴어 옛 이름이며 종소명 *integra*는 잎
가장자리가 갈라지지 않고 매끄러움을 뜻한다.

감태나무

잎지는 넓은잎 중간키나무

감태나무의 잎이나 어린 가지를 찢으면 향기가 난다. 진하지는 않지만 해초 종류인 감태의 냄새와 비슷하다. 주로 자라는 곳도 남해안 바다 가까운 곳이다. 감태나무란 이름은 해초 감태에서 온 것이 아닐까 싶다. 봄날 먹거리가 모자라면 감태나무 새잎을 따다가 말린 다음 가루를 만들어 밥이나 떡에 섞어서 양을 늘려 먹기도 했다고 한다. 가을 단풍이 금방 떨어지지 않고 이듬해 새싹이 돋을 때까지 달려 있는 점이 특징이다. 백동백나무라는 별칭이 있으며 북한 이름은 **흰동백나무**다.

과명 녹나무과	영명 Gray-blue spicebush
학명 *Lindera glauca*	중명 山胡椒
	일명 ヤマコウバシ(山香ばし)

속명 *Lindera*는 스웨덴의 식물학자이자 의사인 린데르(J. Linder·1676~1724)의 이름에서 따왔다. 종소명 *glauca*는 청록색 혹은 백색을 띠었다는 뜻이다.

감태나무

개나리

잎지는 넓은잎 작은키나무

참나리, 하늘나리, 말나리, 솔나리 등 나리라는 예쁜 이름을 단 초본식물 꽃들은 홀로 다소곳이 핀다. 작은 점을 찍어둔 것 같은 점박이 노란 꽃이라 우리의 눈길을 더욱 사로잡는다. 개나리 꽃은 이 나리꽃들보다 꽃도 작고 무리 지어 피지만 모양이 닮기는 했다. '개'라는 접두어는 본래의 것과 비슷하지만 조금 못한 대상에 흔히 붙이는 말이다. 개나리라는 이름도 나리꽃을 닮았으나 좀 작고 덜 아름답다는 뜻에서 붙은 것으로 짐작된다.

연세대학교 홍윤표 교수에 따르면 한글이 창제되기 전에 쓰인 책인 《향약구급방(鄕藥救急方)》에도 견이나리(犬伊那里)나 견내리(犬乃里)라는 단어가 등장하며, 한글이 창제된 이후에 나온 《구급간이방(救急簡易方)》에는 '개나릿 불휘(뿌리)'라는 말이 나온다고 한다. 한자로 개나리는 연교(連翹)인데, 《동의보감》 한글본에선 연교를 '어어리나모 여름(열매)'이라고 했다. 다른 이름이 있기도 했으나 이렇게 개나리란 이름은 적어도 5백여 년 전부터 널리 쓰였다. 북한에서는 접두어 '개'가 들어간 식물의 이름은 모두 바꾸었음에도 개나리는 개나리꽃나무로 그냥 두었다. 개나리를 '개'와 '나리'로 이루어진 합성어가 아니라 하나의 단어로 생각한 것 같다. 우리나라에는 개나리 이외에 줄기가 잘 늘어지지 않는 **만리화**를 비롯하여 **산개나리, 의성개나리** 등 몇몇 종류가 있다.

과명 물푸레나무과	영명 Gaenari, Korean goldenbell tree
학명 *Forsythia koreana*	중명 朝鮮連翹
	일명 チョウセンレンギョウ (朝鮮連翹)

속명 *Forsythia*는 영국 왕립식물원 감독관을 지낸 원예가 포사이스(W. Forsyth · 1737~1804)의 이름에서 따왔다. 종소명 *koreana*는 한국을 뜻한다.

개나리

개느삼

잎지는 넓은잎 작은키나무

여러해살이 풀인 고삼(苦蔘)은 해열·이뇨에 효과가 있고, 위장까지 튼튼하게 해주는 한약재이다. 고삼을 다른 이름으로 느삼이라고도 하는데, 이 느삼과 거의 비슷하게 생긴 나무가 있다. 자그마한 이 나무를 두고 느삼과 닮았지만 다른 식물이란 뜻에서 개느삼이라고 부른다. 북한 이름은 **느삼나무**이다. 춘천, 인제, 양구 등 강원도 북부에서 북한에 걸쳐 분포하며 척박한 땅에서도 잘 자란다. 나비 모양의 노란 꽃이 보기 좋아 정원수로도 심는다.

과명 **콩과**	영명 Korean necklace pod
학명 *Sophora koreensis*	일명 イヌムレスズメ(犬群雀)

속명 *Sophora*는 이 속의 식물을 가리키던 아랍어 이름에서 유래했다.
종소명 *koreensis*는 한국을 뜻한다.

개느삼

개비자나무

늘푸른 바늘잎 작은키나무

비자나무와 잎이 비슷하게 생겼으나 나무의 재질이나 쓰임새가 훨씬 못하다고 개비자나무다. 그러나 잎이 닮은 것만 제외하면 둘은 완전히 다른 나무다. 비자나무가 주로 남해안 및 섬에서 자라는 데 비하여 개비자나무는 중부 지방의 숲속에서 자라며, 비자나무는 아름드리 큰 나무인데 개비자나무는 작은 나무이다. 비자나무는 주목과이므로 과(科)도 다르다. 비자나무와 비교하여 '개'가 붙은 것은 개비자나무로서는 억울한 일인데, 일본 이름 이누가야(犬榧)를 그대로 우리말로 옮겨 이름을 지은 것으로 보인다. 북한 이름은 **좀비자나무**이다.

과명	개비자나무과	영명	Plum yew
학명	*Cephalotaxus barringtonii*	중명	늦粗榧, 三尖杉
		일명	イヌガヤ(犬榧)

속명 *Cephalotaxus*는 그리스어 cephlos(머리)와 taxus(주목)의 합성어이다. 실제로 나무의 전반적인 생김새는 주목과 비슷하나 수꽃이 머리 모양으로 모여 달리는 것이 차이점이다. 종소명 *harringtonii*는 영국의 해링턴 백작 찰스 스탠호프(Charles Stanhope·1780~1851)를 기념하기 위해 붙여졌다.

개암나무

잎지는 넓은잎 작은키나무

개암나무는 자그마한 나무다. 하지만 그 열매인 개암은 고소한 맛으로 예부터 사랑을 받았다. 생김새나 맛이 밤과 매우 닮았으나 밤보다 조금 못하다는 뜻으로 '개밤'이라 하다가 '개암'이 되었다. 한자 이름도 산반율(山反栗)이나 진율(榛栗)이라 하여 모두 밤 율(栗) 자가 들어 있다. 달콤하고 고소한 개암을 넣은 헤이즐넛 커피는 지금도 많은 이들의 사랑을 받는다. 개암은 고려 때부터 임진왜란 전까지 임금님의 제사상에도 올라갔다. '진짜 개암나무'란 뜻의 **참개암나무**와 물가의 습한 곳에 잘 자란다는 뜻의 **물개암나무**도 한 식구다. 참개암나무는 열매 끝이 뿔 모양으로 갈라진다 하여 북한에서는 **뿔개암나무**라는 이름으로 부른다.

과명 자작나무과
학명 *Corylus heterophylla*

영명 Asian hazel
중명 榛
일명 ハシバミ(榛)

속명 *Corylus*는 그리스어로 투구를 뜻하는 korys에서 유래하였다. 열매의 모양이 투구와 닮았기 때문이다. 종소명 *heterophylla*는 잎 모양이 서로 다르다는 뜻인데, 한 그루에 다른 모양의 잎이 섞여 나는 특징을 가리킨다.

개오동

잎지는 넓은잎 큰키나무

개오동은 오동나무와는 과(科)가 다를 정도로 별개의 나무다.
다만 잎이 닮았다고 개오동이라 하며, 한자로 가오동(假梧桐)이라
쓰기도 한다. 중국에서 온 나무로, 길이 20~30센티미터에 과자
빼빼로를 쏙 빼닮은 열매는 약으로 쓴다. 개오동과 거의 같으나
꽃이 조금 더 큰 미국 원산의 꽃개오동이 있다.
북한에서 개오동은 **향오동나무**로, 꽃개오동
은 **능소향오동나무**로 부른다.

과명 능소화과
학명 *Catalpa ovata*

영명 Chinese catalpa
중명 梓树
일명 キササゲ(木大角豆)

속명 Catalpa는 미국의 노스캐롤라이나주에서 이 속의 나무를 부르던 이름인
catawba에서 유래하였다. 종소명 ovata는 잎이 넓은 달걀 모양이란 뜻이다.

개오동

개잎갈나무

늘푸른 바늘잎 큰키나무

잎갈나무와 비슷하게 생겼지만 잎갈나무는 아니라는 뜻으로 개
잎갈나무다. 1930년대에 히말라야산맥 기슭이 원산지인 이 나
무를 수입하면서 새로 지은 이름이다. 그러나 개잎갈나무는 잎
갈나무와 비교하여 앞에 부정적인 의미의 '개'를 붙여야 할 정
도로 잎갈나무보다 재질이 나쁜 나무가 아니며, 식물학적으로
도 속(屬)이 다른 별개의 나무다. 지금은 개잎갈나무보다는 영어
이름 히말라야시다(Himalaya cedar)가 더 널리 쓰인다. 북한 이름은
중국 이름대로 눈 설(雪)을 넣어 **설송나무**이다.

과명 소나무과
학명 *Cedrus deodara*

영명 Deodar, Himalaya cedar
중명 雪松
일명 ヒマラヤスギ

속명 *Cedrus*는 개잎갈나무속을 가리키는 라틴어에서 유래하였고, 종소명
*deodara*는 개잎갈나무를 칭하던 인도 북부 지방의 토착어에서 비롯하였다.

개잎갈나무

거제수나무

잎지는 넓은잎 큰키나무

봄날의 곡우 즈음에 사람들은 거제수나무의 수액을 채취하여 마시곤 한다. 이 수액을 '곡우물'이라 하는데 병을 낫게 하는 건강 음료로 여기는 것은 물론, 액땜을 해주며 재앙을 쫓아낸다는 의미까지 부여한다. 그래서 수액을 한자로 거재수(去災水)라 하다가 나무의 이름이 아예 거제수나무가 되었다고 한다. 또 다른 이야기는 해인사 팔만대장경과 관련한 것이다. 팔만대장경을 새길 당시 거제도에서 거제목(巨濟木)을 가져다 새겼다는 설화가 전하는데, 이 거제목이 바로 거제수나무란 것이다. 그러나 거제수나무는 거제도와 같은 따뜻한 지방에서 자라지 않는다. 거제수나무는 자작나무, 사스래나무, 박달나무 등과 함께 자작나무속의 한 식구들이다. 북한 이름은 **물자작나무**이다.

과명	자작나무과	영명	Korean birch
학명	*Betula costata*	중명	硕桦
		일명	チョウセンミネバリ(朝鮮峰榛)

속명 *Betula*는 자작나무를 뜻하는 켈트어 옛말 betu에서 유래하였으며 종소명 *costata*는 잎맥이 깊게 패여 있는 특징을 나타낸다.

겨우살이

늘푸른 넓은잎 작은키나무

겨우겨우 간신히 살아간다 하여 겨우살이라는 이름이 붙었다
고 한다. 혹은 겨울에도 푸르므로 '겨울살이'로 부르던 것이 겨
우살이로 변했다는 이야기도 있다. 한자로는 사철나무와 같은
동청(凍青), 상기생(上寄生), 라(蘿) 등으로 쓴다. 《동의보감》 한글본
에는 인동(忍冬)을 '겨우살이넌출'이라 하여 약간 혼란스럽다. 겨
우살이는 주로 참나무 종류의 큰 나무 위 높다란 가지에 붙어
자라는 '나무 위의 작은 나무'로 겨울날 멀리서 보면 영락없는
까치집이다. 겨우살이는 풀처럼 생겼지만 겨울에 어미나무의 잎
이 다 떨어져도 혼자 진한 초록빛을 자랑하는 늘푸른나무다. 옛
사람들은 특히 뽕나무 가지에 붙어 자라는 겨우살이를 상상기
생(桑上寄生)이라 하여 약으로 널리 이용했다. 그 외 종이 다른 **참
나무겨우살이, 동백나무겨우살이** 등이 있다.

과명 겨우살이과
학명 *Viscum album* var.
　　coloratum

영명 Korean mistletoe
중명 槲寄生
일명 ヤドリギ(宿り木)

속명 *Viscum*은 겨우살이의 라틴어이며, 종소명 *album*은 '하얗다'는 뜻이고 변종명
*coloratum*은 '물들어 있다'는 뜻이다.

겨우살이

계수나무

잎지는 넓은잎 큰키나무

아폴로 우주선이 달나라에 가기 전에는 우리 모두 계수나무와 옥토끼가 있는 달나라를 상상했다. 옛사람들이 달을 보고 읊조린 시나 노래에도 단골손님으로 등장하는 계수나무는 그냥 상상의 나무였을까, 아니면 실제로 존재하는 특정 나무를 본 딴 것일까. '계수나무'란 이름으로 불리는 나무는 여럿이 있어 혼란을 더하는데, 어떤 나무들이 있는지 확인해보자.

첫째, 따뜻한 지방에 정원수로 흔히 심는 목서는 달나라 계수나무의 모습을 떠올릴 때 원형이 된 실제 나무다. 중국의 이름난 관광지인 계림(桂林)에 자라는 나무도 목서 종류이다. 둘째는 월계수다. 그리스 신화에서 숲의 요정인 다프네는 아폴론에 쫓기다 다급해지자 나무로 변신해버렸는데, 이 나무의 이름을 월계수(月桂樹)라고 옮긴 탓에 달나라 계수나무와 헷갈리게 되었다. 마지막으로 중국 남부에 자라며 이름에 계(桂)가 들어간 나무들도 흔히 계수나무로 부른다. 톡 쏘는 매운맛을 내는 나무껍질을 벗겨 쓰는 **계피(桂皮)나무**와, 한약재로 주로 이용되며 약간 단맛과 향기도 있는 **육계(肉桂)나무** 등

계수나무

이 있다. 이들의 껍질인 시나몬(cinnamon)은 향신료로 유명한데, 나무 이름에 한 자씩 들어 있는 계(桂) 자 때문에 이 나무들 또한 계수나무라 불리곤 한다.

그러나 우리나라에서 계수나무란 표준명으로 불리고 있는 나무는 이들과 상관이 없고, 일제강점기에 일본에서 들어온 나무이다. 이 나무의 이름을 일본인들은 한자로 계(桂)라고 쓰고 가쓰라(カツラ)라고 읽는데, 처음 수입한 사람이 한자를 보고 붙인 계수나무란 이름이 그대로 공식 이름이 되어버렸다. 늦가을의 하트 모양 단풍잎에서 달콤한 향기가 나므로 가로수나 정원수로 흔히 심는다. 북한 이름은 **구슬꽃잎나무**이다.

과명 계수나무과	영명 Katsura tree
학명 *Cercidiphyllum japonicum*	중명 连香树
	일명 カツラ(桂)

속명 *Cercidiphyllum*은 잎이 박태기나무속(*Cercis*)을 닮았다는 뜻이다. 종소명 *japonicum*은 일본을 뜻한다.

계수나무

계요등

잎지는 넓은잎 덩굴나무

계요등(鷄尿藤)이란 이름은 '닭오줌 냄새가 나는 덩굴'이라는 뜻이다. 한창 자랄 때 잎을 따서 손으로 비벼보면 약간 구린 냄새가 난다. 곤충들이 싫어하는 냄새를 풍겨서 자신을 보호하기 위함이다. 중국에서는 이름을 계시등(鸡屎藤)이라고 쓰는데, '닭똥 냄새가 나는 덩굴'이란 뜻이다. 굳이 따지자면 조류는 항문과 요도가 합쳐져 있어 오줌을 따로 싸지 않으니, 계요등보다 계시등이 합리적인 이름이다. 구린내나무라는 이름으로도 불리고, 중부 지방에 주로 자란다.

과명 꼭두서니과
학명 *Paederia foetida*

영명 Skunk vine
중명 鸡屎藤
일명 ヘクソカズラ(屎糞葛)

속명 *Paederia*는 그리스어로 오염, 오물을 뜻하는 paedr에서 유래했다. 좋지 않은 냄새가 난다는 뜻이다. 종소명 *foetida*는 라틴어로 악취가 난다는 뜻이다.

계요등

고광나무

잎지는 넓은잎 작은키나무

고광나무 꽃은 흰색이고 동전 크기인데, 초록 잎사귀를 바탕으로 곧추선 꽃대에 예닐곱 송이씩 핀다. 깜깜한 밤에 보면 한 줄기 빛을 내뿜는 듯하다. 그래서 홀로 빛난다는 뜻의 고광(孤光)나무란 이름이 붙었다고 짐작된다. 고광나무를 두고 흔히 산매화(山梅花)라고도 부른다. 중종 25년(1530) 간행된《신증동국여지승람(新增東國輿地勝覽)》에 실린 이인로의 시에, "어젯밤에 산매화 한 가지 피었는데, 산속의 늙은 중은 꺾을 줄을 모르네"라는 구절이 있다. 깊은 산사에 봄이 늦게 찾아와 때늦게 핀 매화를 두고 산매화라고 했는지 아니면 고광나무 꽃을 노래했는지는 명확히 알기 어렵지만, 고광나무 꽃일 가능성이 높다.

과명 수국과
학명 *Philadelphus schrenkii*

영명 Korean mock orange
중명 東北山梅花
일명 늑バイカウツギ(梅花空木)

속명 *Philadelphus*는 헬레니즘시대 이집트의 임금 프톨레마이오스 2세 필라델포스(Ptolemy II Philadelphus·기원전309~246)의 이름에서, 종소명 *schrenkii*는 독일계 러시아 식물학자 폰 슈렌크(A. von Schrenk·1816~1876)의 이름에서 따왔다.

고광나무

고로쇠나무

잎지는 넓은잎 큰키나무

고로쇠나무란 이름은 신라 말의 승려이자 풍수지리의 대가로 유명한 도선국사의 일화에서 온 것이라고 한다. 도선국사가 오랫동안 좌선하다가 일어서려는데 무릎이 펴지지 않아 당황하였다. 마침 부러진 나뭇가지에 물이 맺혀 있어 이를 받아 마시고 일어났더니 무릎이 쭉 펴졌다고 한다. 이후 이 나무에서 나오는 물이 뼈에 좋다는 의미로 나무 이름을 골리수(骨利水, 骨利樹)라 하다가 고로쇠나무가 되었다는 것이다. 고로쇠나무 수액은 경칩 전후에 채취하며 약간 달큼한 맛이 난다. 단풍나무 종류 중에서는 가장 굵고 크게 자란다. 팔만대장경 경판 등에도 일부 이용되었다.

과명 단풍나무과	영명 Painted mono maple
학명 *Acer pictum* var. *mono*	중명 地锦槭, 色木槭
	일명 *イタヤカエデ*(板屋楓)

속명 *Acer*는 단풍나무를 뜻하는 라틴어로 끝이 날카롭다는 뜻이다. 종소명 *pictum*은 '색이 있다' 혹은 '선명하다'는 뜻이며, 변종명 *mono*는 '한 개'란 뜻으로 잎의 가장 가운데 뾰족한 결각이 다시 갈라지지 않는 특징을 나타낸다.

고로쇠나무

고욤나무

잎지는 넓은잎 큰키나무

고욤나무의 한자 이름은 '작은 감'이란 뜻의 소시(小柿)다. 하지만 《훈몽자회(訓蒙字會)》(조선 중종 때 학자인 최세진이 한자의 음과 뜻을 한글로 푼 학습서)에는 영(桾)으로 쓰고 있다. 감보다 훨씬 작고 맛도 떨어지므로 '영'에다 '고 모양, 고 꼴'처럼 얕잡아서 말할 때 쓰는 '고'를 붙여서 '고영'이라 하다가 고욤으로 바뀐 것으로 짐작된다. 고대 그리스 시인 호메로스의 〈오디세이아〉에는 로토파고스라는 부족이 나오는데, 그들이 사는 곳에 자라는 로투스란 나무의 열매를 먹은 이들은 과거를 잊고 그대로 그곳에 머물고 싶어 했다고 한다. 이 로투스의 원형이 된 나무가 고욤나무란 설이 있다.

과명 감나무과
학명 *Diospyros lotus*

영명 Date-plum
중명 君迁子
일명 マメガキ(豆柿)

속명 *Diospyros*는 그리스어 dios(신성함)와 pyros(곡물)의 합성어로 '신의 식물'이란 뜻이다. 과일의 맛을 찬양한 것으로 보인다. 종소명 lotus는 호메로스가 쓴 〈오디세이아〉에 나오는 상상의 나무의 이름에서 따온 것이다.

고욤나무

고추나무

잎지는 넓은잎 중간키나무

고추는 남아메리카가 원산지로, 우리나라에는 담배와 거의 같은 시기에 들어왔다고 하나 정확히 언제부터 심기 시작했는지는 알려져 있지 않다. 고추나무는 고추가 들어오기 전에는 다른 이름으로 불렸을 터이나 삼출엽인 잎, 작고 갸름한 꽃봉오리, 하얗게 핀 꽃의 모양 등이 고춧잎과 꽃을 연상시키므로 고추나무란 이름이 새로 붙었다. 고추나무 열매는 작고 납작한 방패 모양의 삭과이다.

과명 고추나무과
학명 *Staphylea bumalda*

영명 Bumald's bladdernut
중명 省沽油
일명 ミツバウツギ(三葉空木)

속명 *Staphylea*는 그리스어로 staphyle(방, 포도)가 어원이며 꽃이 총상꽃차례인 것을 나타낸다. 종소명 *bumalda*는 17세기 이탈리아의 천문학자 몬탈바니(O. Montalbano · 1601~1671)의 라틴어 필명 요한누스 안토니우스 부말두스(Johannus Antonius Bumaldus)에서 따왔다.

골담초

잎지는 넓은잎 작은키나무

나비 모양의 노란 꽃이 예쁜 골담초(骨擔草)란 나무가 있다. '뼈를 책임지는 풀'이란 뜻으로, 이름대로 옛사람들이 뼈가 아플 때 쓰던 약이다. 풀을 뜻하는 초(草)가 붙었지만, 여러 해를 사는 나무가 확실하다. 골담초 뿌리를 말린 것을 골담근(骨擔根)이라 하는데 무릎이 쑤시거나 다리가 부을 때 쓰고, 신경통에도 효과가 있다고 한다. 꽃도 감상할 수 있고 뿌리는 약으로 쓸 수 있어 시골집 돌담 밑에 흔히 심었다. 경북 영주 부석사 조사당 앞에는 선비화(仙扉花)란 이름의 골담초가 한 그루 있다. 의상대사의 지팡이를 꽂았더니 나무가 자라났다는 이야길 담고 있다. 골담초 이외에도 낭아초, 만병초, 죽절초, 인동초, 된장풀, 린네풀, 조희풀 등도 이름에 초(草)나 풀이 들어갔지만 실제로는 나무이다.

과명 콩과
학명 *Caragana sinica*

영명 Chinese peashrub
중명 锦鸡儿
일명 ムレスズメ(群れ雀)

속명 *Caragana*는 골담초의 몽골어 이름 caragon이 어원이다.
종소명 *sinica*는 중국을 뜻한다.

곰솔

늘푸른 바늘잎 큰키나무

곰솔의 한자 이름은 '검은 소나무'라는 뜻의 흑송(黑松)이다. 나무껍질이 소나무보다 검은빛을 띠기 때문에 이런 이름이 붙었다. 우리말로는 '검솔'이며, 이 이름이 곰솔로 변했다. 주로 바닷가에서 자라 해송(海松)이라고도 불린다. 염분에 잘 버티기 때문에 해수욕장 솔숲의 소나무는 대부분 곰솔이다.

과명 소나무과	영명 Black pine
학명 *Pinus thunbergii*	중명 黑松
	일명 クロマツ(黑松)

속명 *Pinus*는 켈트어로 산을 뜻하는 pin에서 왔다는 설이 있고, 그리스 신화에서 유래했다는 설이 있다. 숲의 님프 피티스(Pitys)가 목동과 가축의 신 판(Pan)이 쫓아오자 소나무로 변신하여 도망쳤는데, 피티스란 이름이 변하여 *Pinus*가 되었다는 것이다. 종소명 *thunbergii*는 카를 폰 린네의 제자인 스웨덴 식물학자 툰베리(C. P. Thunberg · 1743~1828)의 이름에서 따왔다.

광나무

늘푸른 넓은잎 중간키나무

광나무는 우리나라 중북부 지방에서는 보기 힘든 남쪽 나무다. 남해안과 인근 섬, 제주도까지 자연 상태로 야산에서 흔히 눈에 띄고 정원수로 심기도 한다. 제주 방언인 '꽝낭'을 바탕으로 광나무란 표준명을 정한 것인데, 여기서 광(光)은 우리가 흔히 쓰는 '광나다'란 말처럼, 윤이 난다는 의미다. 늘푸른나무인 광나무의 잎은 동백나무 잎과 모양이 비슷한데, 도톰하고 표면에 왁스 성분이 많아서 햇빛 아래서 보면 정말 광이 난다. 일본 이름은 네즈미모치(鼠黐)인데, '쥐똥 나무'란 뜻이다. 우리가 쥐똥나무라고 부르는 나무는 일본인들은 '사마귀 나무'란 뜻의 이름으로 부른다.

과명 물푸레나무과	**영명** Wax-leaf privet
학명 *Ligustrum japonicum*	**중명** 日本女貞, 金森女貞
	일명 ネズミモチ(鼠黐)

속명 *Ligustrum*은 라틴어 ligare(묶다)에서 유래하였다. 광나무 종류의 가지로 다른 물건을 묶을 수 있기 때문이다. 종소명 *japonicum*은 일본을 뜻한다.

광나무

광대싸리

잎지는 넓은잎 작은키나무

광대에게는 진짜로 다른 무언가가 된 것처럼 흉내를 내는 재주
가 있다. 광대싸리는 자그마한 키와 자라는 모양이 싸리와 비슷
하다. 광대싸리란 이름은 싸리가 아니지만 광대마냥 싸리 흉내
를 내는, 즉 싸리와 비슷한 나무란 뜻이다. 잎도 크기나 모습이
싸리 그대로다. 다만 싸리의 잎이 삼출엽인 데 비하여 광대싸리
의 잎은 '홑잎 싸리'란 뜻의 중국 이름과 일본 이름으로 알 수 있
듯 홑잎이기는 하다. 북한 이름은 **싸리버들옻**이다.

과명 대극과	영명 Suffrutescent securinega
학명 *Securinega suffruticosa*	중명 一叶萩, 叶底珠
	일명 ヒトツバハギ(一つ葉萩)

속명 *Securinega*는 도끼를 뜻하는 securis와 거부를 뜻하는 negare의
합성어이다. 도끼로도 찍기 어려울 만큼 굉장히 단단한 나무라는 뜻이다. 종소명
*suffruticosa*는 아관목(亞灌木)이라는 뜻이다. 아관목은 초본과 목본의 중간을
뜻하지만, 실제 광대싸리는 완벽한 목본식물이다.

괴불나무

잎지는 넓은잎 작은키나무

괴불나무 꽃은 이른 봄에 필 때부터 둘이 쌍으로 붙어 있다. 그 자리에 빨간 열매가 역시 쌍을 이루어 익는다. 옛사람들은 붉고 둥글며 말랑한 열매를 보고 여름날 늘어진 개의 불알을 떠올렸다. 꼭 모양이 닮진 않았어도, 비슷한 점을 찾은 것이다. 괴불나무 꽃이 피는 시기와 비슷한 때에 개 불알 모양의 홍자색 꽃을 하나씩 늘어뜨려 피우는 풀도 개불알꽃이라는 이름을 얻었다. 쌍을 이루는 붉은 열매가 열리는 이 나무를 두고 사람들이 처음 '개불알나무'라고 부르던 것이 괴불나무가 되었다. 열매는 살이 많은 장과(漿果·과육이 즙이 많고 연한 열매)로 목마른 산새들의 좋은 먹이가 된다. 활짝 핀 꽃이 옛 의복에 차던 노리개인 괴불주머니를 닮았기에 괴불나무가 되었다고도 한다. 북한 이름은 **아귀꽃나무**이다.

과명 인동과	영명 Amur honeysuckle
학명 *Lonicera maackii*	중명 金银忍冬, 金银木
	일명 ハナヒョウタンボク(花瓢箪木)

속명 *Lonicera*는 독일의 식물학자 로니처(A. Lonitzer·1528~1586)의 이름에서, 종소명 *maackii*는 19세기 러시아의 분류학자 마크(R. O. Maack·1825~1886)의 이름에서 따왔다.

올괴불나무

잎지는 넓은잎 작은키나무

과명 인동과

학명 *Lonicera praeflorens*

종소명 *praeflorens*는 일찍 꽃이 핀다는 뜻이다.

영명 Early-blooming honeysuckle

중명 早花忍冬

일명 ハヤザキヒョウタンボク(早咲瓢箪木)

괴불나무 종류 중에는 가장 먼저 꽃이 피고 6월쯤 열매도 빨리 익는다 하여 '빠르다', '먼저' 등을 뜻하는 '올'이 붙어 올괴불나무가 되었다. 잎이 나기 전 이른 봄에 거의 흰색에 가까운 연분홍 꽃이 핀다.

이외에도 조금 작고 더 부드럽게 생긴 **각시괴불나무**, 섬에 자라는 **섬괴불나무**, 열매나 잎의 크기나 생김새, 혹은 색에 따라 이름을 붙인 **왕괴불나무**, **청괴불나무**, **홍괴불나무**, **흰괴불나무** 등이 있다.

구기자나무

잎지는 넓은잎 작은키나무

중국 원산인 구기자(枸杞子)나무는 탱자와 같이 가시가 있고, 고리버들처럼 가지가 길게 늘어진다는 뜻으로 탱자 구(枸)와 고리버들 기(杞)를 써서 본래 이름은 구기(枸杞)였다. 열매가 약으로 널리 쓰이므로 열매를 뜻하는 자(子)를 덧붙여 구기자나무가 되었다. 구기자나무의 순우리말 이름은 괴좆(괴좆)나무다. 익은 열매의 모습이 수캐의 생식기를 닮았다고 하여 붙은 이름이다.

과명 가지과	영명 Chinese matrimony vine
학명 *Lycium chinense*	중명 枸杞
	일명 クコ(枸杞)

속명 *Lycium*은 고대 소아시아의 서남부 지방에서 약용식물로 쓰던 라이키아(Lycia)라는 관목에서 유래하였다. 종소명 *chinense*는 중국을 뜻한다.

구상나무

늘푸른 바늘잎 큰키나무

구상나무의 새싹이 돋아날 때나 암꽃이 필 때의
모습은 제주에 흔한 성게의 가시를 떠올리게 한다.
성게를 제주 방언으로 '쿠살'이라고 하는데, 구상나
무를 처음에는 쿠살을 닮은 나무라는 뜻으로 '쿠살
낭'이라고 부르다가 구상나무라고 부르게 되었다. 한편
구상나무 열매의 실편(實片)은 끝이 뾰족하고 뒤로 젖혀
져 있어 마치 갈고리 같은 모양이다. 갈고리 구(鉤)에 형상 상(狀)
을 써서 구상나무가 되었다고도 한다. 구상나무는 현재 한라산,
지리산, 설악산 등 중남부 고산지대에 자라고 있으나 자생지가
빠르게 줄어들고 있어 산림청 보호식물로 지정하여 특별히 보
호하고 있다. 나무의 특성이나 생김새가 분비나무와 매우 유사
하다.

과명 소나무과	영명 Korean fir
학명 *Abies koreana*	중명 朝鮮冷杉
	일명 チョウセンシラベ(朝鮮白檜)

속명 *Abies*는 전나무 종류를 가리키는 고대 라틴어 abed에서 왔으며 '높다',
'올라간다'는 뜻이다. 종소명 *koreana*는 한국을 뜻한다.

구상나무

구슬꽃나무(중대가리나무)

잎지는 넓은잎 작은키나무

제주도의 양지바른 계곡 등에 드물게 자라는 자그마한 나무다.
꽃은 둥근 공 모양의 꽃차례를 이루어 달리는데, 꽃마다 하얀
돌기처럼 가는 암술이 길게 나와 있다. 꽃이 지고 나면 매끈한
둥근 공만 남아서 영락없는 스님의 머리 모양이다. 한자로 점잖
게 승두목(僧頭木)이라고 쓰기도 하나, 직설적으로 말하면 '중대
가리나무'고 실제로 이 이름으로 불려왔다. 최근에 꽃이 구슬
모양이라 하여 구슬꽃나무로 이름을 바꾸었다. 이 이름은 북한
에서 박태기나무를 가리키는 이름이기도 해서 혼란스러운 점이
있다. 구슬꽃나무의 북한 이름은 **머리꽃나무**이다.

과명 꼭두서니과
학명 *Adina rubella*

영명 Glossy adina
중명 水楊梅
일명 シマタニワタリノキ
　　(縞谷渡りの木)

속명 *Adina*는 그리스어로 adinos(밀집)을 어원으로 한다. 꽃이 작은 공 모양으로
모여 피기 때문이다. 종소명 *rubella*는 붉은색을 띤다는 뜻이다.

구슬댕댕이

잎지는 넓은잎 작은키나무

우리말 '댕댕'은 댕댕이덩굴의 경우처럼 가늘고 질긴 줄기를 나
타낼 때도 쓰이지만 '살이 몹시 찌거나 붓거나 하여 팽팽한 모양'
을 뜻하기도 한다. 구슬댕댕이의 열매는 구슬 모양이고 빨간색
인데, 익으면 속이 들여다보일 정도로 표면이 팽팽한 것이 특징
이다. '구슬 모양의 댕댕한 열매'가 달린다고 구슬댕댕이가 된 것
이다. 우리나라 중북부의 산지에서 드물게 만날 수 있다. 비슷한
댕댕이나무는 흑자색의 약간 갸름한 열매를 맺는데, 이름의 유
래는 구슬댕댕이의 경우와 같은 것으로 보인다.

과명 인동과	영명 Korean honeysuckle
학명 *Lonicera vesicaria*	일명 タマヒョウタンボク(玉瓢箪木)

속명 *Lonicera*는 독일의 식물학자 로니처(A. Lonitzer·1528~1586)의 이름에서
따왔다. 종소명 *vesicaria*는 열매가 소포(小苞)에 싸여 주머니 모양으로 빵빵하게
부풀며 익는 모양을 가리킨다.

구실잣밤나무

늘푸른 넓은잎 큰키나무

늘푸른잎을 가진 참나무 종류로서, 밤보다는 좀 맛이 덜하지만 먹을 수 있는 도토리가 달린다고 잡(雜)밤나무라고 했다. 갸름하고 둥근 작은 도토리를 한자로 구실자(球實子)라고 한다. 구실자가 달리는 잡밤나무라고 '구실자잡밤나무'라 하다가 구실잣밤나무가 되었다. 잣밤나무 종류에는 구실잣밤나무와 **모밀잣밤나무**가 있다. 구실잣밤나무는 도토리가 달걀 모양의 긴 타원형이고 크며, 가지가 굵고 줄기껍질이 일찍 갈라지며 더 오래 산다고 한다. 반면 모밀잣밤나무는 도토리가 작고 짧은 타원형이며, 가지가 좀 가늘고 껍질이 늦게 갈라지며 병충해에 약하여 대체로 백 년을 넘기지 못하는 경향이 있다. 그러나 둘은 모양이 거의 같아 구분하기 어렵다.

과명 참나무과	영명 Siebold's chinquapin
학명 *Castanopsis sieboldii*	중명 늑米楮
	일명 スダジイ

속명 *Castanopsis*는 라틴어 castana(밤)와 opsis(닮은)의 합성어이다.
종소명 *sieboldii*는 일본 식물을 유럽에 소개한 독일인 의사이자 식물학자인
지볼트(P. F. Siebold · 1796~1866)의 이름에서 따왔다.

국수나무

잎지는 넓은잎 작은키나무

국수나무는 숲속의 큰 나무 밑에서 활처럼 휘어진 가느다란 줄기를 길게 늘어트리고 자란다. 가지가 적갈색이다가 나이를 먹으면서 흰색이나 잿빛으로 변한다. 가지를 잘라서 세로로 찢어보면 목질은 얼마 없고 좀 푸석거리는 황갈색의 굵은 속고갱이가 대부분이다. 이런 모습이 얼핏 국수 면발 같다고 하여 국수나무란 이름이 붙었다. 우리 나무 중 이름에 '국수'가 들어간 나무는 여럿 있다. 족보가 서로 조금씩 다르지만 **나도국수나무, 산국수나무, 섬국수나무, 중산국수나무, 금강국수나무** 등이 있다. 나무를 보고 먹을거리를 연상할 만큼 우리 선조들의 삶은 팍팍했다.

과명 장미과
학명 *Stephanandra incisa*

영명 Laceshrub
중명 小米空木
일명 コゴメウツギ(小米空木)

속명 Stephanandra는 그리스어 stephanos(왕관)와 andron(꽃 수술)의 합성어로 왕관 모양의 수술을 나타낸다. 종소명 incisa는 깊고 불규칙하게 갈라진 국수나무 잎의 결각을 나타낸다.

국수나무

굴거리나무

늘푸른 넓은잎 중간키나무

일이 잘 풀리지 않을 때 옛사람들은 흔히 굿판을 벌였다. 굴거리나무는 '굿거리'를 할 때 쓰여서 지금의 이름이 붙은 것으로 짐작된다. 굴거리나무는 예부터 약재로 쓰였는데, 원래 굿은 병이 들었을 때도 하곤 했다. 그래서 약재인 굴거리나무도 굿거리에 쓰인 것이 아닐까 싶다. 굴거리나무 잎으로 낸 즙액은 구충제로 쓰이기도 했다. 제주민요 〈자탄가〉에도 등장한다.

과명 굴거리나무과
학명 *Daphniphyllum macropodum*

영명 Macropodous daphniphyllum
중명 交让木
일명 ユズリハ(交讓木)

속명 *Daphniphyllum*은 그리스 신화에서 아폴론에게 쫓기다 월계수로 변한 요정의 이름인 Daphne와 phyllon(잎)의 합성어로 잎 모양이 월계수 잎과 닮았음을 나타낸다. 종소명 *macropodum*은 '긴 자루' 혹은 '굵은 대'라는 뜻이다.

굴피나무

잎지는 넓은잎 큰키나무

껍질을 이용했던 나무는 이름에 피(皮)가 들어 있는 경우가 많다. 굴피나무의 질긴 속껍질도 물건을 묶는 줄, 물고기를 잡는 그물을 만드는 데 쓰였다. 굴피나무는 남부 지방의 바닷가 가까운 곳에 많이 자라므로 어망을 만들 때 쓰기에 편리했을 것이다. 굴피나무란 이름은 '껍질(皮)로 그물을 짜는 나무'란 뜻의 '그물피나무'였던 것이 지금처럼 변한 것이다. 굴피나무는 흔히 굴피집을 만드는 재료로 오해를 받는다. 그러나 굴피집의 '굴피'는 굴참나무 껍질을 가리킨다. 굴피나무와는 전혀 관계가 없다.

과명 가래나무과
학명 *Platycarya strobilacea*

영명 Cone-fruit platycarya
중명 化香树
일명 ノグルミ(野胡桃)

속명 *Platycarya*는 그리스어 platys(넓다)와 caryon(견과)의 합성어이다. 가래나무 종류이면서 열매가 평평하기 때문이다. 종소명 *strobilacea*는 솔방울을 뜻한다.

굴피나무

중국굴피나무

잎지는 넓은잎 큰키나무

중국굴피나무는 굴피나무와 닮은
나무로 조경수로 가끔 심는다.
이름 그대로 중국에서 들여왔으며
아름드리로 크게 자란다. 굴피나무와
과(科)가 같긴 하지만 속(屬)이 다르니
자세히 보면 다른 점이 명확하다.
중국굴피나무는 잎자루에 작은
날개가 붙어 있고 열매도 길게 늘어져 달리는 점이 굴피나무와
다르다. 북한에서는 중국 이름 풍양(楓楊)을 그대로 받아들여
풍양나무라고 한다.

과명 가래나무과

학명 *Pterocarya
stenoptera*

속명 *Pterocarya*는 그리스어
ptero(날개)와 caryon(견과)의
합성어이다. 열매에 날개가
붙어 있음을 가리킨다. 종소명
*stenoptera*는 그리스어
stenos(좁은)와 ptero(날개)의
합성어이다.

영명 Chinese wingnut

중명 枫杨

일명 シナサワグルミ
(支那沢胡桃)

굴거리나무

귀룽나무

잎지는 넓은잎 큰키나무

잎이 핀 다음에 달리는 하얀 꽃이 마치 뭉게구름 같다 하여 '구름나무'로 부르다가 귀룽나무가 되었다. 북한 이름은 아예 **구름나무**다. 또 한자 이름이 구룡목(九龍木)이어서 '구룡나무'라고 하다가 귀룽나무가 되었다고도 한다. 북한 지방에는 구룡폭포나 구룡강, 구룡연 등의 지명이 많고 이런 곳에는 귀룽나무가 흔하다. 구룡이란 말은 석가모니가 태어났을 때 하늘에서 아홉 마리의 용이 내려와 향수로 석가모니의 몸을 씻겨주고, 땅속에서 연꽃이 솟아올라와 발을 떠받쳤다는 이야기에서 유래한 것으로 불교와 관련이 깊다. 귀룽나무는 다른 어떤 나무보다 초록 새순이 가장 먼저 나와 숲에 봄이 왔음을 알려주는 나무다. **개벚지나무**는 꽃이나 잎 모양이 귀룽나무와 매우 비슷한데, 북한에서는 **별벚나무**라고 한다.

과명 장미과	영명 Bird cherry
학명 *Prunus padus*	중명 늦稠李
	일명 エゾノウワミズザクラ （蝦夷の上溝桜）

속명 *Prunus*는 라틴어 prum(자두)이 어원이며 종소명 *padus*는 야생 체리를 일컫는 그리스어에서 왔다.

귀룽나무

금송

늘푸른 바늘잎 큰키나무

금송(金松)은 일본에만 자라는 바늘잎나무다. 백제의 제25대 임금인 무령왕의 무덤에서 출토된 목관의 재료가 금송이었다. 일본에서 금송 목재를 수입해서 사용한 증거이다. 금송이라 부르지만 소나무와는 과(科)가 다르니 촌수가 한참 멀다. 그러나 사람들이 잎이 가늘고 긴 바늘잎나무는 소나무와 관련지어 이름 붙이기를 좋아하여 소나무가 아니어도 낙엽송, 낙우송, 미송, 홍송 등 흔히 송(松)을 넣어 부른다. 금송도 마찬가지다.

금송이란 이름은 잎의 뒷면이 황백색을 띤 데서 유래한 것으로 생각된다. 소나무 중에는 돌연변이가 생겨 엽록소가 부족한 약간 노르스름한 잎을 가진 품종 또한 황금소나무란 이름으로 부른다. 황금소나무도 한자로 표기하면 금송(金松)인데, 일본의 금송을 일제강점기에 처음 들여와 심을 때 황금소나무와 마찬가지로 여겨 금송이란 이름을 붙인 것이 그대로 굳어져 정식 이름이 되었다고 짐작된다. 또 다른 추정은 일제강점기 우리나라에 금송을 처음 들여올 때 중국에 있는 금전송(金錢松)이란 나무와 혼동하여 금송이라 했다는 것이다. 금송의 북한 이름은 **금솔**이다. 일본인들은 고야마키(高野槙)라고 부른다. 그들 말로 '마키'는 큰 나무를 뜻하니, 이름을 풀어보면 '고야산에 자라는 큰 나무'란 뜻이다. 고야산은 한때 일본의 수도였고 백제와 관련이 깊은 나라(奈良)와 그리 멀지 않은 곳에 있다. 지금도 금송은 고야산을 중심으로 일본 남부에 걸쳐 자라고 있다.

과명 금송과	영명 Japanese umbrella pine
학명 *Sciadopitys verticillata*	중명 金松
	일명 コウヤマキ(高野槇)

속명 *Sciadopitys*는 sciados(우산)과 pitys(소나무)의 합성어로 '우산 모양의 소나무'란 뜻이다. 종소명 *verticillata*는 가지와 잎이 돌려나기 한다는 의미이다.

까마귀밥나무

잎지는 넓은잎 작은키나무

까마귀밥나무는 콩알 굵기에 꼭지가 조금 볼록한 빨간 열매가
특징인 작은 나무다. '까마귀의 밥이 열리는 나무'란 뜻이고, 북
한 이름인 **까마귀밥여름나무**는 보다 구체적으로 까마귀가 밥
으로 먹는 여름(열매의 옛말)이 열린다는 뜻을 담고 있다. 열매는
쓴맛이 나며 특별히 독성이 있진 않지만 먹을 수는 없다고 한다.
그래서 사람들이 싫어하는 까마귀나 먹으라고 붙인 이름으로
짐작된다.

과명 까마귀밥나무과   영명 Chinese winter-berry currant
학명 *Ribes fasciculatum* var.   중명 华蔓茶藨子, 华茶藨
　　 chinense   일명 トウヤブサンザシ(唐藪山樝子)

속명 *Ribes*는 덴마크어 ribs(붉은 구즈베리)에서 왔으며 종소명 *fasciculatum*은
모여 난다는 뜻이다. 변종명 *chinense*는 중국을 뜻한다.

까마귀베개

잎지는 넓은잎 중간키나무

까마귀베개는 남부 지방에 자라는 자그마한 나무인데 열매 모양이 독특하다. 손톱 길이가 채 안 되는 열매가 작디작은 소시지 모양이다. 흥미롭게도 열매 가운데가 약간 오목하게 들어가기도 하여 영락없이 꼬마 베개를 닮았다. 열매가 새까맣게 익는 가을이면 깃털이 까만 까마귀가 베기에 안성맞춤이라 하여 까마귀베개라는 귀여운 이름이 붙었다. 중국 이름과 일본 이름의 뜻은 '고양이 젖꼭지 나무'라고 한다. 북한 이름은 **헛갈매나무**이다.

과명 갈매나무과	영명 Crow's pillow
학명 *Rhamnella franguloides*	중명 猫乳
	일명 ネコノチチ(猫乳)

속명 *Rhamnella*는 '작은 갈매나무속(*Rhamnus*)'이란 뜻이며
종소명 *franguloides*는 서양산황나무(*frangula*)와 닮았다는 뜻이다.

까마귀쪽나무

늘푸른 넓은잎 중간키나무

까마귀쪽나무의 '쪽'은 옛날 염색할 때 널리 쓰이던 쪽풀과 관련이 있다. 까마귀쪽나무의 열매는 2년에 걸쳐 익으며 처음에는 초록색이었다가 이듬해 여름부터 가을에 걸쳐 푸른빛을 띠는 까만색으로 익는다. 그 색이 쪽을 삶아 염색물을 만들었을 때의 진한 흑청색과 비슷하고, 또 까마귀의 빛깔과 닮았다. 그래서 쪽빛보다 더 진한, 까마귀색의 검은 열매가 열리는 나무라는 뜻으로 까마귀쪽나무란 이름이 붙은 것으로 생각한다. 남해안과 섬에 자라는 늘푸른나무다.

과명	녹나무과	영명	Yellowish velvety-leaf litsea
학명	*Litsea japonica*	일명	ハマビワ(浜枇杷)

속명 *Litsea*는 중국에서 유래했다고 하지만 정확한 출전은 알 수 없다.
종소명 *japonica*는 일본을 뜻한다.

까마귀쪽나무

까치박달

잎지는 넓은잎 큰키나무

까치는 새의 이름으로 익숙한 말이지만 까치고들빼기, 까치깨, 까치발, 까치수영 등의 경우에서 확인할 수 있듯 '작은', '버금' 을 뜻하기도 한다. 까치박달은 줄기껍질이 박달나무와 얼핏 비슷한 점이 있으므로, 박달나무보다 작지만 모양새가 비슷하기 때문에 붙은 이름으로 보인다. 그러나 까치박달은 서어나무속 이어서 자작나무속인 박달나무보다 오히려 서어나무에 훨씬 더 가깝다.

과명 자작나무과
학명 *Carpinus cordata*

영명 Heart-leaf hornbeam
중명 千金榆
일명 サワシバ(沢柴)

속명 *Carpinus*는 많은 씨가 조롱조롱 달리는 열매를 가리키던 그리스어 karpos에서 유래했거나, 켈트어 car(수목)와 pen(멍에) 혹은 pin(머리)의 합성어라고 한다. *cordata*는 '심장 모양'이란 뜻이다.

까치밥나무

잎지는 넓은잎 작은키나무

까치밥나무는 중남부 지방의 숲에서 드물게 자라는 나무이다.
가을에 콩알 굵기의 말랑거리는 빨간 열매가 아래로 늘어져 달
리는데 모든 새들이 좋아하는 먹이다. 사람들이 이 열매가 다른
새보다 길조로 여겼던 까치의 밥이 되기를 바라는 마음을 담아
까치밥나무란 이름을 붙였다고 생각한다.

과명 까치밥나무과
학명 *Ribes mandshuricum*

영명 Manchurian currant

속명 *Ribes*는 덴마크어 ribs(붉은 구즈베리)에서 왔으며 종소명 *mandshuricum*은
만주를 뜻한다.

까치밥나무

꼬리진달래

늘푸른 넓은잎 작은키나무

꼬리진달래는 줄기 끝에 여러 송이의 꽃이 모여 총상꽃차례로 달리는 모습이 꼬리처럼 보인다고 붙은 이름이다. 강원·충북·경북 경계 지역의 깊은 산에 자란다. 눈 쌓인 겨울에도 초록을 잃지 않는 늘푸른잎이 특징이다. 다른 이름 참꽃나무겨우살이도 진달래 종류이면서 겨울에 잎을 달고 있음을 나타내고 있다.

과명 진달래과	영명 Spike rosebay
학명 *Rhododendron micranthum*	중명 照山白
	일명 コゴメツツジ(小米躑躅)

속명 *Rhododendron*은 그리스어 rhodon(장미)과 dendron(나무)의 합성어로 '붉은 꽃이 피는 나무'란 뜻이며 종소명 *micranthum*은 '작은 꽃'이라는 뜻이다.

꼬리진달래

꽝꽝나무

늘푸른 넓은잎 작은키나무

꽝꽝나무는 도톰한 손톱 크기의 잎사귀를 가진 난대지방의 나무다. 잎살(葉肉)이 두꺼워 불길 속에 던져 넣으면 잎 속의 공기가 갑자기 팽창하여 터지면서 '꽝꽝' 소리가 난다고 하여 생긴 이름이라고 알려져 있다. 그러나 실제로 실험을 해보면 소리가 날 정도는 아니다. 또 다른 풀이도 있다. 야무지고 단단한 것을 두고 나무의 자생지인 남도의 사투리로 '꽝꽝하다'고 한다. 실제로 꽝꽝나무는 잎이 사방으로 빈틈없이 돋아나 얼핏 봐도 단단한 느낌을 준다. 때문에 '꽝꽝한 나무'에서 꽝꽝나무가 되었다는 것이다.

<table>
<tr><td>과명 감탕나무과</td><td>영명 Box-leaf holly</td></tr>
<tr><td>학명 Ilex crenata</td><td>중명 钝齿冬青, 齿叶冬青</td></tr>
<tr><td></td><td>일명 イヌツゲ(犬黄楊)</td></tr>
</table>

속명 *Ilex*는 서양호랑가시나무의 라틴어 옛 이름이며 종소명 *crenata*는 잎 가장자리에 얕고 둔한 톱니가 있는 특징을 나타낸다.

꽝꽝나무

꾸지나무

잎지는 넓은잎 중간키나무

꾸지나무는 닥나무와 마찬가지로 껍질을 벗겨 종이를 만들던
나무다. '종이를 만든다'는 뜻의 구지(構紙)가 된소리로 변해 꾸
지나무란 이름이 된 것으로 짐작된다. 꾸지나무는 닥나무와
매우 닮았지만, 암수한그루인 닥나무와 달리 암수딴그루이며
닥나무보다 잎이 좀 더 크고 잎자루도 더 길다.

과명 뽕나무과
학명 *Broussonetia papyrifera*

영명 Paper mulberry
중명 构树
일명 カジノキ(梶の木)

속명 *Broussonetia*는 프랑스의 의사이며 식물학자인 브루소넷(P. M. A. Broussonet
·1761~1807)의 이름에서 따왔다. 종소명 *papyrifera*는 종이를 만든다는 뜻이다.

꾸지뽕나무

잎지는 넓은잎 중간키나무

무른 물질이 단단하게 되는 것을 '굳다'라고 한다. 꾸지뽕나무의 '꾸지'는 '굳이'가 변한 말로, 꾸지뽕나무란 이름은 뽕나무보다 더 단단하다는 뜻을 담고 있다. '굳이뽕나무'라고 하다가 변하여 꾸지뽕나무가 된 것이다. 꾸지뽕나무는 뽕나무처럼 누에치기에도 쓰였지만 좋은 활을 만드는 데 주로 이용되어 다른 이름은 아예 활뽕나무다. 나무가 단단하고 질겨야 좋은 활을 만들 수 있는데, 꾸지뽕나무는 비중이 0.9나 되어 박달나무와 맞먹을 만큼 단단하다.

과명	뽕나무과	영명	Silkworm thorn
학명	*Cudrania tricuspidata*	중명	柘树, 柘木
		일명	ハリグワ(針桑)

속명 *Cudrania*는 이 속의 나무를 일컫는 말레이시아 현지어 curdrang에서 왔으며, 종소명 *tricuspidata*는 잎끝이 3갈래로 돌출해 있다는 뜻이다.

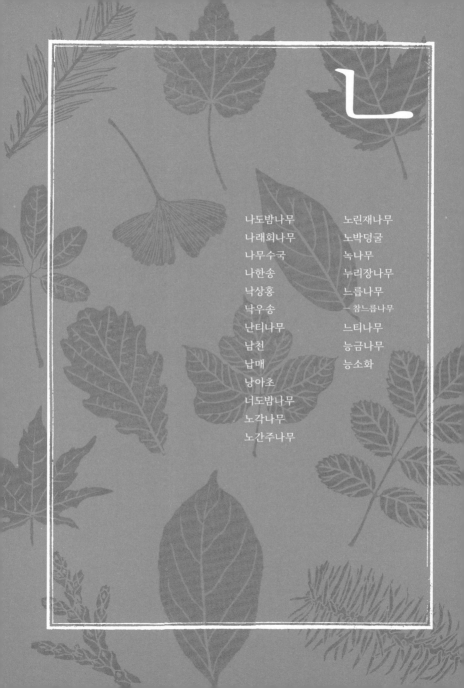

ㄴ

나도밤나무

잎지는 넓은잎 큰키나무

나도밤나무는 원뿔 모양의 꽃차례에 하얀 꽃이 피고, 가을에
주홍색의 조그만 열매가 달리며 남부 지방의 숲에서 볼 수 있
는 평범한 나무다. 밤나무와는 전혀 다른 나무인데, 잎을 보면
왜 나도밤나무가 되었는지 이해가 간다. 밤나무 잎보다 크고
잎맥이 많기는 하지만 무척 닮았기 때문이다. 일본에서는 이
나무를 불태우면 단면에 거품이 난다고 하여 '거품 나무'라는
뜻의 아와부키(泡吹き)란 이름으로 부른다. 다만 흰 꽃이 잔뜩
핀 모습이 거품을 닮아서 이런 이름이 붙었다는 말도 있다.

과명 나도밤나무과
학명 *Meliosma myriantha*

영명 Abundant-flower meliosma,
　　Awabuki
중명 多花泡花树
일명 アワブキ(泡吹き)

속명 *Meliosma*는 그리스어 meli(꿀)와 osme(냄새)의 합성어이며 종소명
*myriantha*는 '많은 꽃'이라는 뜻이다.

　　　　　　　　　　　　　나도밤나무

나래회나무

잎지는 넓은잎 중간키나무

나래회나무, 회나무, 참회나무 등의 회나무 종류는 비슷하게 생겨서 구별하기 어려운데, 중요한 구분 기준의 하나가 열매 생김새다. 나래회나무 열매에는 4개의 작은 날개가 달려 있고, 날개 끝은 꼭 선풍기 날개처럼 휘어 있다. 열매는 삭과이며 가을에 붉게 익어 날개 선을 따라 갈라진다. '열매에 날개가 달린 회나무'란 뜻으로 나래회나무라고 한다. 나래는 날개의 다른 말로, 날개보다 부드러운 어감을 준다.

과명 노박덩굴과	영명 Ussuri spindle tree
학명 *Euonymus macropterus*	중명 늦翅卫矛
	일명 ヒロハツリバナ(広葉吊花)

속명 *Euonymus*는 그리스어 eu(좋음)와 onoma(이름)의 합침말인데, '평판이 좋다'는 뜻이다. 종소명 *macropterus*는 '큰 날개'라는 뜻이다.

나무수국

잎지는 넓은잎 작은키나무

흔히 보는 수국과 닮았으나 높이 2~5미터까지 자라므로 수국
보다 훨씬 나무처럼 생겼다고 하여 나무수국이란 이름이 붙었
다. 물론 수국도 나무로 분류된다. 일본 원산이며 꽃이 귀한 여
름에 꽃이 많이 달리므로 조경수로 흔히 심는다. 자잘한 꽃이
모여 커다란 원뿔 모양의 꽃 뭉치를 만드는데, 수국처럼 꾸밈꽃
만 가진 품종은 **큰꽃나무수국**이라고 한다.

과명 수국과
학명 *Hydrangea paniculata*

영명 Paniculata hydrangea
중명 圆锥绣球
일명 ノリウツギ(糊空木)

속명 *Hydrangea*는 그리스어 hydro(물)와 angeion(그릇)의 합성어로 열매의 모양이
물그릇을 닮은 것에서 유래하였다. 종소명 *paniculata*는 꽃차례가 원뿔 모양임을
뜻한다.

나한송

늘푸른 바늘잎 큰키나무

중국 남부와 일본에 자라는 난대의 바늘잎나무다. 긴 잎이 편
평하고 주맥이 뚜렷하여 바늘잎이라고 하기에는 조금 망설여지
기도 한다. 붉게 익는 열매의 모습이 가사를 걸친 나한(羅漢)처
럼 보인다고 나한송(羅漢松)이다. 중국 이름을 그대로 가져다 쓰
고 있다. 비슷한 이름의 나무로 **나한백**(羅漢柏)이 있는데, 나한
송과는 종류가 전혀 다른 측백나무과의 나무이다.

과명 나한송과　　　　　　　　영명 Broad-leaved podocarpus
학명 *Podocarpus macrophyllus*　　중명 罗汉松
　　　　　　　　　　　　　　일명 イヌマキ(犬槇)

속명 *Podocarpus*는 그리스어로 '자루가 있는 열매'라는 뜻이며 종소명
*macrophyllus*는 '큰 잎'을 뜻한다.

　　　　　　　　　　　　　　　　　　나한송

낙상홍

잎지는 넓은잎 작은키나무

서리(霜)가 내린(落) 다음에도 붉은(紅) 열매를 볼 수 있어서 낙상
홍(落霜紅)이라 했다. 중국 이름을 그대로 가져온 것인데, 실제로
팥알 굵기의 빨간 열매가 초겨울까지 상당히 오랫동안 달려 있
다. 일본에서 수입해와 열매를 보기 위해 조경수로 심고 있다.
일본 이름은 엉뚱하게 잎이 매화나무를 닮았다고 '매화 닮은
나무'라는 뜻의 우메모도키(梅擬)다. 낙상홍의 꽃은 연한 보랏빛
인데, 꽃이 흰색이고 열매가 더 많이 달리는 **미국낙상홍**도 가끔
심는다.

과명 감탕나무과
학명 *Ilex serrata*

영명 Japanese winterberry
중명 落霜红
일명 ウメモドキ(梅擬)

속명 *Ilex*는 서양호랑가시나무의 라틴어 옛 이름이며 종소명 *serrata*는 잎
가장자리에 잔톱니가 있음을 나타낸다.

낙상홍

낙우송

잎지는 바늘잎 큰키나무

낙우송(落羽松)의 잎은 납작하고 짧은 잎이 서로 어긋나기로 붙어 있는 깃꼴겹잎(羽狀複葉)으로, 그 모습이 새의 날개를 닮았다. 새의 날개(羽)를 닮은 잎이 겨울이면 떨어진다고(落) 하여 낙우송이란 이름이 붙었다. 이름에 송(松)이 들어갔지만 소나무와는 아무런 관련이 없다. 오히려 삼나무에 가깝다. 작은잎이 하나하나 떨어지기기도 하지만 깃꼴겹잎이 통째로 떨어지는 때가 많다. 미국 미시시피강 하류가 원산지이며 물속에서도 자랄 만큼 습기에 강하다. 일종의 공기뿌리인 무릎뿌리(膝根)가 천불상(千佛像)처럼 올라오는 것이 특징이다. 비슷하지만 잎이 마주보기로 붙은 나무는 메타세쿼이아이다. 낙우송의 북한 이름은 **늪삼나무**이다.

과명 측백나무과	영명 Bald cypress
학명 *Taxodium distichum*	중명 美国水松, 落羽松
	일명 ラクウショウ(落羽松)

속명 *Taxodium*은 taxus(주목)과 eidos(닮다)의 합성어로서 주목과 잎이 비슷한 특징을 나타낸다. 종소명 *distichum*은 두 줄로 나란히 나는 잎의 배열 형태를 나타낸다.

낙우송

난티나무

잎지는 넓은잎 큰키나무

잎끝이 큰 톱니처럼 독특하게 갈라지는 느릅나무 종류로 주로
중부 이북의 산속에 자라는 나무다. 보통 잎끝이 셋으로 갈라
져 있다. 잎끝이 나뉜 나무란 뜻으로 '나누다'의 옛말인 '난호
다'를 나무 이름에 붙여 처음에는 '난횐나무'라고 하다가 변하
여 지금의 난티나무가 된 것으로 짐작된다. 지금은 개암나무로
합쳐진 난티잎개암나무도 유래가 같다. 북한 이름은 **난티느릅
나무**다.

과명 느릅나무과	영명 Manchurian elm
학명 *Ulmus laciniata*	중명 裂叶榆
	일명 オヒョウ(於瓢)

속명 *Ulmus*는 이 속의 나무를 일컫던 라틴어 옛말 elm에서 유래했다. 종소명
*laciniata*는 잎끝이 갈라지고, 각 갈래의 끝이 뾰족해지는 형태적 특징을 말한다.

남천

늘푸른 넓은잎 작은키나무

남천은 따뜻한 지방에서 모여나기를 하고, 곧바르게 자라며 잎이 주로 꼭대기에 달린다. 때문에 대나무를 닮았다고 하여 원산지인 중국에서는 남천죽(南天竹)이라고 쓴다. '남쪽에 자라는, 대나무를 닮은 나무'란 뜻이다. 일본인들이 조경수로 수입하면서 이름에서 죽(竹)이 빠져 남천(南天)이 되었고, 그 표기를 우리도 그대로 쓰게 되었다. 긴 원뿔 모양의 꽃대에 하얀 꽃이 피고 나면 콩알 굵기의 빨간 열매가 달리므로 촛불 같다는 뜻으로 남천촉(南天燭)이라고도 한다. 그 외 호랑가시나무 잎처럼 날카롭고 튼튼한 가시가 뿔처럼 돋아 있는 **뿔남천**도 흔히 심고 있다.

과명 매자나무과	영명 Nandina, Heavenly bamboo
학명 *Nandina domestica*	중명 南天竹, 南天竺
	일명 ナンテン(南天)

속명 *Nandina*는 일본 이름 난텐(ナンテン)에서 유래하였고 종소명 *domestica*는 '국내의', '재배하는', '심어 기르는'이라는 뜻이다.

남천

납매

잎지는 넓은잎 작은키나무

납매에는 한겨울 잎이 나오기 전에 손가락 마디만 한, 향기가
나는 노란 꽃이 핀다. 납(臘)은 음력 12월을 뜻하며, 납매(臘梅)
는 '12월쯤 피는 매화'란 뜻이다. 그러나 매화와는 전혀 다른
식물이다. 납매는 매화보다 먼저 꽃이 피어 우리나라에 자라는
나무 중 가장 먼저 봄이 오고 있음을 알려준다. 양지바른 곳이
라면 서울에서도 1월 말에 꽃이 피기 시작한다. 꽃잎이 밀랍을
먹인 것 같으므로 납매(蠟梅)로도 쓴다. 중국 원산이며 조경수
로 흔히 심고 있다.

과명 납매과	영명 Wintersweet
학명 *Chimonanthus praecox*	중명 腊梅, 蜡梅
	일명 ロウバイ(蝋梅)

속명 *Chimonanthus*는 그리스어 chimon(겨울)과 anthus(꽃)의 합성어이며
*praecox*는 '일찍 핀다'는 뜻이다.

납매

낭아초

잎지는 넓은잎 작은키나무

햇빛이 잘 드는 메마른 땅에서도 잘 자라며 줄기를 길게 늘어
뜨리거나 비스듬히 뻗는 자그마한 나무다. 여름날 홍자색의 기
다란 꽃이 피고 나면 통통하고 짧은 콩꼬투리 열매를 맺는다.
꼬투리가 여럿이, 때로는 줄을 이루어 달리며 열매 끝에는 작
은 침이 붙어 있다. 사람들이 이렇게 달린 열매를 보며 험상궂
은 이리의 이빨을 상상했던 것 같다. 그래서 '이리 이빨 풀'이란
뜻으로 낭아초(狼牙草)라 했다. 초(草)가 들어갔지만 풀이 아니고
나무이며 이름처럼 험상궂은 구석은 없다. 주변에서 볼 수 있
는 낭아초는 대부분 토종 낭아초가 아닌 중국 원산의 **큰낭아
초**다. 낭아초의 북한 이름은 **낭아땅비싸리**이다.

과명 콩과
학명 *Indigofera pseudotinctoria*

영명 Dwarf false-indigo
중명 马棘, 木蓝
일명 コマツナギ(駒繋ぎ)

속명 *Indigofera*는 indigo(쪽빛)와 fero(갖는다)의 합성어로 남색 염료의 원료가
된다는 뜻이다. 종소명 *pseudotinctoria*는 인디고(*Indigofera tinctoria*)와 닮았지만
별개의 식물이라는 뜻이다.

낭아초

너도밤나무

잎지는 넓은잎 큰키나무

너도밤나무는 우리나라에서는 울릉도에만 자라지만 북반구의 곳곳에 널리 분포하며 재질이 좋아 널리 이용된다. 잎은 밤나무보다 약간 작고 더 통통하게 생겼으며 전체적인 잎 모양도 밤나무를 매우 닮았다. 세모 모양의 작은 도토리는 밤처럼 그대로 먹을 수 있는 식량이기도 하다. 사람들은 '너도 밤나무처럼 생겼구나'라고 생각하여 너도밤나무란 이름이 붙은 것으로 보인다. 19세기 말 울릉도에 들어간 첫 이주민 중에는 경상도와 전라도 사람들이 많았다. 그들이 울릉도에 오기 전부터 알고 있던 남부 지방에 자생하는 '나도밤나무'와 구별하기 위하여 너도밤나무란 이름을 붙여준 것으로 짐작된다.

과명 참나무과	영명 Engler's beech
학명 *Fagus engleriana*	중명 米心水青冈
	일명 シナブナ

속명 *Fagus*는 그리스어로 '먹는다'는 뜻이다. 유럽에서는 너도밤나무 열매를 식용하거나 가축 사료로 이용하기 때문이다. 종소명 *engleriana*는 독일의 식물분류학자 엥글러(A. Engler·1844~1930)의 이름에서 따왔다.

노각나무

잎지는 넓은잎 큰키나무

노각나무는 나무껍질의 모양새가 특별하다. 금빛이 살짝 들어간 황갈색의 비단 조각을 가져다 모자이크를 만든 것 같다. 모과나무나 배롱나무의 껍질과 비슷하지만 훨씬 아름답다. 그 모습이 마치 갓 돋아난 사슴뿔을 연상시켜 처음에는 '녹각(鹿角)나무'라고 하다가 부르기 쉬운 노각나무로 변했다. 또 다른 이름인 금수목(錦繡木)도 '비단을 수놓은 나무'라는 뜻이다. 아예 비단나무라고 부르는 지방도 있다. 꽃 귀한 여름날 피는 탁구공만 한 큰 흰 꽃도 한층 나무를 돋보이게 한다.

과명 차나무과	영명 Korean stewartia
학명 *Stewartia koreana*	중명 늑红山紫茎
	일명 ナツツバキ(夏椿)

속명 *Stewartia*는 영국의 식물학자 스튜어트(J. Stuart·1713~1792)의 이름에서 따온 것이다. Stuart는 흔히 Stewart로 쓰기도 했다. 종소명 *koreana*는 한국을 뜻한다.

노간주나무

늘푸른 바늘잎 중간키나무

원래 이름은 노가(老柯)나무였고, 약이나 두송주를 만들 때 쓰는 열매는 노가자(老柯子)라 했다. '노가자'가 현대에 들어와 부르기 쉬운 '노간주'로 바뀌었고, 여기에 '나무'를 붙여 노간주나무란 지금의 이름이 되었다. 《일성록(日省錄)》의 정조 9년(1786)의 기록에는 "노가자(老嘉子)를 심었다"는 대목이 있는데 앞뒤 문맥을 살펴보면 이 '노가자'는 노간주나무가 아니라 뚝향나무나 향나무로 보인다. 북한 이름은 **노가지나무**이다.

과명 측백나무과　　　　　　　영명 Needle juniper
학명 *Juniperus rigida*　　　　중명 杜松
　　　　　　　　　　　　　　일명 ネズ(杜松)

속명 *Juniperus*는 노간주나무를 비롯한 향나무 종류를 일컫는 라틴어 고어이며 종소명 *rigida*는 '딱딱하다'는 뜻으로 딱딱하고 굳은 바늘잎을 나타낸다.

노간주나무

노린재나무

잎지는 넓은잎 작은키나무

식물성 물감으로 천연섬유를 물들이려면 매염제(媒染劑)가 반드시 필요하다. 옛날엔 나무를 태워서 얻는 잿물이 가장 손쉽게 사용할 수 있는 매염제였다. 노린재나무는 천연염색에 쓰이는 대표적 매염제 나무다. 노린재나무를 태운 재를 우려내면 약간 누런빛을 띤 잿물을 얻을 수 있어서 한자로 황회목(黃灰木)이라 했는데, 우리말 '노란재나무'를 거쳐 노린재나무가 되었다. 북한 이름은 여전히 **노란재나무**이다. 숲에서 흔히 볼 수 있는 자그마한 나무이고 봄에 하얀 꽃이 피고 나면 남색 열매가 달린다. 같은 식구에 열매가 검다고 **검노린재**, 섬에 자란다고 **섬노린재**로 불리는 나무가 있다. 또 껍질이 검게 보이는 늘푸른 큰 나무인 **검은재나무**도 있다.

과명 노린재나무과	영명 Asian sweetleaf
학명 *Symplocos sawafutagi*	중명 느华山矾
	일명 サワフタギ(沢蓋木)

속명 *Symplocos*는 이어져 있다는 뜻이다. 수술의 밑 부분이 합쳐져 있는 특징을 나타낸다. 종소명 *sawafutagi*는 이 나무의 일본 이름 사와후타기(サワフタギ)를 그대로 가져온 것이다.

노린재나무

노박덩굴

잎지는 넓은잎 덩굴나무

길의 가장자리를 나타내는 길섶이란 우리말이 있다. 한자로 쓴 옛 문헌에는 길섶을 노방(路傍)이라 했다. 길가에 잘 자라는 덩굴나무, 즉 '노방의 덩굴'이 변하여 노박덩굴이 되었다. 햇빛을 좋아하는 덩굴나무라 길 쪽으로 가지가 잘 뻗어 나오기 때문에 산길에서 흔히 만날 수 있다. 가을날 콩알 굵기의 노란 열매가 완전히 익어 갈라지면 안의 루비색 빨간 '보석 씨앗'이 눈길을 사로잡는다. 형제 나무로 **푼지나무**가 있다.

과명 노박덩굴과	영명 Oriental bittersweet
학명 *Celastrus orbiculatus*	중명 南蛇藤
	일명 ツルウメモドキ(蔓梅擬き)

속명 *Celastrus*는 이 속 나무를 일컫는 그리스어 celastros에서 따왔다. celas는 '늦가을'이란 뜻이다. 종소명 *orbiculatus*는 잎이 둥글다는 뜻이다.

노박덩굴

녹나무

늘푸른 넓은잎 큰키나무

녹나무의 어린 나뭇가지는 연한 초록색을 띠고
있다. 새싹이 돋을 때도 연초록으로 일제히 돋아나서 장관을 이
룬다. 자라는 곳 역시 아열대지방의 짙푸른 숲이므로 녹나무는
이래저래 녹색과 관련이 깊다. 초록색이 아닌 나무는 거의 없겠
지만, 녹나무는 녹색이 유독 눈에 띠므로 초록빛 녹(綠)을 써서
녹나무라고 불리게 된 것으로 추정한다. 세계에서 가장 굵고 크
게 자라는 나무 중 하나로, 우리나라에서는 남해안이 거의 북
방한계선이다. 줄기·뿌리·잎 등에 장뇌(樟腦)를 함유하고 있다. 이
를 추출하여 강심제나 진통제로 썼으며, 목재는 벌레 먹지 않는
가구를 만드는 등 예부터 좋은 나무로 널리 이용되었다. 한자
이름은 장(樟), 예장(豫樟), 향장목(香樟木)이라 한다.

과명 녹나무과	영명 Camhpor tree
학명 *Cinnamomum camphora*	중명 香樟, 樟
	일명 クスノキ(樟)

속명 *Cinnamomum*은 계피를 뜻하는 페니키아어에서 유래하였다. 종소명
*camphora*는 아라비아어로 장뇌를 가리키는 말이다.

누리장나무

잎지는 넓은잎 작은키나무

누린내의 사전적인 뜻은 '짐승의 고기에서 나는 기름기 냄새'
다. 대부분의 사람들은 누린내를 싫어하는데 누리장나무에서
는 이런 냄새가 난다. 냄새가 그렇게 심하진 않지만 잎이나 어
린 가지를 찢으면 더 강하게 나고, 싹이 돋는 봄날에는 근처에
만 가도 금방 누린내를 맡을 수 있다. 중국에서는 '냄새나는 오
동'이라는 뜻으로 취오동(臭梧桐)이라고도 한다. 일본 이름의 뜻
도 '냄새 나무'다. 하지만 여름에 잔뜩 피는 꽃은 향긋한 백합
향을 풍기고, 가을이면 붉은 말미잘 모양 열매 받침잎 가운데
사파이어 같은 열매가 맺힌다. 코발트색 가을 하늘과 잘 어울
리며, 그 모습이 옛 한복에 다는 브로치를 연상케 한다. '냄새
나무'의 대반전이다.

과명 마편초과	영명 Harlequin glorybower
학명 *Clerodendrum trichotomum*	중명 海州常山, 臭梧桐
	일명 クサギ(臭木)

속명 *Clerodendrum*은 그리스어 cleros(운명)과 dendron(나무)의 합성어이다.
스리랑카에서 처음 두 종류의 누리장나무가 발견되었을 때 현지인들이 하나는
행운의 나무, 또 하나는 불운의 나무라고 하는 것을 보고 이름에 운명이란 말을
붙였다. 종소명 *trichotomum*은 셋으로 갈라진다는 뜻이다.

누리장나무

느릅나무

잎지는 넓은잎 큰키나무

느릅나무는 동서양을 막론하고 건축재 등 힘 받는 데 쓰는 자재로 이용되었지만, 나무껍질도 중요하게 쓰였다. 유백피(楡白皮)라 불리는 느릅나무의 나무껍질은 약재로도 썼고, 먹어서 배고픔을 달랠 수도 있었다. 느릅나무란 이름은 '느름나무'가 변한 것인데, '느름'은 힘없이 늘어진다는 뜻인 '느른하다'에서 온 말이다. 느릅나무 속껍질을 벗겨내어 짓이기면 약간 끈적끈적하고 느른해진다. 이렇게 느른하게 만든 껍질은 흉년에 대용식이 되었다. 멀리는 고구려 때 평강공주와 온달 이야기에도 등장한다. 《구황촬요(救荒撮要)》(조선 명종 때 흉년에 대처하는 방법을 정리한 책)에도 흉년에 대비해 백성들이 평소에 비축해둘 것으로 솔잎과 함께 느릅나무 껍질을 들었다. 일본에서는 느릅나무 종류를 통틀어 니레(ニレ)라고 하는데, 우리말이 건너간 것이라고 한다.

과명	느릅나무과	영명	Wilson's elm
학명	*Ulmus davidiana* var. *japonica*	중명	春榆
		일명	ハルニレ(春榆)

속명 *Ulmus*는 이 속의 나무를 일컫던 라틴어 옛말 elm에서 유래했다. 종소명 *davidiana*는 중국 식물을 채집한 프랑스 선교사 다비드(A. David·1826~1900)의 이름에서 따왔다. 변종명 *japonica*는 일본을 뜻한다.

참느릅나무

잎지는 넓은잎 큰키나무

과명 느릅나무과
학명 *Ulmus parvifolia*

종소명 *parvifolia*는 작은
잎을 가졌다는 뜻이다.
실제로 참느릅나무는 다른
느릅나무보다 잎이 작다.

영명 Lacebark elm
중명 榔榆
일명 アキニレ(秋楡)

정말이나 진짜를 뜻하는 '참'이
붙어 참느릅나무다. 마을 안팎
등 인가 부근에는 느릅나무보다
참느릅나무가 훨씬 많다. 느릅나무
잎이 겹톱니인 것에 비하여 잎이 작고 홑톱니인 것이 특징이다.

이외에 어린 줄기에 코르크가 발달한 **혹느릅나무**, 잎이 느릅나
무보다 큰 **왕느릅나무** 등이 있다.

누리장나무

느티나무

잎지는 넓은잎 큰키나무

느티나무는 나무속이 황갈색이라서 한자로는
황괴(黃槐)라고 한다. 누렇다는 뜻의 황(黃)과 회
화나무를 나타내는 괴(槐)가 합쳐진 말이다. 《방언
유석(方言類釋)》(조선 정조 때 각 단어의 중국어, 만주어, 몽골어, 일
본어를 모아 우리말로 풀이한 어휘집)에선 느티나무를 황괴수(黃槐樹)
라 하고 한글로는 '느틔나모'라고 썼다. 황색을 뜻하는 순우리
말 노랑은 눋(눗)이 어원이라고 하며 괴(槐)는 옥편에 보면 홰나
무(회화나무)라 하였으니 황괴의 한글 이름은 '눋(눗)홰나무'가 된
다. 마찬가지로 《아언각비(雅言覺非)》(조선 순조 때 실학자 정약용이 지은
어원 연구서)에는 '눗회나무'라고 했다. 이것이 '누튀나무'를 거쳐
느티나무가 되었다고 짐작된다.

과명 느릅나무과	영명 Sawleaf zelkova
학명 *Zelkova serrata*	중명 欅树
	일명 ケヤキ(欅)

속명 *Zelkova*는 캅카스 지방에서 느티나무속의 나무 *Zelkova carpinifolia*를
부르던 이름인 zelkoua에서 유래하였다. 종소명 *serrata*는 잎 가장자리에 잔톱니가
있음을 뜻한다.

느티나무

능금나무

잎지는 넓은잎 중간키나무

예부터 우리 산에 있던 사과나무의 야생종이다. 사람들이 과일나무로 캐다 심으면서 개화기까지 우리의 전통 과일나무로 자리 잡았다. 한자 이름은 임금(林檎)이며, 이 이름이 '님금'을 거쳐 능금이 되었다. 일본어로 사과를 링고(林檎)라고 하는데, 우리말 능금이 건너간 이름으로 짐작된다.

과명 장미과	**영명** Apple tree
학명 *Malus asiatica*	**중명** 沙果, 花红, 林檎
	일명 ワリンゴ(和林檎)

속명 *Malus*는 능금을 가리키는 그리스어 malon에서 유래하였다. 종소명 *asiatica*는 아시아를 뜻한다.

능소화

잎지는 넓은잎 덩굴나무

담쟁이덩굴처럼 빨판을 내 담장이나 나무에 붙어 올라가는 덩굴나무다. 초여름에 나팔꽃 모양의 주황색 꽃이 잔뜩 핀다. 능소화(凌霄花)란 중국 이름을 그대로 쓰고 있는데, 무언가를 타고 올라가면서 하늘(霄)을 넘어설(凌) 듯 높이 자라는 특성 때문에 붙은 이름으로 짐작된다. 꽃이 통째로 떨어진다고 처녀꽃, 봄에 게으른 양반처럼 싹이 늦게 나오며 양반집에 주로 심었다고 양반나무, 덩굴에 황금색 꽃이 핀다고 금등화(金藤花) 등의 다른 이름이 있다. 우리 주변에는 능소화보다 꽃자루가 트럼펫처럼 긴 **미국능소화**가 더 많이 심어져 있다.

과명 능소화과	영명 Chinese trumpet creeper
학명 *Campsis grandiflora*	중명 凌霄, 紫葳
	일명 ノウゼンカズラ(凌霄花)

속명 *Campsis*는 '활처럼 휜다'는 뜻의 그리스어 campsis에서 유래하였다. 꽃의 수술이 구부러진 특징을 나타낸다. 종소명 *grandiflora*는 라틴어 grandis(크다)와 floreo(개화開花)의 합성어로 능소화의 큰 꽃을 의미한다.

능소화

ㄷ

다래

잎지는 넓은잎 덩굴나무

늦여름의 산속 덩굴나무에 손가락 마디만 한 자그마한 초록색
과일이 익는다. 풋과일 같지만 다 익은 상태이며 맛이 달콤하다.
이 열매가 달다고 해서 나무 이름도 다래가 되었다. 옛날에는 한
자로 달애(怛艾)라고 표기하기도 했다. 잎의 반 정도에 흰 페인트
를 칠한 것 같은 **개다래**, 분홍색 페인트를 칠한 것 같은 **쥐다래**
가 있다. 개다래의 북한 이름은 **말다래나무**이다.

과명 다래나무과
학명 *Actinidia arguta*

영명 Hardy kiwi
중명 軟棗獼猴桃
일명 サルナシ(猿梨)

속명 *Actinidia*는 그리스어 aktis(방사상)에서 유래하였으며 암술머리가 방사상으로
배열되는 특징을 따른 것이다. 종소명 *arguta*는 뾰족하다는 뜻이다.

다정큼나무

늘푸른 넓은잎 작은키나무

남해안에 자라는 자그마한 나무인 다정큼나무는 이름만 들어도 정겹고 다정스런 모습이 떠오른다. 잎이 그렇게 크지도 작지도 않은 긴 타원형이며, 자잘한 하얀 꽃이 모여 핀다. 원래 어긋나기로 잎이 달리지만 사이사이가 짧아 가지 끝에 모여나기 한 것처럼 붙어 있는데, 잎들이 다정스럽게 둘러앉아 소곤소곤 이야기를 나누는 것 같다. 논란이 있고 근거가 명확하지 않지만 나는 '다정스럽다 할 만큼 고운 나무'가 다정큼나무로 변한 것으로 여기고 있다.

과명 장미과
학명 *Rhaphiolepis indica* var. *umbellata*

영명 Whole-leaf Indian hawthorn
중명 厚叶石斑木
일명 シャリンバイ(車輪梅)

속명 *Rhaphiolepis*는 그리스어 rhaphis(침)와 lepis(인편鱗片)의 합성어이다. 종소명 *indica*는 인도를 뜻한다. 변종명 *umbellata*는 산형꽃차례를 뜻한다.

다정큼나무

닥나무

잎지는 넓은잎 중간키나무

닥나무는 한지를 만드는 데 쓰이는 대표적인 나무다. 닥나무의
속껍질에는 인피섬유(靭皮纖維)라는 질기고 튼튼한 실 모양의
세포가 들어 있어 한지를 질기고 튼튼하게 만들어준다. 종이를
만들 수 있는 질긴 껍질을 한자로는 저(楮)라고 하며, 순우리말
로는 '닥'이라고 한다. 닥나무는 '닥을 채취할 수 있는 나무'란
뜻이다. 한편 저(楮)는 나무 목(木)과 놈 자(者)를 합한 글자인데,
자(者)는 본래 삶을 자(煮)와 같은 글자라고 한다. 즉, 나무(木)를
삶아서(煮) 종이를 만든다는 뜻을 담고 있는 것이다. 분지르면
'딱' 소리가 난다고 해서 '딱나무'라고 하다가 닥나무가 된 것이
라고도 한다.

과명 뽕나무과	영명 Japanese paper mulberry
학명 *Broussonetia kazinoki*	중명 小构树, 楮
	일명 ヒメコウゾ(姬楮)

속명 *Broussonetia*는 프랑스의 의사이며 식물학자인 브루소넷(P. M. A.
Broussonet·1761~1807)의 이름에서 따왔다. 종소명 *kazinoki*는 꾸지나무의 일본
이름 카지노키(カジノキ)를 그대로 옮긴 것이다.

단풍나무

잎지는 넓은잎 중간키나무

가을이면 노란 은행나무 잎, 갈색 참나무 잎 등이 산을 풍요롭게 물들인다. 그러나 역시 붉게 물들어 아름다움을 뽐내는 단풍나무를 빼놓고는 가을을 논할 수 없다. 단풍(丹楓)은 한자로는 붉을 단(丹)에 단풍 풍(楓)으로 쓴다. 풍(楓)의 자획을 풀어보면 나무(木)와 바람(風)인데, 잠자리 날개처럼 생긴 단풍나무 열매가 바람에 멀리 날아가는 모습을 형상화한 글자이다. 단풍나무 종류는 종간 교배가 쉽게 일어나기 때문에 종류가 수도 없이 많지만, 흔히 단풍이라고 할 때는 단풍나무와 당단풍나무를 일컫는 경우가 많다. 활짝 편 손이나 개구리 발처럼 생겼다. 잎이 5~7갈래로 갈라지면 단풍나무, 9~11갈래로 갈라지면 당단풍나무다.

과명 단풍나무과	영명 Palmate maple
학명 *Acer palmatum*	중명 鸡爪槭
	일명 イロハモミジ(紅葉)

속명 *Acer*는 단풍나무를 뜻하는 라틴어로 끝이 날카롭다는 뜻이다. 종소명 *palmatum*은 손 모양을 말한다.

당단풍나무

잎지는 넓은잎 중간키나무

단풍나무보다 상대적으로 더
북쪽 지방에 자라며 중국에도
많으므로 당나라 당(唐)을 붙여
당단풍나무가 되었다. 북한 이름은
넓은잎단풍나무이다.

과명 단풍나무과
학명 *Acer pseudo-sieboldianum*

종소명 *pseudo-sieboldianum*은 일본에서
자라는 시볼드당단풍(*Acer sieboldianum*)과 닮았지만
별개의 나무란 뜻이다.

영명 Korean maple
중명 紫花槭

공작단풍(세열단풍)

잎지는 넓은잎 중간키나무

단풍나무 원예품종의 하나로 잎이
마치 공작새의 깃털 같다고 하여
공작단풍이다. 잎이 폭이 매우
좁으면서 잘고 길게 갈라져 있어서 세열(細裂)단풍이라고도
한다. 가지가 사방으로 퍼지면서 조금 늘어지는 경향이 있어서
전체적인 모양새가 아름답기 때문에 정원수로 널리 심는다.

과명 단풍나무과
학명 *Acer palmatum* var. *dessoctum*

변종명 *dessoctum*은 '서로
떨어져 있다'는 뜻이다.

영명 Japanese lanceleaf maple
일명 ベニシダレ(紅枝垂れ)

은단풍

잎지는 넓은잎 큰키나무

과명 단풍나무과
학명 *Acer saccharinum*
종소명 *saccharinum*은
설탕처럼 달다는 뜻이다.

영명 Silver maple

북미에서 들여온 단풍나무로
잎 뒷면이 은빛이어서
은단풍(銀丹楓)이라 한다. 비슷한 나무로는 캐나다 국기에
등장하며 그 수액으로 달콤한 메이플시럽을 만드는 **설탕단풍**이
있다. 역시 북미에서 들여온 **네군도단풍**은 학명 아세르
네군도(*Acer negundo*) 중 종소명 네군도(*negundo*)를 접두어로
붙였다. 은단풍의 북한 이름은 **평양단풍나무**이다.

중국단풍

잎지는 넓은잎 큰키나무

과명 단풍나무과
학명 *Acer buergerianum*
종소명 *buergerianum*은
독일의 식물학자 뷔르거(H.
Bürger·1806~1858)에서
유래하였다.

영명 Trident maple
중명 三角枫, 三角槭
일명 トウカエデ(唐楓)

최근 중국에서 수입하면서 우리
이름을 중국단풍으로 붙였다.
가로수나 정원수로 많이 심고 있으며
다른 단풍나무 종류보다 단풍이
조금 일찍 든다. 북한 이름은 **애기단풍나무**이다.

홍단풍(노무라단풍)

잎지는 넓은잎 중간키나무

과명 단풍나무과
학명 *Acer palmatum*
'Shojo-Nomura'

재배종명 'Shojo-Nomura'는
이 나무를 가리키는 일본
이름이다.

영명 Japanese red maple
일명 ショウジョウノムラ
(猩猩野村)

봄에 잎이 돋는 새잎부터 붉은색을
띠는 단풍나무다. 일본에서 온
단풍나무 품종으로, 에도시대부터
이미 조경수로 심기 시작했다고
한다. 대체로 초여름까지는 색깔이 선명하여 볼 만하나
이후부터는 퇴색하여 볼품이 없어진다. 일본 이름은
쇼조노무라(猩猩野村)인데 쇼죠(猩猩)는 상상의 동물이며
붉은색을 상징한다고 한다. 노무라의 어원은 그들도 명확하게
말하고 있지 못하다. 노무라(野村)라는 일본의 흔한 성씨를
떠올리기도 하지만, 진한 자줏빛을 뜻하는 노우무라(濃紫)가
변한 것이라는 견해도 있다.

닥나무

담쟁이덩굴

잎지는 넓은잎 덩굴나무

덩굴손 끝이 흡착판이 되어 담장에 쉽게 붙어 자란다고 '담장의
덩굴'이라고 하다가 부르기 쉽게 담쟁이덩굴이 되었다. 한자로
는 '돌담에 이어 자란다'는 뜻으로 낙석(洛石)이라고 한다. 담장뿐
만 아니라 큰 나무의 줄기도 타고 올라가지만 그 나무를 완전히
덮진 않고 거의 공생관계를 이루는 경우가 많다. 칡처럼 타고
올라간 나무 전체를 덮어 광합성을 못하게 하는
못된 짓은 하지 않는다. 우리 주변에는 흡착판
이 없고 손바닥 모양 겹잎을 단 **미국담쟁이덩**
굴을 흔히 만날 수 있다.

과명 포도과
학명 *Parthenocissus*
　　tricuspidata

영명 Boston ivy
중명 地锦
일명 ツタ(蔦)

속명 *Parthenocissus*는 그리스어로 단성생식을 뜻하는 parthenos와
담쟁이덩굴을 일컫는 cissos의 합성어로 암수의 수정 외에도 흡착판으로도
번식하는 특징을 나타낸다. 종소명 *tricuspidata*는 라틴어 tri(셋)와
cuspidatus(날카롭다)의 합성어로 셋으로 갈라진 담쟁이덩굴의 잎을 나타낸다.

담쟁이덩굴

담팔수

늘푸른 넓은잎 큰키나무

잎이나 열매가 쓸개(膽)처럼 쓴 맛이 나고, 좁고 긴 잎의 배열이 마치 굵은 붓으로 여덟 팔(八)을 쓴 것 같은 모습이라고 담팔수 (膽八樹)가 되었다고 한다. 중국 이름을 그대로 받아들인 것이다. 제주도 서귀포에서 볼 수 있고, 아름드리나무로 자란다. 늘푸른 나무이면서도 한 해 내내 붉은 단풍잎이 몇 개씩 꼭 섞여 있어서 다른 나무와 쉽게 구별할 수 있다. 잎 8개 중 하나는 꼭 붉게 단풍이 들어 있어 담팔수라 부른다는 제주 관광가이드의 이야기도 재미 삼아 들어볼 만하다.

과명 담팔수과
학명 *Elaeocarpus sylvestris* var. *ellipticus*

영명 Wild dampalsu tree
중명 늑山杜英, 胆八树
일명 ホルトノキ

속명 *Elaeocarpus*는 그리스어 elaia(올리브)와 carpos(열매)의 합성어이다. 열매가 올리브를 닮았다는 뜻이다. 종소명 *sylvestris*는 숲에서 난다는 뜻이고, 품종명 *ellipticus*는 타원형이란 뜻이다.

대나무

대나무는 왕대, 맹종죽, 솜대 등 대나무를 수종별로 따로 구분하지 않고 한꺼번에 지칭할 때 쓰는 말이다. 대나무는 본래 동남아의 아열대지방에서 자라던 나무였지만 자라는 곳이 북쪽으로 넓어졌다. 중국 남부에서는 대나무를 한자로 죽(竹)이라고 했는데, 옛날에는 중국 남부에서 죽(竹)을 '텍(tek)'이라고 읽었다. 그리고 우리나라에서는 '텍'의 끝소리 ㄱ이 약하게 되어 '대'로 변했다고 한다. 한편 대나무는 높고 곧게 자라기 때문에, 높다는 뜻을 가진 고구려어 '달(達)'이 대나무란 이름과 관계가 있다고도 한다.

과명 벼과
학명 *Phyllostachys* spp.

영명 Bamboo
중명 竹
일명 ダケ(竹)

속명 *Phyllostachys*는 그리스어 phyllon(잎)과 stachys(이삭)의 합성어이다. 잎집에 싸여 피는 꽃이 수상꽃차례 모양이라는 뜻이다.

대나무

맹종죽

과명 벼과
학명 *Phyllostachys pubescens*

종소명 *pubescens*는 잎의 뒷면 기부에 연한 털이 있다는 뜻이다.

영명 Moso bamboo
중명 楠竹, 毛竹, 孟宗竹
일명 モウソウチク(孟宗竹)

중국 삼국시대 오나라의 맹종(孟宗)은 효자로 소문이 자자했는데 어느 겨울날 어머니가 죽순을 먹고 싶어 했다. 맹종이 대나무 숲에 들어가 간절한 소망을 말하자 금방 죽순이 솟아나는 기적이 일어났다. 이후 이 대나무는 맹종의 이름을 따 맹종죽(孟宗竹)이 되었다. 죽순이 돋아난 대나무이므로 다른 이름은 죽순대이다.

오죽

과명 벼과
학명 *Phyllostachys nigra*

종소명 *nigra*는 검다는 뜻이다.

영명 Henon bamboo
중명 紫竹, 毛金竹
일명 クロチク(黒竹)

일반 대나무의 줄기가 녹색인 것과 달리 오죽의 줄기는 죽순에서 처음 자랐을 때는 녹색이나 차츰 색이 짙어져 검은색이 된다. 까마귀 오(烏)에 대나무 죽(竹)을 붙여 오죽(烏竹)이라 하며, 정원수로 널리 심고 죽공예품을 만드는 데에도 이용한다. 북한 이름은 **검정대**이다.

그 외 다른 대나무보다 더 높이 자라고 굵기도 굵은 **왕대**를 비롯하여 **솜대**, 화살대로 쓰였던 **이대** 등이 있다.

대왕참나무

잎지는 넓은잎 큰키나무

미국 중부의 약간 습한 곳에 자라는 참나무 종
류다. 우리나라에는 일제강점기에 들어왔으나 크게
각광받지는 못했다. 그러나 1990년대 중반 조달청에
우리말 이름을 등록하면서 영어 이름 핀오크(Pin oak) 대
신에 근사하게 대왕참나무라고 명명하여 주목을 받기 시작했
다. 대왕의 사전적인 정의는 '훌륭하고 뛰어난 임금을 높여 이
르는 말'이다. 대왕참나무는 이름에 특별히 대왕이란 접두어를
붙일 만큼 다른 참나무보다 뛰어난 나무는 아니다. 비슷한 나
무로 **루브라참나무**가 있다.

과명 참나무과	영명 Pin oak
학명 *Quercus palustris*	중명 沼生枥
	일명 ピンオーク

속명 *Quercus*는 켈트어 quer(질 좋은)와 cuez(재목)의 합성어이다. 종소명
*palustris*는 '습지'라는 뜻이다.

대왕참나무

대추나무

잎지는 넓은잎 중간키나무

대추나무 가지에는 가시가 많다. 그래서 '대추나무 연 걸리듯 한다'는 속담이 있을 정도다. 대추나무를 뜻하는 한자 조(棗)는 가시 자(束)가 아래위로 포개져 있는 글자다. 대추나무의 가시가 그만큼 날카롭고 많다는 뜻이다. 열매는 한약으로도 잘 쓰는데, 그 이름인 대조(大棗)에서 따서 나무 이름을 '대조나무'라 하다가 부르기 편한 대추나무가 되었다. 대추나무는 늦봄이나 되어야 겨우 잎이 돋기 시작하므로 게으름을 피우는 양반에 빗대어 '양반나무'라고도 부른다.

과명 갈매나무과	**영명** Common jujube
학명 *Zizyphus jujuba* var. *inermis*	**중명** 棗, 棗树
	일명 ナツメ(夏棗)

속명 *Zizyphus*는 아라비아 이름 zizofrk에 어원을 두고 있는 그리스어 zizafon에서 유래했다고 한다. 종소명 *jujuba*는 대추나무 종류의 아라비아 이름, 변종명 *inermis*는 '가시가 없다'는 뜻으로 기본종인 묏대추나무에 비해 가시가 덜 발달했음을 나타낸다.

대추나무

묏대추나무

잎지는 넓은잎 중간키나무

과명 갈매나무과
학명 *Zizyphus jujuba*

영명 Jujube

뫼(山)에 자라는 대추나무란 뜻이다.
대추보다 열매가 약간 작고 둥글다. 원래부터 대추나무와는
다른 변종인지, 대추나무가 야생화한 것인지는 알 수 없다고
한다.

갯대추나무

잎지는 넓은잎 작은키나무

과명 갈매나무과
학명 *Paliurus ramosissimus*

속명 *Paliurus*는 그리스어
paliouros(이뇨)가 어원이며,
종소명 *ramosissimus*는
여럿으로 갈라진다는 뜻이다.

영명 Maritime jujuba
중명 马甲子
일명 ハマナツメ(浜棗)

제주도 해안의 갯가에 자란다고
갯대추나무다. 관목 상태로 자라며
날카로운 가시가 몸 전체에 나
있다. 잎이나 꽃 모양이 대추나무와
비슷하나 대추나무와는 속(屬)이 다르다. 산림청의 보호를
받는 희귀식물이다

대왕참나무

대팻집나무

잎지는 넓은잎 큰키나무

목재의 표면을 매끈하게 다듬어주는 대패는 예부터 목수들이
가장 아끼는 기구 중 하나다. 대팻집은 대패에서 날을 보호해
주고 깎을 나무와 바로 맞닿는 부분을 가리킨다. 대팻집나무는
'대팻집을 만드는 나무'란 뜻이다. 대팻집에 쓰일 나무는 우선
적당히 단단하고 재질이 고르며 거스름(逆木理)이 일어나지 않아
야 한다. 대팻집나무는 비중이 0.6~0.7 정도로 너무 단단하지도
무르지도 않아 대팻집으로 쓰기에 적당한 나무다.

과명 감탕나무과
학명 *Ilex macropoda*

영명 Macropoda holly
중명 大柄冬青
일명 アオハダ(青膚)

속명 *Ilex*는 서양호랑가시나무의 라틴어 옛 이름이며 종소명 *macropoda*는 '긴
자루'라는 뜻이다.

댕강나무

잎지는 넓은잎 작은키나무

나뭇가지를 꺾으면 '댕강' 부러진다고 하여 댕강나무란 이름이 붙은 것으로 짐작된다. 또한 꽃이 핀 댕강나무를 보면 연분홍 꽃이 새 가지 끝에 모여 핀다. 그런데 꽃 하나하나는 긴 꽃자루를 가지고 서로 떨어져 있어서, 꽃이 동강동강 피어 있다는 뜻으로 '동강나무'라 하다가 댕강나무가 된 것은 아닐까도 생각하게 된다. 강원도 북부의 석회암지대에 드물게 자라는 희귀식물이며 줄기에 6개의 골이 져 있어서 육조목(六條木)이라고도 한다.

과명 인동과 영명 Maengsan abelia
학명 *Abelia mosanensis*

속명 *Abelia*는 영국의 의사이자 동식물학자인 아벨(C. Abel·1780~1826)의 이름에서 따왔다. 종소명 *mosanensis*는 북한 평남 맹산을 가리킨다.

꽃댕강나무

잎지는 넓은잎 작은키나무

과명 인동과
학명 *Abelia* x *grandiflora*
종소명 *grandiflora*는
'큰 꽃'이란 뜻이다.

영명 Glossy abelia
중명 大花六道木
일명 ハナゾノツクバネウツギ

주변에서 조경수로 흔히 볼 수 있는
댕강나무는 대부분 꽃댕강나무다.
중국산 댕강나무를 원예종으로
육성한 중간 잡종이며, 여름에서 초가을까지 흰 꽃이 핀다.
1930년 무렵 일본에서 들여와 조경수로 널리 심고 있다.

댕댕이덩굴

잎지는 넓은잎 덩굴나무

팽팽한 모양을 나타내는 우리말에 '댕댕'이 있다. 댕댕의 더 강조된 말이 '땡땡'과 '탱탱'이다. 댕댕이덩굴의 가늘고 질긴 줄기는 지게나 등짐을 동여맬 때, 바구니 같은 세공품을 만드는 데에도 쓰일 만큼 댕댕하고 탱탱하다. 때문에 '댕댕'에 명사를 만드는 '-이'가 붙어 댕댕이덩굴이 된 것으로 보인다.

과명 새모래덩굴과
학명 *Cocculus orbiculatus*

영명 Queen coral beads
중명 능木防己
일명 アオツヅラフジ(青葛藤)

속명 *Cocculus*는 작은 액과(液果)가 붙어 있다는 뜻이며 종소명 *orbiculatus*는 잎이 둥글다는 뜻이다.

덜꿩나무

잎지는 넓은잎 작은키나무

덜꿩나무란 이름은 들꿩에서 유래한 것이다. 들꿩은 중닭 크기의 우리나라 텃새로 여러 마리가 무리 지어 다니면서 열매나 씨앗을 먹고 산다. 또 들판에 사는 꿩을 들꿩이라 부르기도 한다. 어쨌든 꿩이나 들꿩이 먹이로 덜꿩나무 열매를 좋아해서 사람들이 '들꿩나무'라고 부른 것으로 보인다. '들꿩나무'가 덜꿩나무로 변한 이유를 찾기는 어렵지만 ㅡ와 ㅓ의 발음이 혼동된 탓으로 보인다.

과명 인동과
학명 *Viburnum erosum*

영명 Leather-leaf viburnum
중명 宜昌莢蒾
일명 コバノガマズミ(小葉の鎌酸実)

속명 Viburnum은 이 속의 나무를 가리키던 라틴어 고어에서 왔다. 종소명 *erosum*은 잎에 톱니가 불규칙하게 난 특징을 가리킨다.

돈나무

늘푸른 넓은잎 작은키나무

남해안과 섬 지방에 자라는 돈나무란 자그마한 나
무가 있다. 삭과인 열매가 늦가을에 익어 벌어지면
끈적거리고 약간 달콤한 점액이 나온다. 여기에 파리를
비롯한 각종 곤충이 모여들고 불쾌한 냄새가 난다. 그래서
제주도에선 '똥낭'이라 하는데, '똥나무'란 뜻이다. 된소리가 거
북하여 표준명을 정할 때 발음을 순화해 돈나무가 되었다. 엉뚱
하게 이름만 보고 돈(錢)과 관련된 나무일 것이라고 생각하는 경
우가 많다. 돈을 나름 돼지 돈(豚)으로 해석하기도 한다. 북한 이
름은 **섬엄나무**이다.

과명 **돈나무과**	영명 Australian laurel
학명 *Pittosporum tobira*	중명 海桐
	일명 トベラ(扉)

속명 *Pittosporum*은 그리스어 pitta(수지)와 spora(씨앗)의 합성어이다. 종소명
*tobira*는 돈나무의 일본어 이름 도베라(トベラ)에서 왔다.

돈나무

돌가시나무

반상록 넓은잎 작은키나무

찔레꽃처럼 줄기에 가시가 붙어 있고, 남해안의 돌무더기가 있는 곳에 잘 자란다고 돌가시나무라고 한다. 비슷한 찔레꽃 무리로 가시가 더 크고 촘촘한 **용가시나무**가 있다. 참나무과의 개가시나무도 별칭이 돌가시나무여서 헷갈리기 쉽다.

과명 장미과
학명 *Rosa wichuraiana*

영명 Wichura's rose
중명 光叶薔薇

속명 *Rosa*는 붉은색을 어원으로 하는 장미의 라틴어 옛말 rosa에서 왔다. 종소명 *wichuraiana*는 독일의 식물학자 비추라(M. E. Wichura · 1817~1866)의 이름에서 따왔다.

동백나무

늘푸른 넓은잎 중간키나무

추운 겨울에 꽃이 피는 나무란 뜻으로 동백(冬栢)나무라 한다. 백(栢, 柏)은 측백나무나 잣나무를 가리키는 글자지만 다른 나무 이름에도 널리 쓰인다. 측백(側栢)을 비롯하여 백목(栢木), 분백(粉栢), 향백(香栢), 자백(刺栢), 원백(圓栢) 등 수많은 나무의 이름에 백이 들어간다. 다만 옛사람들도 동백이란 이름이 실제 동백나무의 모습이나 생태와 썩 잘 어울리지는 않는다고 말하고 있다. 멀리 고려 때 이규보의 《동국이상국집(東國李相國集)》에서도 〈동백화(冬栢花)〉란 고율시에 "…동백나무에 좋은 꽃이 있어서/눈 속에서도 잘 피는구나/가만히 생각해 보니 잣나무보다 낫네/하지만 동백이란 이름은 옳지 않도다"라고 했다. 중국과 일본에선 한자로 각각 산다(山茶), 춘목(椿木)이라 쓴다.

과명 차나무과	영명 Common camellia
학명 *Camellia japonica*	중명 山茶
	일명 ツバキ（椿木）

속명 *Camellia*는 필리핀에 머물며 동아시아 식물을 연구한 선교사 카멜(G. J. Kamel·1661~1706)의 이름에서 따왔다. 종소명 *japonica*는 일본을 뜻한다.

동백나무

애기동백나무

늘푸른 넓은잎 중간키나무

과명 차나무과
학명 *Camellia sasanqua*

종소명 *sasanqua*는
산다화(山茶花)의 일본식
발음이다.

영명 Sasanqua camellia,
Sasanqua
중명 茶梅
일명 サザンカ(山茶花)

일본 원산이다. 꽃이 반쯤만 피는
동백나무와 달리, 꽃잎이 완전히
젖혀져 피며 만개하는 시기도 좀
빠르다. 붉은 꽃이 원종이지만
여러 색깔의 원예품종이 있다. 추위에 약하여 남해안에서만
조경수로 심는다. 꽃이 동백꽃보다 조금 작다고 '애기'란 말이
앞에 붙었다. 이외에도 꽃잎이 여러 겹인 원예품종 **겹동백**도
많이 심는다.

두릅나무

잎지는 넓은잎 중간키나무

두릅나무의 한자 이름은 목두채(木頭菜), '나뭇가지 끝에 달리는 채소'란 뜻이다. 우리말 이름은 《산림경제(山林經濟)》(조선 숙종 때 실학자 홍만선이 농업과 일상생활에 관련한 여러 사항을 기술한 일종의 백과사전)에 '둘훕'이라 했는데 이후 두릅으로 바뀌었다. 이덕무의 《청장관전서(靑莊館全書)》에는 두릅나무 가시가 고슴도치 털과 같다고 설명되어 있다. 다른 이름으로 총목(楤木)이라고도 한다.

과명 두릅나무과	영명 Korean angelica tree
학명 *Aralia elata*	중명 辽东楤木, 楤木
	일명 タラノキ(楤木)

속명 *Aralia*는 캐나다 퀘벡 지방에서 이 속의 나무를 부르는 명칭인 aralie에서 유래하였다. 종소명 *elata*는 키가 크다는 뜻이다.

땃두릅나무

잎지는 넓은잎 작은키나무

과명 두릅나무과
학명 *Oplopanax elatus*

속명 *Oplopanax*는
인삼속(*Panax*)과 닮았는데
가시가 많다는 뜻이다. 종소명
*elatus*는 키가 크다는 뜻이다.

영명 Tall oplopanax
중명 東北刺人参, 刺人参
일명 チョウセンハリブキ
　　(朝鮮針蕗)

'땃'과 '땅'은 같은 말이다.
땃두릅나무란 이름은 땅과 가까운,
키가 크지 않은 두릅나무란 뜻으로
실제로 사람 키 남짓 정도로만
자란다. 북한 이름은 **땅두릅나무**다.
옛날에는 호랑이가 놀라는 풀이란 뜻의 호경초(虎驚草)라 적고
'땃둘흡', '땃둘옵'이라고도 했으며 흔히 땅두릅이라고도 한다.
여러해살이 풀인 독활을 땅두릅이라 부르기도 하는데 전혀
별개의 식물이다.

두충

잎지는 넓은잎 큰키나무

옛날 두중(杜仲)이라는 중국 사람이 이 나무의 껍질과 잎을 차로 달여 먹고 도를 깨쳤다고 하여 나무의 이름을 두중(杜仲)이라고 붙였다고 한다. 중국과 일본은 그 이름을 그대로 쓰는데, 우리 나라는 두중과 두충(杜沖)을 뒤섞어 쓰다가 지금은 두충(杜沖)이 라고만 쓰고 있다. 두충의 특징은 잎을 가로로 찢어보면 거미줄 모양의 점액질 하얀 실을 볼 수 있는 점이다. 잎뿐 아니라 씨, 뿌 리, 속껍질에서도 볼 수 있는데 구타페르카(guttapercha)라는 성 분이 포함되어 있기 때문이다. 정제하여 건조시키면 섭씨 60도 이상에서 말랑말랑해지고 상온에서는 단단해지는 고무질 물질 이 되는데, 한때 전선의 절연체로 쓰인 적도 있다고 한다. 온대지 방의 나무 중에는 두충만 유일하게 구타페르카를 포함하고 있 으나 함량이 약 6.5퍼센트에 불과해 경제성이 없다.

과명 두충과	영명 Guttapercha tree
학명 *Eucommia ulmoide*	중명 杜仲
	일명 トチュウ(杜仲)

속명 *Eucommia*는 그리스어 eu(좋다)와 commi(고무)의 합성어이다. 종소명 *ulmoide*는 느릅나무와 잎이 닮았다는 뜻이다.

두충

들메나무

잎지는 넓은잎 큰키나무

나무껍질을 벗겨 신발을 동여매는 끈인 '들메'로 썼기 때문에 붙은 이름이다. 물푸레나무와 거의 비슷하나 물푸레나무는 새 가지 끝에 꽃대가 달리고, 들메나무는 2년 된 가지에 꽃대가 나오는 것이 차이점이다.

과명 물푸레나무과
학명 *Fraxinus mandshurica*

영명 Manchurian ash
중명 水曲柳, 东北梣
일명 ヤチダモ(谷地梻)

속명 *Fraxinus*는 서양물푸레나무의 라틴어 옛 이름이며 phraxis(분리하다)에서 유래한 것으로 추정된다. 종소명 *mandshurica*는 만주를 뜻한다.

들메나무

들쭉나무

잎지는 넓은잎 작은키나무

들쭉나무는 백두산 등의 높은 산 고원지대에 자란다. 대체로 한 포기씩 따로 자라지 않고 모여서 자란다. 들판에 줄줄이 무리를 이루어 자란다는 뜻으로 '들줄나무'라 하다가 '들쭐나무'를 거쳐 들쭉나무가 된 것으로 짐작된다. 열매는 블루베리와 꼭 닮았고, 이 열매로 담근 북한의 들쭉술이 유명하다.

과명 진달래과
학명 *Vaccinium uliginosum*

영명 Bog blueberry
중명 笃斯越橘
일명 クロマメノキ(黒豆の木)

속명 *Vaccinium*은 작고 즙이 많은 과일(액과)을 뜻하는 라틴어 bacca에서 왔다고 한다. 종소명 *uliginosum*은 습지에 난다는 뜻이다.

들쭉나무

등나무

잎지는 넓은잎 덩굴나무

중국 이름을 그대로 빌려다 등(藤)이라고 한다. 의미는 용솟음치듯(滕) 위로 감고 올라가는 풀(艸)이라는 뜻이며, 등나무가 살아가는 특성을 그대로 반영한 글자이다. 다른 나무나 물체를 타고 올라갈 때 빨판을 만들거나 그냥 걸치기만 하여 주인 나무에게 끼치는 피해를 최소화하는 나무가 있는가 하면, 뱀이 똬리를 틀듯 줄기를 감아 주인 나무를 아예 죽여버리는 비정한 나무도 있다. 등나무는 후자의 대표다. 보라색 꽃이 아름답고 시원한 그늘을 만들어주는 고마운 나무지만, 옛 선비들은 다른 나무나 물체를 감고 올라가는 이런 특성을 싫어하여 등나무를 소인배에 비유했다.

과명 콩과
학명 *Wisteria floribunda*

영명 Japanese wisteria
중명 紫藤
일명 フジ(藤)

속명 *Wisteria*는 미국 펜실베이니아대학의 해부학 교수 위스타(C. Wistar·1761~1818)의 이름에서 따왔다. 종소명 *floribunda*는 꽃이 많다는 뜻이다.

등수국

잎지는 넓은잎 덩굴나무

등나무처럼 덩굴로 자라면서 꽃은 수국과 닮았다고 등수국이
다. 큰 나무 줄기나 바위에 공기뿌리를 붙여가면서 10미터가
넘게 길게 자란다. 손톱 크기의 작은 흰 꽃이 가운데 모여 피면
가장자리를 동전 크기의 커다란 또 다른 꽃이 둘러싼다. 바깥
꽃은 수국처럼 꽃받침 조각만 있는 꾸밈꽃이다. 북한 이름은
넌출수국이다.

과명 수국과
학명 *Hydrangea petiolaris*

영명 Climbing hydrangea
중명 藤绣球
일명 ツルアジサイ(蔓紫陽花)

속명 *Hydrangea*는 그리스어 hydro(물)와 angeion(용기, 그릇)의 합성어로 열매의
모양이 물그릇과 닮은 것에서 유래하였다. 종소명 *petiolaris*는 같은 속의 다른
종들에 비해 잎자루가 긴 특징을 나타낸다.

등수국

등칡

잎지는 넓은잎 덩굴나무

신록이 짙어갈 즈음 숲속에선 커다란 덩굴나무에 달린 귀여운 색소폰 모양의 꽃자루를 가진 노란 꽃이 눈길을 끈다. 등칡이 특별히 만들어낸 꽃이다. 다른 나무를 타고 올라가는 모습이 등나무와 비슷하나 잎을 보면 칡처럼 생겨서 등과 칡을 합쳐 등칡이란 이름을 얻었다. 초본식물인 쥐방울덩굴과 열매가 닮았으나 더 크다 하여 큰쥐방울덩굴이라고도 한다.

과명 쥐방울덩굴과	영명 Manchurian pipevine
학명 *Aristolochia manshuriensis*	중명 木通马兜铃

속명 *Aristolochia*는 그리스어 aristos(가장 좋음)와 lochia(출산)의 합성어이다. 꽃이 자궁을 닮은 데서 유래했다는 설과, 출산 과정에서 이 종류의 나무가 약으로 쓰였기 때문이란 설이 있다. 종소명 *manshuriensis*는 만주를 뜻한다.

등칡

딱총나무

잎지는 넓은잎 중간키나무

딱총나무 줄기의 가운데에 있는 골속은 다른 나무에서는 찾아볼 수 없을 만큼 크다. 푸석푸석한 골속 중 새끼손가락 굵기만 한 것은 꺼내어 수수깡처럼 장난감을 만들 수도 있다. 이것을 분지르면 '딱!' 하고 딱총 소리가 난다고 딱총나무라는 이름이 붙었다. 뼈에 좋은 약으로 쓰인다고 하여 접골목(接骨木)이라고도 하며, 중국이나 일본도 모두 같은 한자 표기를 쓰고 있다. 북한 이름은 **푸른딱총나무**다.

과명 인동과	영명 Northeast Asian red elder
학명 *Sambucus williamsii*	중명 接骨木
	일명 ニワトコ(接骨木)

속명 *Sambucus*는 고대 그리스어 sambuce(하프와 유사한 악기)에서 유래하였다. 딱총나무 종류의 줄기로 이 악기를 만들었기 때문이다. 종소명 *williamsii*는 영국의 식물학자 윌리엄스(F. N. Williams·1862~1923)의 이름에서 따왔다.

딱총나무

땅비싸리

잎지는 넓은잎 작은키나무

마을 근처에 흔히 자라는 명아주과의 비싸리(댑싸리)란 풀이 있다. 키가 1~1.5미터 정도까지 자라고 잔가지가 튼튼하여 옛사람들이 싸리처럼 빗자루로 만들어 썼으며, 그 씨는 약으로 썼다. 땅비싸리는 비싸리와 달리 풀이 아닌 나무인데, 아래서부터 줄기를 여럿 뻗어 허리춤 정도까지 자란다. 비싸리처럼 빗자루로 만들어 쓰기도 하는데, 키가 작다는 뜻의 '땅'이 '비싸리' 앞에 붙어 땅비싸리가 되었다.

과명 콩과
학명 *Indigofera kirilowii*

영명 Kirilow's indigo
중명 花木藍
일명 ニワフジ(庭藤)

속명 *Indigofera*는 indigo(쪽빛)와 fero(갖는다)의 합성어이다. 남색 염료의 원료가 된다는 뜻이다. 종소명 *kirilowii*는 러시아의 채집가 키릴로프(I. P. Kirilov · 1821~1842)의 이름을 딴 것이다.

땅비싸리

때죽나무

잎지는 넓은잎 중간키나무

가을에 수백, 수천 개씩 아래로 조랑조랑 매달리는 열매가 회색으로 반질반질해서 마치 스님이 떼로 모여 있는 것 같다 하여 처음엔 '떼중나무'로 부르다가 때죽나무로 변한 것으로 짐작된다. 수백 명의 동자승 머리가 보인다고 상상하며 열매를 쳐다본다면 때죽나무란 이름이 더 친근하게 느껴질 것이다. 한편 때죽나무의 열매껍질에 포함된 에고사포닌(egosafonin)은 물고기의 아가미 호흡을 일시적으로 마비시킨다. 일부 지방에서는 고기잡이에 이용했다고 하는데, 이를 두고 물고기가 떼로 죽어서 '떼죽음 나무'에서 때죽나무가 되었다는 이야기도 재미 삼아 들어둘 만하다.

과명 때죽나무과	영명 Snowbell tree
학명 *Styrax japonicus*	중명 野茉莉
	일명 エゴノキ(萵苣の木)

속명 *Styrax*는 안식향나무*(Styrax benzoin)*를 뜻하는 셈족의 언어 storax에서 파생되었다. 이것이 고대 그리스어로 옮겨지고, 또 라틴어가 되어 속명으로 쓰이게 되었다. 종소명 *japonicus*는 일본을 뜻한다.

ㅁ

마가목

잎지는 넓은잎 중간키나무

마가목은 높은 산에 흔히 자라며 붉은 열매가 특징
이다. 껍질이 매끄럽고 줄기가 곧아 지팡이를 만들기
에 적합하다. 실제로 옛 선비들이 산에 오를 때 지팡이로
삼곤 했다. 한자 표기는 일제강점기의 식물학자 정태현 선생이
마아목(馬牙木)이라 했으며, 이를 두고 새싹이 말의 이빨처럼 힘
차게 솟아오른다는 뜻이라고 해석하기도 한다. 그러나 우리의
옛 문헌에는 대부분 마가목(馬檟木)이라 했으며 그 외 馬家木,
馬加木, 馬可木으로도 기술하고 있다. 따라서 아주 옛날부터
순우리말 이름으로 불려왔지 한자 이름이 따로 있지 않았는데,
이두로 표기를 하다 보니 이렇게 여러 한자 이름이 나왔다고 생
각한다. 비슷한 나무로 **당마가목**이 있다. 마가목보다 더 북쪽,
당나라(중국)에 자란다는 뜻이다.

과명 장미과	영명 Silvery mountain ash
학명 *Sorbus commixta*	중명 合花楸
	일명 ナナカマド(七竈)

속명 *Sorbus*는 유럽마가목의 열매를 가리키는 라틴어 옛말 sorbum에서 왔다.
종소명 *commixta*는 섞여 있다는 뜻이다.

마삭줄

늘푸른 넓은잎 덩굴나무

마삭(麻索)이란 원래 삼으로 꼰 밧줄을 뜻하는 한자어다. '삼밧줄 같은 나무'란 뜻으로 마삭줄이란 이름이 붙었다. 마삭줄은 간단한 밧줄로 쓸 수는 있지만, 삼에 비교할 만큼 튼튼한 덩굴은 아니다. 마삭줄은 남해안 및 섬에서 자라며, 바람 많은 섬의 돌담을 뒤덮고 자라 돌담이 바람에 무너지지 않게 보호해주기도 한다. 북한 이름은 **마삭덩굴나무**다.

과명 협죽도과	영명 Asian jasmine
학명 *Trachelospermum asiaticum*	중명 亚洲络石, 黄金络石
	일명 テイカカズラ(定家葛)

속명 *Trachelospermum*은 trachelos(머리)와 spermum(씨앗)의 합성어이다.
종소명 *asiaticum*은 아시아를 뜻한다.

마삭줄

마취목

늘푸른 넓은잎 작은키나무

일본 남서부 및 대만이 원산지인 진달래 종류의 나무이다. 컵 모양의 작은 백색 꽃이 아름답게 무더기로 피므로 정원수로 흔히 심는다. 독이 있는 식물로 말이 먹으면 마취 상태가 된다고 마취목(馬醉木)이다. 잎은 농작물의 해충이나 파리를 쫓는 데 이용한다.

과명 진달래과
학명 *Pieris japonica*

영명 Japanese pieris
중명 马醉木
일명 アセビ(馬醉木)

속명 *Pieris*는 그리스 신화에 등장하는 뮤즈들의 탄생지 pieria에서 따왔다고 한다.
종소명 *japonica*는 일본을 뜻한다.

마취목

만병초

늘푸른 넓은잎 작은키나무

만병초는 높은 산꼭대기에 자라며 겨울을 버티는 진
달래 종류의 나무다. 그것도 길고 크며 가죽처럼 두꺼운 늘
푸른잎으로 혹독한 추위와 눈바람을 버틴다. 이를 본 옛사람들
은 신기하게 생각하여 모든 병을 고칠 수 있는 약이 될 거라고
믿었던 것 같다. 그러나 유독식물이라고 한다. 이름은 '만 가지
병을 고칠 수 있는 풀'이라는 뜻으로 만병초(萬病草)다. 물론 풀
이 아니고 높이 4미터까지 자라는 어엿한 나무다. 흰색이나 연
분홍의 주먹만 한 꽃이 피는데, 노란 꽃이 피는 **노랑만병초**가
백두산을 비롯한 북한의 높은 산들에 자란다. 굴거리나무와 잎
이 비슷하여 혼동하는 경우가 많다. 만병초의 북한 이름은 **큰
만병초**이며 우리가 노랑만병초라고 부르는 나무를 **만병초**라
고 부른다.

과명 진달래과
학명 *Rhododendron
brachycarpum*

영명 Short-fruit rosebay
중명 短果杜鵑
일명 ハクサンシャクナゲ
（白山石楠花）

속명 *Rhododendron*은 그리스어 rhodon(장미)과 dendron(나무)의 합성어로,
붉은 꽃이 피는 나무란 뜻이다. 종소명 *brachycarpum*은 '짧은 열매'란 뜻이다.

만병초

말발도리

잎지는 넓은잎 작은키나무

늦은 봄날 손톱 크기의 흰 꽃이 잎 사이사이에 모여 핀 자그마
한 나무를 숲 가장자리에서 흔히 만날 수 있다. 5밀리미터 남짓
한 작고 앙증맞은 열매는 말발굽에 씌우는 편자 모양이다. 도리
라는 말엔 윗도리·아랫도리 할 때의 도리, 서까래를 받치기 위
하여 기둥 위에 건너지르는 도리 등 여러 의미가 있지만 도리소
반이라는 말에서처럼 동그랗고 작다는 뜻을 나타내기도 한다.
말발도리란 이름은 열매의 모양에서 따온 '말발'에 '도리'를 합
쳐 만들어진 것으로 보인다.

과명 수국과	영명 Mongolian deutzia
학명 *Deutzia parviflora*	중명 늬溲疏
	일명 늬ウツギ(空木)

속명 *Deutzia*는 네덜란드 식물학자 되츠(J. v. d. Deutz·1743~1788)의 이름을 딴
것이며 종소명 *parviflora*는 '작은 꽃'이라는 뜻이다.

말발도리

빈도리(일본말발도리)

잎지는 넓은잎 작은키나무

우리 말발도리와 거의 같이 생긴
일본 원산의 빈도리를 조경수로 흔히
심고 있다. 원래 '빈속말발도리'라고
해야 맞는데 줄여서 빈도리가 되었다. 다른 말발도리 종류도
줄기 속이 푸석푸석하고 엉성하지만 빈도리는 아예 속이 비어
있는 경우가 많아 일본 이름의 한자 표기도 '빈 나무'란 뜻의
공목(空木)이다. 실제로 가지를 부러뜨려 보면 속이 비어 있다.
꽃잎이 여러 겹인 것은 **만첩(萬疊)빈도리**라고 한다.

과명 수국과
학명 *Deutzia crenata*

종소명 *crenata*는 잎
가장자리에 얕고 둔한 톱니가
있는 특징을 나타낸다.

영명 Deutzia 'Pleana'
일명 ウツギ(空木)

말오줌때

잎지는 넓은잎 중간키나무

오줌이란 말이 들어간 식물 이름은 말오줌때를 비롯하여 노루
오줌, 여우오줌, 쥐오줌, 계요등 등이 있다. 사람들이 별로 좋아
하지 않는 냄새가 나는 식물의 이름에 동물의 오줌을 가져다
붙인 것이다. 말오줌때라는 이름이 붙은 것은 나무를 부러뜨
리면 말오줌 냄새가 나서라고도 하고, 열매가 말오줌보를 닮았
기 때문이라고도 한다. '때'는 말오줌 냄새의 더러움을 더욱 강
조한 것으로 보인다. 북한 이름은 **나도딱총나무다.** 말오줌때와
과(科)가 다른 완전히 별개의 인동과 딱총나무속의 **말오줌나무**
가 있다. 울릉도에 자라며 말오줌 냄새가 나서 붙은 이름이다.
같은 계열의 **지렁쿠나무**도 지란내와 관련이 있는 나무다.

과명 고추나무과	영명 Korean sweetheart tree
학명 *Euscaphis japonica*	중명 野鴉椿
	일명 ゴンズイ(権萃)

속명 *Euscaphis*는 그리스어 eu(좋다)와 scahis(삭과)의 합성어이다.
종소명 *japonica*는 일본을 뜻한다.

말채나무

잎지는 넓은잎 큰키나무

말채나무는 진한 흑갈색의 두툼한 나무껍질이 깊게 그물 모양으로 갈라지기 때문에 쉽게 찾아낼 수 있다. 나뭇가지는 가늘고 길며 잘 휘어지면서 낭창낭창하고 약간 질긴 성질까지 있다. 옛날에 말을 몰 때 채찍으로 쓰기에 안성맞춤이었을 것이다. 그래서 '말채찍 나무'라고 하다가 말채나무로 변한 것으로 보인다.

과명 층층나무과
학명 *Cornus walteri*

영명 Walter's dogwood
중명 毛楝, 车梁木
일명 チョウセンミズキ(朝鮮水木)

속명 Cornus는 목재의 재질이 단단하다는 뜻의 라틴어 cornu에서 왔으며
종소명 walteri는 미국 식물학자 월터(T. Walter·1740~1789)의 이름에서 따왔다.

곰의말채나무

잎지는 넓은잎 큰키나무

과명 층층나무과
학명 *Cornus macrophylla*

종소명 *macrophylla*는 '큰
잎'이란 뜻이다.

영명 Large-leaf dogwood
중명 椋木
일명 クマノミズキ
　　 (熊野水木)

말채나무의 잎맥이 3~4쌍인데
비하여 곰의말채나무는 4~7쌍으로
더 많은 것이 차이점이다.
일본의 옛 수도 교토의 남쪽 미에현 구마노(熊野)란
곳에서 자생한다고 일본 사람들은 그 지명을 이름에 붙여
구마노미즈키(熊野水木)라 했다. 이를 우리말로 가져오면서
'곰'을 뜻하는 앞 글자 구마(熊)의 뜻을 따오고, 노(野)는
일본어에서 '-의'를 뜻하는 격조사 노(の)로 생각하여
곰의말채나무라고 부르게 되었다.

말오줌때

흰말채나무

잎지는 넓은잎 작은키나무

과명 층층나무과
학명 *Cornus alba*
종소명 *alba*는 흰 열매를 맺는 특징을 가리킨다.

영명 Red-bark dogwood
중명 紅瑞木
일명 サンゴミズキ
　　（珊瑚水木）

말채나무와 가까운 형제 나무이지만 모양새는 전혀 다르다. 흰 꽃과 흰 열매가 달린다고 흰말채나무다.

그런데 겨울엔 추위를 버티기 위해 당분을 저장한 줄기가 빨간색으로 변한다. 중국 이름에도 붉다는 뜻이 들어 있다. 흰 열매가 달려 있는 기간보다 빨간 줄기가 보이는 겨울이 길기 때문에 '붉은말채나무'라는 이름이 더 어울리지 않을까 싶다. 원예품종으로 **노랑말채나무**가 있다. 겨울 줄기가 녹황색이기 때문이며 열매는 역시 하얗다.

말오줌때

매발톱나무

잎지는 넓은잎 작은키나무

매는 한번 잡은 먹이는 절대 놓치지 않을 것 같은 날카롭고 튼튼한 발톱을 가지고 있다. 매발톱나무는 늦봄에 샛노란 꽃이 가지 끝에 모여 달리고, 가을이면 빨간 열매가 일품인 귀엽고 자그마한 나무다. 그러나 매발톱나무의 잎밑에는 턱잎이 변해 생긴 날카로운 가시가 주로 3개씩 달려 있다. 함부로 만지지 말라는 경고다. 매발톱나무의 가시는 진짜 매 발톱처럼 휘어 있진 않고 곧지만, 날카로움을 보면 매 발톱을 상상하기에 충분하다. 초본식물 매발톱꽃은 꽃잎 뒤쪽에 있는 꽃뿔이 매의 발톱처럼 안으로 굽어 있을 뿐 가시가 있진 않다.

과명 매자나무과	영명 Amur barberry
학명 *Berberis amurensis*	중명 黄芦木
	일명 ヒロハヘビノボラズ
	（広葉蛇上らず）

속명 *Berberis*는 이 열매를 아랍어로 berberys라고 한 데서 유래했다. 잎이 berberi(조개껍질)와 닮았기 때문이라고도 한다. 종소명 *amurensis*는 러시아의 아무르 지방을 가리킨다.

매발톱나무

매실나무(매화나무)

잎지는 넓은잎 중간키나무

《본초강목(本草綱目)》(중국 명나라 때의 본초학자 이시진이 엮은 약학서)에 매실나무가 옛 글자인 呆(매)로 나와 있는데, 이는 나무 위에 열매를 달고 있는 매실나무를 형상화한 것이라고 한다. 살구나무와 매실나무를 구분하기 위해 살구나무를 뜻하는 杏(행)을 거꾸로 해서 呆(매)로 쓴 것이라고도 한다. 청동기시대의 옛사람들은 소금과 함께 식초를 만드는 원료로 매실나무를 심고 가꾸기 시작했다. 매실나무는 《시경(詩經)》(중국 춘추시대의 민요를 중심으로 하여 모은, 중국에서 가장 오래된 시집)에 〈매실 따기(摽有梅)〉란 제목으로 꽃보다 열매 이야기가 먼저 나온다. 그러다 한무제 때 상림원(上林苑)에 심으면서 비로소 꽃나무로 자리매김했다.

매실나무는 수많은 품종이 있다. 《국가표준식물목록》에는 매실나무로 실려 있으나, 옛 문헌은 물론 우리 일상에 익숙한 꽃나무로서의 이름은 매화나무다. 꽃이 희면 백매, 붉으면 홍매라고 하고 겹꽃이면 만첩(萬疊)이란 말을 앞에 붙인다. 열매도 설익은 청매(靑梅), 연기로 훈증한 오매(烏梅) 등 이

매실나무(매화나무)

름이 수없이 많다. 그 외 꽃이 비슷하다고 매화란 이름이 들어
간 식물은 목본에 납매, 돌매화나무, 매화말발도리, 옥매, 황매
화 등이 있고 초본에도 금매화, 매화노루발, 매화마름, 매화바
람꽃, 물매화 등이 있다.

과명 장미과	영명 Apricot
학명 *Prunus mume*	중명 梅
	일명 ウメ(梅)

속명 *Prunus*는 자두를 뜻하는 라틴어 prum이 어원이며 종소명 *mume*는 매실의
일본 이름인 우메(ウメ)에서 왔다.

매발톱나무

매자나무

잎지는 넓은잎 작은키나무

매발톱나무와 마찬가지로 매자나무의 '매'도 맷과의 새를 통틀어 이르는 말이다. 매자나무 종류의 특징은 날카로운 가시이며, 식물 이름을 새로 정할 때 가시가 더 크고 날카로운 매자나무 종류를 매발톱나무라 하고, 상대적으로 가시가 작은 매자나무 종류는 '매'에다 가시를 뜻하는 한자인 자(刺)를 붙여 매자나무라고 했다. 봄날 뭉치를 이루어 샛노란 꽃이 아래로 처져 피고, 가을에 빨간 열매가 달린다. 나무껍질에서 노랑 염료를 얻을 수 있어서 황염목(黃染木)이라고 하고, '작은 황벽나무'란 뜻으로 소벽(小蘗)이라고도 한다. 매자나무와 비슷하나 단풍이 조금 일찍 들고 정원수로 많이 심는 **일본매자나무**, 원예품종인 **붉은잎 일본매자** 등이 있다.

과명	매자나무과	영명	Korean barberry
학명	*Berberis koreana*	중명	朝鮮小蘗
		일명	ㅅメギ(目木)

속명 *Berberis*는 이 열매를 아랍말로 berberys라고 한 데서 유래했다. 잎이 berberi(조개껍질)와 닮았기 때문이라고도 한다 종소명 *koreana*는 한국을 뜻한다.

머귀나무

잎지는 넓은잎 큰키나무

머귀나무는 한자로 식수유(食茱萸)라고 쓴다. 수유(茱萸)는 쉬나무를 가리키는데, 그 열매로 기름을 짜 호롱불을 켤 수 있으나 먹지는 않는다. 반면 식수유, 즉 머귀나무는 잎 모양은 쉬나무를 닮았지만 그 열매는 약으로 먹을 수 있다. 때문에 '먹는(먹기) 쉬나무' 혹은 '약으로 먹이는 쉬나무'란 뜻에서 '먹이쉬나무'로 부르다 '머기쉬나무'를 거쳐 머귀나무가 되었다고 추정한다. 그러나 옛글의 머귀나무는 오동나무를 가리키는 경우가 많다.

과명 운향과	영명 Alianthus-like prickly-ash
학명 *Zanthoxylum ailanthoides*	중명 食茱萸
	일명 カラスザンショウ(烏山椒)

속명 *Zanthoxylum*은 그리스어 xanthos(황색)와 xylon(목재)의 합성어이다. 종소명 *ailanthoides*는 가죽나무속(*Ailanthus*)을 닮았다는 뜻이다.

머귀나무

머루

잎지는 넓은잎 덩굴나무

〈청산별곡(靑山別曲)〉의 가사 "멀위랑 드래랑 먹고…"에서 알 수 있 듯 머루의 옛 이름은 '멀위'이다. 우리 순우리말인 '멀위'가 변하 여 머루가 되었다. 한자로는 중국과 일본처럼 산포도(山葡萄)라고 도 했지만, 욱(薁)이라고도 했다. 북한에서는 머루를 **산머루**, 왕 머루를 **머루**라고 한다.

과명 포도과
학명 *Vitis coignetiae*

영명 Crimson grapevine
중명 山葡萄
일명 ヤマブドウ(山葡萄)

속명 *Vitis*는 포도를 일컫는 라틴어 옛말에서 유래하였다. 종소명 *coignetiae*는 1875년에 일본에서 채집한 머루를 프랑스에 처음 보낸 쿠아네(F. Coignet · 1814~1888)의 이름에서 따왔다.

왕머루

잎지는 넓은잎 덩굴나무

과명 포도과
학명 *Vitis amurensis*
종소명 *amurensis*는 러시아
아무르 지방을 뜻한다.

영명 Amur grapevine

머루와 같지만 열매가 더 굵다는
뜻이다. 하지만 실제 열매 크기의
차이는 거의 없다. 산에서 만나는 대부분의 머루는
왕머루이다. 머루의 잎 뒷면에는 갈색털이 촘촘하고, 왕머루 잎
뒷면에는 털이 거의 없다.

개머루

잎지는 넓은잎 덩굴나무

과명 포도과
학명 *Ampelopsis
heterophylla*

종소명 *Ampelopsis*는
그리스어 ampelos(포도)와
opsis(닮았다)의 합성어이며
포도와 비슷하다는 뜻이다.
종소명 *heterophylla*는 잎
모양이 서로 다르다는 뜻인데,
한 그루에 다른 모양의 잎이
섞여나는 특징을 일컫는
것이다.

영명 Porcelain berry

열매가 머루와는 달리 보랏빛이나
진한 푸른색으로 익는데, 먹을 수
없는 머루라는 뜻으로 이름에 '개'가
붙었다. 북한 이름은 돌머루이다.

머귀나무

까마귀머루

잎지는 넓은잎 덩굴나무

까마귀가 잘 먹는 열매가
달리는 머루라는 뜻이다. 한자어
영욱(蘡薁)은 주로 까마귀머루를
가리킨다고 하나, 머루 전체를
일컫는 말이기도 하다.

과명 포도과

학명 *Vitis ficifolia* var.
sinuata

종소명 *ficifolia*는 잎이 무화과
잎처럼 생겼다는 뜻이며,
변종명 *sinuata*는 잎이 깊게
패였음을 나타낸다.

영명 Sinuate mulberry-
leaf grapevine

새머루

잎지는 넓은잎 덩굴나무

잎이 머루보다 훨씬 작으므로 소(小)
혹은 쇠가 붙어 '소머루'나 '쇠머루'로
부르다가 새머루가 되었다.

과명 포도과

학명 *Vitis flexuosa*

종소명 *flexuosa*는 '물결
모양'이란 뜻이다.

영명 Creeping grapevine

먹년출

잎지는 넓은잎 덩굴성나무

먹년출은 다른 나무를 타고 올라가면서 덩굴처럼 자란다. 어린
줄기는 녹색이지만 오래된 줄기는 짙은 회갈색인데, 그 색을 먹
색에 비유해 '먹'을 따오고, 거기에 덩굴의 다른 말인 '년출'을 붙
여 먹년출이 되었다. 안면도에 드물게 자란다. 북한에서는 가지
가 푸른 뱀처럼 구불거린다는 뜻의 **청사조**(青蛇條)라고 한다. 북
한은 먹년출과 청사조를 같은 나무로 취급하나 우리《국가표준
식물목록》에는 별개의 나무로 등록되어 있다.

과명 갈매나무과
학명 *Berchemia floribunda*

영명 Large-leaf paniculous
　　supplejack
중명 多花勾儿茶
일명 クマヤナギ(熊柳)

속명 *Berchemia*는 18세기 초의 네덜란드 식물학자 베르헴(J. P. B. van Berchem ·
1763~1832)의 이름에서 따왔다. 종소명 *floribunda*는 꽃이 많다는 뜻이다.

먹년출

먼나무

늘푸른 넓은잎 큰키나무

'먹낭'이라는 제주 이름이 변해 먼나무가 되었다고 한다. 먼나무는 감탕나무처럼 그 속껍질이 접착제로 이용되었다. 기록을 찾기는 어려우나, 먹을 만들 때 접착제로 쓰는 아교의 대체재로 먼나무의 속껍질을 이용했기에 먹낭이라 했을 가능성이 있다. 먼나무는 감탕나무와 비슷하게 생겼는데, 감탕나무보다 잎자루가 더 긴 특징을 보고 '잎이 멀리 있다'고 먼나무라 했다는 이야기도 있다. 감탕나무 종류는 제주도를 비롯한 난대지방에 자라는 늘푸른 넓은잎나무가 대부분이며, 먼나무는 감탕나무와 함께 300여 종이 속해 있는 감탕나무과를 대표하는 중요한 나무다. 감탕나무, 먼나무 이외에 낙상홍, 꽝꽝나무, 호랑가시나무도 같은 감탕나무과의 한 식구들이다. 북한 이름은 **좀감탕나무**이다.

과명 감탕나무과	영명 Round-leaf holly
학명 *Ilex rotunda*	중명 铁冬青
	일명 クロガネモチ(黒鉄黐)

속명 *Ilex*는 서양호랑가시나무의 라틴어 옛 이름이며 종소명 *rotunda*는 잎이 둥근 특징을 나타낸다.

멀구슬나무

잎지는 넓은잎 큰키나무

여름에 보랏빛 꽃이 피고 가을에 들어서면 핵과인 열매가 노랗게 익는데, 손가락 마디만 한 크기에 모양은 둥글거나 약간 타원형이다. 오이씨를 닮았고 세로로 골이 진 씨앗은 무척 단단하여 염주로도 쓰였다. 염주를 만들려면 일단 재료를 깎아 구슬을 만들어야 한다. 하지만 벼과의 초본식물인 염주의 씨앗, 모감주나무나 무환자나무의 새까만 씨앗을 이용하면 이 힘든 과정을 생략할 수 있다. 멀구슬나무에서도 고급은 아니지만 쓸 만한 염주를 만들 수 있는 구슬(씨)을 얻을 수 있다. 때문에 처음에는 '목구슬나무'로 부르다가 '멀구슬나무'가 되었다. 또 제주 방언 '먹쿠슬낭'에서 멀구슬나무가 되었다고도 한다. 남해안에서 제주도에 걸쳐 자라며 2회 깃꼴겹잎이 특징이다.

과명 멀구슬나무과	영명 Japanese bead tree
학명 *Melia azedarach*	중명 苦楝树
	일명 センダン(栴檀)

속명 *Melia*는 물푸레나무의 그리스어 이름으로 잎 모양이 닮은 멀구슬나무의 속명이 되었다. 종소명 *azedarach*는 페르시아어로 '귀중한 나무'라는 뜻이다.

멀구슬나무

멀꿀

늘푸른 넓은잎 덩굴나무

전남 남부 및 서남해 섬과 제주도에 자라는 늘푸른 덩굴나무다. 가을에 주먹만 한 열매가 적갈색으로 익는다. 장과인 열매의 표면은 매끄러운데, 마치 부딪쳐 피멍이 든 것처럼도 보인다. 먹어 보면 부드럽고 달콤하다. 멍이 든 것 같이 생긴 열매가 꿀맛이라고 하여 '멍꿀'이라 하다가 멀꿀이 된 것이라 추정한다. 으름과 비슷하지만, 익으면 갈라지는 으름과 달리 멀꿀은 다 익어도 벌어지지 않는다. 조선 중기의 문신 김정의 《제주풍토록(濟州風土錄)》에 멀꿀이 나온다. "산에 나는 과실 말응(末應)은 크기가 모과만하고 껍질은 검붉다. 으름과 거의 같으나, 약간 크고 맛이 더 진하다"라고 했다. '말응'은 멍 혹은 멀꿀의 음차(音借)로 보인다.

과명	으름덩굴과	영명	Stauntonia vine
학명	*Stauntonia hexaphylla*	중명	钝药野木瓜
		일명	ムベ(郁子)

속명 *Stauntonia*는 영국의 의사 스톤튼(G. L. Staunton·1740~1801)의 이름에서 따왔으며 종소명 *hexaphylla*는 작은잎이 보통 6장 달리는 특징을 나타낸다.

메타세쿼이아

잎지는 바늘잎 큰키나무

지구상에서 사라진 화석 나무로 알았으나 1941년 중국 장강 상류의 지류 마도계(磨刀溪) 옆의 한 마을에 살아 있는 것이 처음 발견되었다. 이후 널리 보급되었고 우리나라에는 주로 가로수로 심고 있다. 학명에서 메타세쿼이아(*Metasequoia*)의 메타(meta)는 '다음', '뒤'란 뜻이고 세쿼이아(sequoia)는 이 나무와 친척 관계인 미국의 대표적인 바늘잎나무이다. 세쿼이아의 뒤를 이을 나무, 새로운 세쿼이아란 뜻으로 메타세쿼이아란 이름이 붙었다. 세쿼이아라는 이름은 문맹과 신체 장애를 극복하고 북아메리카 원주민 체로키(Cherokee) 부족의 문자를 만든 세쿼이아(Sequoyah)의 이름에서 유래했다는 이야기도 있다. 북한 이름은 **수삼나무**이다.

과명 측백나무과
학명 *Metasequoia glyptostroboides*

영명 Metasequoia, Dawn redwood
중명 水杉
일명 メタセコイア

속명 *Metasequoia*는 새로운 세쿼이아란 뜻이다. 속명 *glyptostroboides*는 측백나무과 글립토스트로부스속(*Glyptostrobus*)과 비슷하다는 뜻이다.

메타세쿼이아

명자나무

잎지는 넓은잎 작은키나무

명자나무의 '명자'를 우리는 한자로는 명사(榠樝)라고 쓰지만, 명자로 읽는다.《동의보감》한글본에도 그리 되어 있다. 열매를 명사자(榠樝子)라고 부르다가 가운데 글자를 생략해 명자로 부르게 된 것이다. 일본은 명자나무를 한자로 목과(木瓜)라 하며, 반대로 모과나무를 한자로 명사(榠樝), 화리(花梨)라고 쓴다. 또 명자나무보다 키가 작고 흔히 누워 자라므로 풀 같다는 **풀명자**도 있다. 명자나무 종류의 하나로 산당화(山棠花)를 따로 구분하기도 하였으나 지금은 명자나무로 통합하였다. 북한에선 명자나무를 **풀명자나무**, 풀명자를 **명자나무**라고 한다.

과명 장미과	**영명** Japanese quince
학명 *Chaenomeles speciosa*	**중명** 皺皮木瓜, 貼梗海棠
	일명 ボケ(木瓜)

속명 *Chaenomeles*는 그리스어 chaino(벌어지다)와 melon(사과)의 합성어이며 열매가 사과 같지만 갈라져 있다는 데서 유래하였다. 종소명 *speciosa*는 '화려하다' 혹은 '아름답다'는 뜻이다.

명자나무

모감주나무

잎지는 넓은잎 중간키나무

여름날 긴 꽃대를 따라 노란 꽃이 줄줄이 피고, 가을이면 청사초롱이 연상되는 열매 속에 금강석처럼 단단한 씨앗이 들어 있는 아름다운 나무다. 씨앗으로 고급 염주를 만들 수 있어서 불교와 깊은 관련이 있다. 송나라 때 유명한 스님의 이름인 묘감(妙堪), 혹은 깨달음의 마지막 단계를 일컫는 묘각(妙覺)에 염주 구슬을 뜻하는 주(珠)가 붙어 처음에 '묘감주나무'나 '묘각주나무'로 부르다가 모감주나무가 되었다. 지금은 이름이 바뀌었지만 실제로 경남 거제 한내리에는 묘감주(妙敢株)나무군이라 불리던 모감주나무 군락이 있다.

이런 이야기도 있다. 귀하고 신비한 구슬을 뜻하는 감주(紺珠·만지면 기억이 되살아난다는 신비한 감색의 보주寶珠로 당나라의 장열이 선물 받았다고 한다.)란 단어가 있는데, 그 씨앗으로 감주에 버금가는 좋은 염주를 만들 수 있는 나무여서 목감주(木紺珠)나무라 하다가 지금의 이름이 되었다는 것이다.《오주연문장전산고(五洲衍文長箋散稿)》(조선 후기의 실학자 이규경이

모감주나무

쓴 백과사전류의 책)에는 목감주, 《의림촬요(醫林撮要)》(조선 중기에 어의

를 지낸 양예수가 저술한 의서)에는 감주목(紺珠木)이란 이름이 나온다.

과명 무환자나무과	영명 Golden rain tree
학명 *Koelreuteria paniculata*	중명 栾树
	일명 モクゲンジ(木欒子)

속명 *Koelreuteria*는 식물 잡종에 관한 연구를 최초로 개척한 독일의 식물학자 쾰뢰테르(J. G. Kölreuter·1733~1806)의 이름에서 따왔다. 종소명 *paniculatus*는 꽃차례가 원추꽃차례인 것을 나타낸다.

모감주나무

모과나무

잎지는 넓은잎 큰키나무

모과나무에는 봄날 분홍색의 제법 커다란 꽃이 피고
가을이면 노란 모과가 익는다. 모양이 우리가 즐겨 먹는
노란 참외를 쏙 빼닮았으나 표면이 울룩불룩하여 흔히 못생
긴 남자에 비유된다. 과(瓜)는 원래 오이를 말하지만 참외, 호박,
수박을 가리키기도 한다. 모과의 이름에서 '과'는 참외를 뜻하
며, '나무에 달린 참외'라는 뜻으로 본래 목과(木瓜)였으나 ㄱ이
탈락하여 모과가 되었다.

과명 장미과	영명 Chinese flowering-quince
학명 *Chaenomeles sinensis*	중명 木瓜, 光皮木瓜
	일명 カリン(花梨, 榠樝)

속명 *Chaenomeles*는 그리스어 chaino(벌어지다)와 melon(사과)의 합성어이며
열매가 사과 같지만 갈라져 있다는 뜻이다. 종소명 *sinensis*는 중국을 뜻한다.

모과나무

모란

잎지는 넓은잎 작은키나무

모란의 한자 표기는 모단(牡丹)이다. 모(牡)는 힘세고 큰 수컷을 가리키고, 단(丹)은 붉은색이란 뜻이다. 화왕(花王)이라 부를 만큼 크고 화려하지만 그 향기가 강하지 않아 벌이나 나비가 잘 오지 않는 모란꽃을 옛사람들이 수꽃으로 여겼고, 또 그 꽃이 붉은 경우가 대부분이기 때문에 이런 이름이 붙었다. 오늘날 우리가 부르는 모란이란 이름은 모단이 변한 것으로, 모단의 ㄷ이 유음(流音) ㄹ로 바뀌는 과정을 거쳤다.

《삼국유사(三國遺事)》에는 선덕여왕이 모란 그림과 그 씨앗을 받은 일화가 실려 있다. 당태종이 붉은빛과 자줏빛, 흰빛으로 그린 모란도와 그 씨 석 되를 함께 보냈는데, 선덕여왕은 그림의 꽃을 보더니 "이 꽃은 반드시 향기가 없을 것이다" 하고 뜰에 심으라 명하였다. 뒤에 신하들이 향기가 없는 꽃인 줄을 어떻게 알았느냐고 임금에게 물었더니 "꽃을 그렸는데 나비가 없으므로 그 향기가 없음을 알 수 있었소. 이는 당나라 임금이 내가 짝이 없는 것을 희롱한 것이오" 하였다. 《삼국사기(三國史記)》에도 선덕여왕이 왕위에 오르기 이전의 일로 나오는 것만 제외하면 거의 같은 내용이 기술되어 있으므로 모란이 중국에서 우리나라에 들어온 것은 이때쯤이 아닌가 생각된다.

우리나라에서는 흔히 모란을 목단(牧丹)이라고 쓰기도 하는데, 진태하 교수에 따르면 이는 《삼국유사》에 실린 선덕여왕의 모란도 일화에 "初唐太宗送畵牧丹…"라고 하여 모(牡)를 목(牧)으로 잘못 쓴 데서 비롯한 것이라고 한다.

과명 작약과	영명 Tree peony
학명 *Paeonia suffruticos*	중명 牡丹, 牧丹
	일명 ボタン(牡丹)

속명 *Paeonia*는 그리스 신화에서 신들의 상처를 치료해주는 의술의 신 파이온(Paeon)에서 유래하였다. 종소명 *suffruticos*는 아관목이란 뜻이다.

모과나무

목련

잎지는 넓은잎 큰키나무

목련은 꽃의 크기와 꽃잎의 펼쳐진 모습 등이 불교의 상징인 연꽃과 매우 닮았다. 연꽃은 여름에 피는 데 반해 목련 꽃은 이른 봄에, 그것도 잎도 나지 않은 나목(裸木)에 피어 많은 사람들의 사랑을 받는다. 연꽃처럼 크고 아름다운 꽃이 나무에 달린다고 목련(木蓮)이라 부르게 되었다. 목련은 한라산에 자라는 우리의 토종 나무다.

과명 목련과
학명 *Magnolia kobus*

영명 Kobus magnolia, Mokryeon
중명 日本辛夷
일명 コブシ(辛夷)

속명 *Magnolia*는 프랑스 식물학자 마뇰(P. Magnol·1638~1715)의 이름에서 따왔다.
종소명 *kobus*는 꽃봉오리가 주먹을 닮았다는 뜻의 일본어 코부시(コブシ)에서 왔다.

백목련

잎지는 넓은잎 큰키나무

과명 목련과
학명 *Magnolia denudata*
종소명 *denudata*는 바깥으로 드러나(裸出) 있다는 뜻이다.

영명 Yulan magnolia
중명 玉兰, 白玉兰
일명 ハクモクレン(白木蓮)

목련보다 더 흰 꽃이 핀다는 뜻으로 백목련(白木蓮)이라 한다. 그러나 실제로는 백목련 꽃보다 우리의 목련 꽃이 더 희게 보인다. 중국에서 들여온 나무이며 주위에 심고 가꾸는 목련은 대부분 백목련이다. 목련은 꽃이 뒤로 젖혀질 정도로 완전히 피는 데 반해, 백목련은 꽃이 다 피어도 반쯤만 피는 경우가 많다.

별목련

잎지는 넓은잎 중간키나무

과명 목련과
학명 *Magnolia stellata*
종소명 *stellata*는 꽃이 별 모양임을 가리킨다.

영명 Magnolia star
중명 星花木兰
일명 シデコブシ(四手辛夷)

꽃잎(정확히는 꽃덮이의 조각)이 좁고 9~30개나 되며 뒤로 완전히 젖혀져 피는 모습이 별 모양이라 하여 별목련이다. 일본 중부가 원산지이며 여러 재배품종이 있다.

자목련

잎지는 넓은잎 큰키나무

과명 목련과
학명 *Magnolia liliiflora*
종소명 *liliiflora*는 꽃이 백합을
닮았다는 뜻이다.

영명 Lily magnolia
중명 紫玉兰
일명 シモクレン(紫木蓮)

꽃이 보라색이며 피는
시기도 목련보다 조금 늦다.
중국에서 들여온 나무다.

《지봉유설(芝峰類說)》(조선 선조 때 이수광이 편찬한 백과사전류의 책)에
"순천 선암사에는 북향화(北向花)가 있는데 보라 꽃이 핀다"고
했으니 자목련을 말한다. 목련 종류는 겨울눈이 북쪽을
향하고 있는 경향이 강하여 자목련 말고 다른 목련 종류들도
흔히 북향화라 부른다. 꽃의 안쪽은 하얗고 바깥쪽만
보라색인 **자주목련**도 흔히 심는다. 자주목련은 목련이나
백목련과 자목련의 교배품종이다.

목서 (은목서)

늘푸른 넓은잎 작은키나무

가시는 나무가 자신을 보호하기 위하여 만드는 것이고, 주로 나뭇가지에 달려 있다. 그런데 목서(木犀)는 나뭇잎에다 가시를 만든다. 서(犀)라는 글자에는 무소(물소)라는 뜻도 있지만, 본래 가리키는 대상은 코뿔소다. 목서라는 이름은 잎에 코뿔소 뿔처럼 단단하고 날카로운 가시가 달린 목서의 특징을 나타낸다. 나무와 코뿔소를 하나로 합친 글자 서(樨)는 황금빛 작은 꽃이 잔뜩 피는 **금목서**를 가리키는데, 이와 구별하기 위해 늦가을에 흰 꽃을 피우는 목서를 두고 은목서라고도 한다. 목서는 중국 원산이며 우리나라 남부 지방에 흔히 심는다.

한편 옛사람들의 시나 노래에 잘 등장하는 계수나무(桂)는 싸락눈처럼 작은 꽃을 가을에 피우며 향기가 강하다고 묘사되는데, 목서의 특징과 일치한다. 상상 속의 달나라 계수나무가 아닌 실제의 나무를 지칭하는 경우에 계(桂)라는 말이 등장한다면 목서 종류를 가리킨다고 볼 수 있다.《강호집(江湖集)》이라는 옛 중국책에는 이 나무의 이름을 아무도 모를 때 이목(李木)과 이서(李犀)가 와서 하늘의 계화(桂花)의 향기가 땅에 떨어져 씨가 되고 싹이 자라 이 나무가 되었다며 그 유래를 알려주었으므로 두 사람의 이름자를 따서 목서(木犀)라고 했다고 되어 있다. 비슷한 종류의 나무로 잎 가장자리의 가시를 개뼈다귀에 비유한 이름의 **구골**(狗骨)**나무**, 전남의 섬이나 제주도에 드물게 자라는 **박달목서**가 있다. 북한에서는 목서를 따로 **향목서나무**라고 하기도 하며, 박달목서는 **목서나무**로 부른다.

과명 물푸레나무과
학명 *Osmanthus fragrans*

영명 Fragrant olive, Sweet olive, Tea olive
중명 木犀
일명 モクセイ(木犀)

속명 *Osmanthus*는 그리스어로 osme(방향芳香)과 anthos(꽃)의 합성어이다. 향기가 있는 꽃이란 뜻이다. 종소명 *fragrans* 역시 향이 있다는 뜻이다.

목서(은목서)

무궁화

잎지는 넓은잎 작은키나무

무궁화는 목근화(木槿花), 순화(舜華), 훈화초(薰華草) 등으로 불리었다. 이중 목근화가 변하여 무궁화가 되었다고 한다. 한자로는 無窮花, 無宮花, 舞宮花 등으로 쓰다가 뜻이 가장 좋은 지금의 無窮花로 쓰게 되었다. 이규보의 《동국이상국집》에 "이 꽃은 꽃 피기 시작하면서/하루도 빠짐없이 피고 지는데/ … /도리어 무궁이란 이름으로/무궁(無窮)하길 바란 것일세"라고 하여 처음 무궁화의 어원이 나온다. 한여름에 꽃이 피기 시작하여 가을까지 이어지는 모습이 오랫동안 변함없음을 상징하여 나라꽃이 되었다. 꽃이 새벽에 피고 저녁에는 시들어서 날마다 새 꽃을 보여주는 신선함이 있으나 너무 빨리 지는 아쉬움도 있다.

과명 아욱과	영명 Mugunghwa, Rose of sharon
학명 *Hibiscus syriacus*	중명 木槿
	일명 ムクゲ(木槿)

속명 *Hibiscus*는 아욱을 뜻하는 옛 라틴어에서 유래하였다. 종소명 *syriacus*는 시리아를 뜻하지만, 무궁화는 시리아의 자생종으로 확인되진 않았고 동아시아 원산이라고 한다.

무궁화

무화과나무

잎지는 넓은잎 작은키나무

무화과(無花果)는 '꽃이 없는 열매'라는 뜻이다. 꽃이 필 때 꽃받침과 꽃자루가 긴 타원형 주머니처럼 커지면서 수많은 작은 꽃들을 그 안에 담아버린다. 꼭대기만 아주 작게 열려 있어서 꽃이 보이지 않기 때문에 옛사람들은 이런 이름을 붙였다. 실제로는 주머니 안에 꽃을 담은 채로 무화과좀벌이란 곤충을 불러들여 수정한다. 서아시아에서 지중해에 걸친 지역이 원산지이며 남해안 지방에 과일나무로 재배한다.

과명 뽕나무과	영명 Common fig
학명 *Ficus carica*	중명 无花果
	일명 イチジク(無花果)

속명 *Ficus*는 무화과나무를 가리키는 라틴어 고어이며 종소명 *carica*는 무화과나무의 자생지인 소아시아 서부 카리아 지방을 뜻한다.

무화과나무

무환자나무

잎지는 넓은잎 큰키나무

무환자(無患子)나무는 재앙(患)을 막아준다는 뜻의 나무 이름이다. 옛날 중국에 아주 용한 무당이 있었는데, 그는 이름 모르는 나뭇가지로 귀신을 때려죽였다고 한다. 그러자 나쁜 귀신들은 이 나무 근처에도 가지 않았고, 혹여 만나기라도 하면 도망을 쳤다. 사람들은 앞다투어 이 나무로 그릇을 만들고 집 안에 심기도 했다. 귀신을 물리칠 수 있는 나무로 각인된 이 나무에 자연스럽게 무환자나무란 이름이 붙었다. 늦가을에 고욤 크기의 노란 열매가 달리고, 안에 지름 1센티미터 정도의 새까만 씨앗이 들어 있다. 이 씨앗은 망치로 깨야 할 만큼 단단하므로 염주를 만들기에 알맞다. 다른 이름으로 흔히 염주나무라고 한다.

과명 무환자나무과
학명 *Sapindus mukorossi*

영명 Chinese soapberry
중명 无患子
일명 ムクロジ(無患子)

속명 *Sapindus*는 라틴어 sapo(비누)와 indus(인도)의 합성어이다. 이 속 나무의 열매껍질에 사포닌이 풍부하여 인도에서는 예로부터 비누로 사용했기 때문이다. 종소명 *mukorossi*는 무환자나무의 일본 이름 무쿠로지(ムクロジ)에서 왔다.

무환자나무

물박달나무

잎지는 넓은잎 큰키나무

박달나무보다는 조금 무르다는 뜻의 '무른 박달나무'에서 물박
달나무로 변했다. 실제로 비중을 보면 박달나무는 0.9, 물박달
나무는 0.7로 물박달나무가 덜 단단하다. 산비탈이나 계곡과 같
이 땅이 깊고 비옥한 곳에서 잘 자라므로 나무속에 물기가 많
은 나무란 뜻으로 '물'이란 말이 앞에 붙었다고도 한다. 회갈색
종이를 갈기갈기 찢어서 아무렇게나 더덕더덕 붙여놓은 것 같
은 나무껍질을 갖고 있다.

과명 자작나무과	영명 Asian black birch
학명 *Betula davurica*	중명 黑桦
	일명 ヤエガワカンバ(八重皮樺)

속명 *Betula*는 자작나무를 뜻하는 켈트어 옛말 betu에서 유래하였다.
종소명 *davurica*는 시베리아 남부의 다우리아 지방을 뜻한다.

물푸레나무

잎지는 넓은잎 큰키나무

물푸레나무란 이름은 '물을 푸르게 하는 나무'란 뜻이다. 므프레-무프레-물푸레로 변화를 거쳤다. 한자 이름 수정목(水精木) 혹은 수청목(水靑木)도 우리 역사 기록에 여러 번 나온다. 실제로 어린 가지에서 껍질을 벗겨 맑은 물에다 담그면 가을 하늘을 떠올리게 하는 맑고 연한 파란 물이 우러난다. 그러나 금방 갈색으로 변한다. 껍질은 진피(秦皮)라 하여 눈병을 고치는 약으로 사용되었다. 《동의보감》에는 "우려내어 눈을 씻으면 정기를 보하고 눈을 밝게 한다"고 기록되어 있다. 껍질을 삶은 물로 먹을 갈아 먹물을 만들기도 했다. 북유럽 신화 속 천지창조의 신 오딘은 물푸레나무로 남자를 만들고 느릅나무로 여자를 만들었다고 한다.

과명 물푸레나무과
학명 *Fraxinus rhynchophylla*

영명 East Asian ash
중명 大叶白蜡
일명 トネリコ(梣)

속명 *Fraxinus*는 서양물푸레나무의 라틴어 옛 이름이며 phraxis(분리하다)에서 유래했다고 추정한다. 종소명 *rhynchophylla*는 '부리처럼 생긴 잎'이란 뜻이다.

쇠물푸레나무

잎지는 넓은잎 중간키나무

과명 **물푸레나무과**

학명 *Fraxinus sieboldiana*

종소명 *sieboldiana*는 일본 식물을 유럽에 소개한 독일인 의사이자 식물학자인 지볼트 (P. F. Siebold · 1796~1866)의 이름에서 따왔다.

영명 Asian flowering ash

일명 マルバアオダモ（丸葉青栲）

접두어 '쇠'는 쇠고래나 쇠기러기의 경우처럼 작다는 뜻을 나타낸다. 쇠물푸레나무는 물푸레나무나 들메나무보다 잎이 훨씬 작고 키도 작으며 아름드리나무로 자라지도 못한다. 야산에서 볼 수 있는 쇠물푸레나무는 작은키나무에 머무는 경우가 많지만, 숲속에선 키가 10미터에 이르도록 자라기도 한다.

미루나무

잎지는 넓은잎 큰키나무

미루나무는 본래 북아메리카 원산으로, 우리나라에는 개화기 초기에 들어왔다. 나무가 너무 물러 쓰임새는 제한적이지만 곧 게 빨리 자라므로 곳곳에 많이 심었다. 미루나무는 식물학적으로 사시나무 종류에 속하지만 처음 수입해온 사람들은 버드나무 종류로 여겨 버들 류(柳)를 넣어 이름을 지었다. 미국(美國)에서 와서, 혹은 원뿔 모양의 수형이 아름다워서 처음에는 미류(美柳)나무라고 했다. 그러다 차츰 부르기 쉽게 미루나무로 변하였고, 지금은 미루나무가 표준명이다. 가지가 옆으로 퍼지며 잎밑에 선점(腺點)이 있고 잎은 폭보다 길이가 길다.

과명 버드나무과
학명 *Populus deltoides*

영명 Eastern cottonwood
중명 美洲黑杨

속명 *Populus*는 라틴어로 '민중'이란 뜻이다. 고대 로마인들은 이 속 나무 아래서 집회를 열었다고 한다. 종소명 *deltoides*는 잎 모양이 삼각형에 가까움을 나타낸다.

양버들

잎지는 넓은잎 큰키나무

과명 버드나무과

학명 *Populus nigra* var.
italica

종소명 *nigra*는 검다는 뜻이며,
변종명 *italica*는 원산지인
이탈리아를 가리킨다.

미루나무와 거의 같은 시기에
유럽에서 들어왔다. 양버들은
미루나무와 마찬가지로 사시나무 종류지만 서양에서 들어온
버들이라 하여 이름을 양(洋)버들이라고 지었다. 일제강점기
신작로라는 이름으로 도로를 새로 낼 때 주로 가로수로 심었다.
가지가 옆으로 잘 벌어지지 않고 곧추서서 수형이 뾰족탑
모양이다. 미루나무와 비슷하나 잎밑에 선점이 없으며 잎은
폭이 넓고 길이가 짧아 미루나무와 구별된다. 북한 이름은
대동강뽀뿌라이다.

이외에 유럽에서 수입하여 한때 하천가에 널리 심었던 **이태리
포푸라**가 있다. 이태리포푸라의 북한 이름은 **평양뽀뿌라**이다.

미루나무

미선나무

잎지는 넓은잎 작은키나무

미선(尾扇)은 둥그스름한 모양의 고급 부채로 대나무
를 얇게 펴서 모양을 잡고 그 위에 물들인 한지를 붙여서
만든다. 궁중의 가례나 의식에 사용되었다. 20세기 초 처음 미
선나무를 발견하여 이름을 붙일 때, 열매 모양이 이 부채를 닮
았다고 하여 미선나무라 했다. 미선나무의 열매는 동전보다 살
짝 크고 모양은 동그랗고 납작한데, 가운데엔 씨가 들어 있고
그 가장자리엔 얇은 종이 같은 날개가 달려 있어 손잡이만 없을
뿐 영락없이 미선을 닮았다.

과명 **물푸레나무과**
학명 *Abeliophyllum distichum*

영명 Korean abeliophyllum,
Miseonnamu
중명 翅果連翹, 朝鮮白連翹
일명 ウチワノキ (団扇の木)

속명 *Abeliophyllum*은 잎이 댕강나무속(*Abelia*)과 비슷하다는 뜻이다. 종소명
*distichum*은 두 줄로 나란히 난다는 뜻이다.

미선나무

미송

늘푸른 바늘잎 큰키나무

우리나라 소나무처럼 미국의 대표 바늘잎나무는 더글러스퍼 (Douglas fir)다. 나이테 모양이나 재질이 소나무와 비슷하므로 우리 이름은 '미국소나무'란 뜻의 미송(美松)이다. 소나무와 과 (科)는 같지만 속(屬)이 다르니 소나무와는 거리가 있는 별개의 나무다. 잎의 생김새나 자라는 모습은 오히려 전나무와 더 닮았다.

과명 소나무과
학명 *Pseudotsuga menziesii*

영명 Douglas fir
중명 美国花旗松
일명 ベイマツ(米松)

속명 *Pseudotsuga*는 pseudo(가짜)와 tsuga(솔송나무)의 합성어이다. 종소명 *menziesii*는 스코틀랜드 출신 의사이자 자연과학자인 멘지스(A. Menzies·1754~1842)의 이름을 딴 것이다.

미송

미스김라일락

잎지는 넓은잎 작은키나무

해방 직후 미군정청에서 근무하던 원예전문가 엘윈 미더는 북한산에서 올라갔다가 라일락의 친척인 우리 토종 나무 털개회나무 꽃의 아름다움에 감탄한다. 귀국하면서 씨앗을 가져가 조금 개량해 새로운 품종을 만들고, 당시 같이 근무했던 타이피스트의 성을 따 미스김라일락(Miss Kim lilac)이라는 이름을 붙였다. 미스김라일락은 보통 라일락에 비해 키가 훨씬 작고 가지를 일정하게 뻗어 모양 만들기가 쉽고, 짙은 향기가 더 멀리 퍼져 나가는 뛰어난 품종이다. 안타깝게도 우리는 북한산 털개회나무의 개량품종인 미스김라일락을 로열티를 주고 다시 사오고 있다.

과명 물푸레나무과   영명 Dwarf Korean lilac
학명 *Syringa patula* 'Miss Kim'

속명 *Syringa*는 작은 가지로 만든 피리를 뜻하는 그리스어 syrinx에서 유래하였으며 종소명 *patulus*는 '벌어졌다' 혹은 '펼쳐져 있다'는 뜻이다. 재배종명 'Miss Kim'은 이 품종을 만든 엘윈 미더가 함께 일했던 한국인 여성의 이름에서 유래하였다.

미역줄나무

잎지는 넓은잎 덩굴나무

미역줄나무는 산지에서 덩굴 형태로 덤불을 이루어 자란다. '줄'의 사전적인 뜻은 새끼줄이나 빨랫줄처럼 '묶거나 동이는 데 쓰는 긴 물건'인데, 미역 줄기는 유연하면서도 튼튼하여 간단한 줄로 쓸 수도 있다. 미역줄나무란 이름은 그 덩굴줄기가 미역 줄기처럼 뻗었다 하여 붙은 이름이다. 북한 이름은 **메역순나무**이다.

과명 노박덩굴과
학명 *Tripterygium regelii*

영명 Regel's threewingnut
중명 늑雷公藤
일명 クロヅル(黒蔓)

속명 *Tripterygium*은 그리스어 treis(셋)과 pterygion(작은 날개)의 합성어이다. 열매에 3개의 날개가 있다는 뜻이다. 종소명 *regelii*는 독일의 분류학자로서 러시아 식물을 연구한 레겔(E. A. von Regel·1815~1892)의 이름에서 따왔다.

ㅂ

박달나무

잎지는 넓은잎 큰키나무

'박달'이란 말은 예부터 있던 순우리말로 그 어원에는 여러 설이 있으며 한자를 빌려 쓴 이두 표기는 박달(朴達)이다. '박'을 머리(頭)로 보고 '달'을 밝음(明·白)으로 생각하여 백두산과 연관 짓기도 한다. 한자 이름은 단(檀)이다. 단(檀)은 속이 꽉 찬(亶) 나무(木)란 뜻으로, 단단하고 강한 나무의 대표인 박달나무의 특성을 잘 나타내고 있다. 《아언각비》에선 단(檀)을 두 가지 뜻으로 풀이하고 있다. 하나는 원래의 뜻인 박달나무이고, 다른 하나는 백단·자단 등 열대지방의 향목(香木)이다.

과명 자작나무과	영명 Schmidt birch
학명 *Betula schmidtii*	중명 賽黑桦
	일명 オノオレカンバ(斧折樺)

속명 *Betula*는 자작나무를 뜻하는 켈트어 옛말 betu에서 유래했으며, 종소명 *schmidtii*는 러시아에서 활동한 식물연구가 슈미트(F. Schmidt·1832~1908)의 이름에서 따왔다.

박달나무

개박달나무

잎지는 넓은잎 중간키나무

과명 자작나무과
학명 *Betula chinensis*
종소명 *chinensis*는 중국을
뜻한다.

영명 Dwarf small-leaf
　　　birch
중명 堅樺
일명 トウカンバ(唐樺)

박달나무와 매우 비슷하나 훨씬
못하다고 개박달나무다. 주로 산
능선의 암석지대에서 볼 수 있다.
열매가 박달나무보다 더 작고 둥글다.
북한 이름은 **좀박달나무**다.

박달나무

박쥐나무

잎지는 넓은잎 작은키나무

박쥐나무는 숲속의 다른 큰 나무 밑에 자리 잡는다. 광합성을 열심히 하겠다고 만든 큰 잎, 기다랗고 청초한 노란 꽃이 어쩐지 조금은 가련해 보이는 나무다. 반면에 박쥐는 흉측한 모습에 밤에만 활동하여 사람들이 싫어하는 동물 1순위다. 이 나무와 박쥐의 이미지가 잘 맞지 않을 것 같지만 잎을 찬찬히 들여다보면 금방 이유를 알 수 있다. 손바닥만 한 크기에 끝이 3~5개로 살짝 갈라진 잎을 햇빛에 비추면 잎맥이 나타나는데, 마치 펼쳐진 박쥐 날개의 실핏줄을 보는 듯하다. 잎의 두께가 얇고 잎맥이 약간씩 돌출되어 있어 더더욱 박쥐 날개와 닮았다. 이처럼 '박쥐 날개 모양의 잎을 가진 나무'라서 박쥐나무가 되었다.

과명 박쥐나무과
학명 *Alangium platanifolium* var. *trilobum*

영명 Trilobed-leaf alangium
중명 三裂瓜木
일명 ウリノキ(瓜の木)

속명 *Alangium*은 이 속의 식물을 가리키는 타밀어 alangi에서 유래하였다. 종소명 *platanifolium*은 잎이 버즘나무 잎을 닮았다는 뜻이며, 종소명 *trilobum*은 잎이 3갈래로 갈라짐을 나타낸다.

박태기나무

잎지는 넓은잎 작은키나무

박태기나무란 이름은 밥알과 관련이 있다. 박태기나무 꽃은 잎 눈 부근에 7~8개, 많을 때는 20~30개씩 모여 피며 꽃이 많고 꽃자루가 짧아 가지 하나하나가 꽃방망이가 되기도 한다. 이 모습이 밥알을 떠올리게 하는데, 일부 지방에서 쓰는 밥알의 방언인 밥티, 밥태기, 밥티기 등의 말에서 지금의 박태기나무란 이름이 유래한 것으로 보인다. 미화목(米花木)이라는 한자 이름도 있어서 그런 추측에 설득력을 더한다. 꽃 색깔이 붉은 보랏빛이라 흰 쌀밥과는 다르지만 조나 수수 등 잡곡을 생각하면 된다. 북한 이름은 **구슬꽃나무**이다.

과명 **콩과**
학명 *Cercis chinensis*

영명 Chinese redbud, Chinese Judas tree
중명 紫荊
일명 ハナズオウ(花蘇芳)

속명 *Cercis*는 그리스어 cercis(칼집)에서 온 것이다. 박태기나무의 콩꼬투리 열매가 칼집을 닮았다고 붙은 이름이다. 종소명 *chinensis*는 중국을 뜻한다.

반송

늘푸른 바늘잎 큰키나무

보통 소나무는 땅에서 외줄기가 올라와 자란다. 하지만 반송은 거의 땅에서부터 줄기가 여러 갈래로 자라고, 가지가 전체적으로 고루 뻗어 둥그스름한 모양이 된다. 이 모습이 마치 둥근 소반 같다 하여 소반 반(盤)을 써서 반송(盤松)이라 한다. 소나무이면서 모양이 부드럽고 깔끔하여 조선시대 선비들이 좋아했으며 전통 정원에도 빠지지 않는다. 다른 이름은 만지송(萬枝松)이다. 전북 일부 지방에서는 반송을 곰솔이라 부르기도 한다. 둥그스름하고 평퍼짐한 반송에 눈이 쌓이면 마치 곰이 웅크리고 있는 것 같다 하여 붙은 이름이다.

과명 소나무과	영명 Many-stem Korean red pine
학명 *Pinus densiflora* f. *multicaulis*	

속명 *Pinus*는 켈트어로 산을 뜻하는 pin에서 왔다는 설이 있고, 그리스 신화에서 유래했다는 설이 있다. 숲의 님프 피티스(Pitys)가 목동과 가축의 신 판(Pan)이 쫓아오자 소나무로 변신하여 도망쳤는데, 피티스란 이름이 변하여 *Pinus*가 되었다는 것이다. 종소명 *densiflora*는 꽃이 빽빽하다는 뜻이며, 품종명 *multicaulis*는 줄기가 여러 갈래로 갈라진다는 뜻이다.

반송

밤나무

잎지는 넓은잎 큰키나무

밤나무는 씨앗인 밤톨과 잿빛 꽃으로 우리들에게 각인되어 있다. 먹을 것이 부족하던 시절, 밤톨은 밥으로 먹던 중요한 먹을거리였다. 밥이 달리는 '밥나무'가 밤나무가 된 것으로 짐작된다. 또 초여름에 피어 독특한 냄새를 풍기는 잿빛 꽃은 어두운 밤에도 환히 눈에 잘 띈다. 그래서 '어두운 밤의 나무', '밤을 밝혀 주는 나무'가 변하여 밤나무가 되었다고도 한다. 밤나무를 뜻하는 한자 율(栗)은 꽃과 열매가 아래로 드리운 모양을 나타내는 상형문자라고 알려져 있다.

과명 참나무과	영명 Korean castanea
학명 *Castanea crenata*	중명 栗
	일명 クリ(栗)

속명 *Castanea*는 밤나무가 널리 자라던 그리스의 카스타니아(Castania)라는 마을 이름에서 유래하였다. 종소명 *crenata*는 잎 가장자리에 얕고 둔한 톱니가 있는 특징을 나타낸다.

약밤나무

잎지는 넓은잎 큰키나무

과명 참나무과

학명 *Castanea mollissima*

종소명 *mollissima*는
'부드럽다' 혹은 '부드러운 털이
많다'는 뜻이다.

영명 Chinese castanea

한반도 북부에 자라며 밤보다 알이
작고 훨씬 고소하다. 약 2천 년 전
낙랑에 중국 승려들이 가지고 와서 퍼트렸다고도 한다. 접두어
'약'은 병을 고치는 약을 가리킬 뿐만 아니라, 좋은 것을
뜻하기도 한다. 북한 이름은 **평양밤나무**이다.

반송

배나무

잎지는 넓은잎 중간키나무

배는 아주 옛날부터 우리 민족이 사용하던 순우리말로 한자이(梨)와는 직접 관련이 없다. 다만 강길운 교수는 우리말에 영향을 준 한 갈래 언어로 아무르강과 사할린 북부 일대에서 쓰이는 길약어를 들면서, 길약어로 과즙이 많은 과일을 뜻하는 페(pe)가 배의 어원이라고 주장한다. 배는 오랫동안 과일나무로 재배되면서 거듭 개량되어 수많은 품종이 있다. 오늘날 과수원에 재배하는 배나무는 참배나무 혹은 일본배나무라고 부르는 재배품종으로, 돌배나무를 개량한 것이다.

과명 장미과
학명 *Pyrus pyrifolia* var. *culta*

영명 Pear tree
중명 梨
일명 ナシ(梨)

속명 *Pyrus*는 배나무의 라틴어 옛 이름인 pirus에서 유래하였다.
종소명 *pyrifolia*는 잎이 서양배나무와 비슷하다는 뜻이고 변종명 *culta*는 '재배한다'는 의미이다.

배나무

돌배나무

잎지는 넓은잎 큰키나무

과명 장미과
학명 *Pyrus pyrifolia*

영명 Sand pear
중명 砂梨
일명 ヤマナシ(山梨)

우리나라 산에서 야생 상태로
자라는 배나무로 열매가 작고
단단하며 석세포가 많아 돌배나무라고 한다. 돌배나무와
비슷한 **산돌배**는 열매가 익을 때까지 꽃받침 열편(裂片)이
남아 있는 점이 돌배나무와 다를 뿐 거의 같은 나무다. 실제로
산에서 만나는 돌배나무는 대부분 산돌배다.

청실배나무

잎지는 넓은잎 큰키나무

과명 장미과
학명 *Pyrus ussuriensis*
　　 var. *ovoidea*

종소명 *ussuriensis*는 러시아
우수리 지방을 가리키며
변종명 *ovoidea*는 '계란
모양'이란 뜻이다.

예부터 키우던 돌배나무의
한 종류로서 열매가 익어도
푸른빛을 띠고 있어서 청실이(靑實梨)라 불렀다. 이고본(李古本)
〈춘향전〉에서 월매가 춘향과 이도령의 첫날밤 주안상에
올린 '청술레'라는 과일이 바로 청실배다. 지금은 산돌배로
합쳐졌다.

배롱나무

잎지는 넓은잎 중간키나무

대부분의 꽃은 화무십일홍(花無十日紅)이란 말처럼 1~2주 남짓 피어 있다가 져버린다. 그러나 배롱나무의 꽃은 여름에 피기 시작해 가을까지 계속해서 핀다. 석 달 열흘, 즉 백 일에 걸친 긴 기간 동안 꽃 하나하나가 계속 피어 있는 것은 아니다. 피고 지기를 반복하여 이어달리기로 계속 피는데, 꽃이 홍자색인 경우가 많아 백일홍(百日紅)이라고 한다. 멕시코 원산의 초본 백일홍도 있으므로 '나무'를 붙여 처음에는 '백일홍나무'로 불렸다. 그러다 '백일홍나무'가 '배기롱나무'를 거쳐 배롱나무가 되었다. 옅은 적갈색의 나무껍질은 얇고 매끄러워 간지럼을 탈 것 같다. 그래서 다른 이름은 간지럼나무(怕揚樹)다. 꽃이 보라색인 경우도 많으며 중국 이름은 자미(紫薇)로 쓴다. 꽃이 흰 경우도 있다.

과명 부처꽃과
학명 *Lagerstroemia indica*

영명 Crape myrtle
중명 紫薇
일명 サルスベリ(猿滑)

속명 *Lagerstroemia*는 린네의 친구인 스웨덴 식물학자 라거스트룀(M. Lagerström ·1691~1759)의 이름에서 따왔다. 종소명 *indica*는 인도를 뜻한다.

배암나무

잎지는 넓은잎 작은키나무

이름 앞에 '배암'이나 '뱀'이 붙은 식물은 여럿 있지만 나무는 배암나무가 유일하다. 셋으로 갈라지는 잎이 뱀 머리를 닮았다고 배암나무가 된 것으로 짐작된다. 고산지대에 자라는 자그마한 희귀식물이며 우리나라에서 처음 발견되어 학명 중 종소명이 코레아눔(*Koreanum*)이다.

과명 인동과
학명 *Viburnum koreanum*

속명 *Viburnum*은 이 속의 나무를 가리키던 라틴어 옛말에서 왔다.
종소명 *koreanum*은 한국을 뜻한다.

백당나무

잎지는 넓은잎 작은키나무

백당나무 꽃은 가지 끝에 접시 형태로 모여 피는데, 씨앗을 맺을 수 있는 진짜 꽃은 가운데 있고, 주위를 둘러싼 하얀 꽃들은 꾸밈꽃이다. 옆에서 보면 하얀 꽃들이 마치 작은 단이나 계단을 이룬 것 같다. 하얀(白) 꽃이 단(壇·段)을 이루는 나무란 뜻으로 '백단나무'라고 하다가 백당나무가 되었다. 북한 이름은 꽃이 접시 모양이라고 **접시꽃나무**다.

과명 인동과
학명 *Viburnum opulus* var. *calvescens*

영명 Smooth-cranberrybush viburnum
중명 鸡树条
일명 カンボク(肝木)

속명 *Viburnum*은 이 속의 나무를 가리키던 고대 라틴어 이름에서 따왔으며 종소명 *opulus*도 백당나무의 라틴어 이름이다. 변종명 *calvescens*는 '바깥에 드러나 있다'는 뜻이다.

백량금

늘푸른 넓은잎 작은키나무

백량금은 남해안과 섬의 숲속에서 허리춤 남짓 자라는 나무다. 콩알 굵기의 붉은 열매가 가을부터 다음 해 봄까지 달려 있다. 뿌리를 자르면 붉은 점이 있다고 하여 중국에서는 주사근(朱砂根·*Ardisia crenata*)이라 했으며, 주사근과 비슷하나 다른 나무로 중국 백량금(百兩金·*Ardisia crispa*)이 있다. 중국 이름을 가져오면서 주사근이라 불러야 할 나무에 착오로 비슷한 나무인 백량금의 이름을 붙여버린 이후 그대로 쓰고 있다. 최근《국가표준식물목록》에선 백량금의 학명은 아르디시아 크레나타(*Ardisia crenata*)로 쓰고 중국 백량금의 학명 아르디시아 크리스파(*Ardisia crispa*)는 이명으로 취급하고 있다. 백량금의 북한 이름은 **선꽃나무**이다.

과명 자금우과
학명 *Ardisia crenata*

영명 Coral berry, Coral bush
중명 朱砂根
일명 マンリョウ(万両)

속명 *Ardisia*는 그리스어 ardis(창끝)를 어원으로 한다. 수꽃술의 꽃밥이 뾰족한 모양이기 때문이다. 종소명 *crenata*는 잎 가장자리에 얕고 둔한 톱니가 있는 특징을 나타낸다.

백량금

백리향

잎지는 넓은잎 작은키나무

향이 나는 식물은 예나 지금이나 사람들이 다 좋아한다. 대체로 꽃을 비롯한 특정 부위에서 향이 나는데 백리향(百里香)은 꽃, 잎, 줄기 등에서 향을 뿜는다. 이름은 향기가 백 리에 뻗칠 정도로 멀리 간다는 뜻인데, 물론 과장이다. 아무리 후각이 예민해도 수십 미터 정도까진 다가가야 향을 맡을 수 있다. 산지의 바위가 많은 곳에서 땅을 기면서 무리를 이루어 자라는 작은 나무다. 울릉도 나리분지에는 천연기념물로 지정하여 보호하고 있는 **섬백리향** 자생지가 있다.

과명 꿀풀과	영명 Five-rib thyme
학명 *Thymus quinquecostatus*	중명 地椒, 百里香
	일명 イブキジャコウソウ (伊吹麝香草)

속명 *Thymus*는 라틴어 고어 thyein에서 유래하였다. 향기를 내뿜는다는 뜻이다.
종소명 *quinquecostatus*는 5개의 주맥(主脈)이 있다는 뜻이다.

191   백리향

백송

늘푸른 바늘잎 큰키나무

백송(白松)이란 이름은 말 그대로 '하얀 소나무'란 뜻이다. 실제로 나무껍질이 하얗다. 주변에서 흔히 볼 수 있는 소나무의 거북등처럼 갈라지는 흑갈색 나무껍질과는 사뭇 다르다. 어린 백송의 나무껍질은 청록색이다가 나이를 먹으면 얇은 비늘 조각으로 벗겨지면서 점점 흰 얼룩무늬가 많아진다. 고목이 되면 거의 하얗게 된다. 하얗게 변하는 나이는 나무 따라 차이가 심하지만, 적어도 40~50살은 되어야 백송 특유의 맛을 느낄 수 있다. 중국 북부가 원산지이며 우리나라에는 조선시대 사신으로 갔던 관리들이 가져와 심기 시작했다. 북한 이름은 흰소나무이다.

과명	소나무과	영명	Lace-bark pine
학명	*Pinus bungeana*	중명	白皮松
		일명	シロマツ(白松)

속명 *Pinus*는 켈트어로 산을 뜻하는 pin에서 왔다는 설이 있고, 그리스 신화에서 유래했다는 설이 있다. 숲의 님프 피티스(Pitys)가 목동과 가축의 신 판(Pan)이 쫓아오자 소나무로 변신하여 도망쳤는데, 피티스란 이름이 변하여 *Pinus*가 되었다는 것이다. 종소명 *bungeana*는 러시아 식물학자 분게(A. v. Bunge · 1803~1890)의 이름에서 따왔다.

백송

백정화

늘푸른 넓은잎 작은키나무

중국 남부가 원산인 늘푸른나무이며 다 자라도 허리춤을 넘기기 않는 자그마한 나무다. 좁은 타원형의 손톱 크기 남짓한 잎 사이에 늦봄이나 초여름에 하얀 꽃 혹은 연한 홍자색의 꽃이 핀다. 꽃부리가 깔때기 같은 丁자 모양이고 주로 백색 꽃이 핀다 하여 백정화(白丁花)라고 한다. 우리나라는 일본 이름을 그대로 쓰고 있으며 중국 이름은 '6월의 눈꽃'이란 뜻이다.

<table>
<tr><td>과명 꼭두서니과</td><td>영명 Japanese serissa</td></tr>
<tr><td>학명 Serissa japonica</td><td>중명 六月雪</td></tr>
<tr><td></td><td>일명 ハクチョウゲ(白丁花)</td></tr>
</table>

속명 Serissa는 이 속의 작은 나무를 일컫던 인도 지방의 토착어에서 유래하였다.
종소명 japonica는 일본을 뜻한다.

백정화

백합나무

잎지는 넓은잎 큰키나무

나무에 백합과 닮은 꽃이 핀다고 하여 백합나무다. 미국의 중
북부에서부터 캐나다 남부에 걸쳐 널리 자란다. 늦봄에 녹황색
의 아이 주먹만 한 꽃이 한 송이씩 피는데, 백합꽃을 그대로 쏙
빼닮았다. 우리나라에는 1920년대에 처음 들어왔으나
제대로 만들어 가꾼 숲은 1968년 전남 강진 칠
량면 명주리 일대에 초당약품이 조성한 700여
헥타르의 백합나무 숲이 처음이다. 백합나무는
목재가 가볍고 부드러우며 연한 노란빛을 띠고 광
택이 있어서 쓰임이 많으면서도 포플러처럼 빨리 자라
는 나무로 유명하다. 튤립나무라고도 한다.

과명 목련과	영명 Tulip tree, Yellow poplar
학명 *Liriodendron tulipifera*	중명 北美鵝掌楸
	일명 ユリノキ(百合の木)

속명 Liriodendron은 그리스어 leirion(백합)과 dendron(나무)의 합성어이며 꽃
모양이 백합을 닮았다는 뜻이다. 종소명 tulipifera는 튤립 꽃이 달린다는 의미이다.

백합나무

버드나무 (버들)

잎지는 넓은잎 큰키나무

버드나무 가지는 가늘고 길게 늘어져 산들바람에도 쉽게 흔들린다. 이런 모양을 두고 부드러움을 나타내는 '부들부들하다'에서 말을 따와 '부들나무'라 했다가 '버들나무'가 되고, ㄹ이 탈락해 버드나무가 된 것으로 보인다. 《훈민정음 해례본(訓民正音 解例本)》,《훈몽자회》,《왜어유해(倭語類解)》(조선 후기 사역원에서 사용한 일본어 어휘집) 등 대부분의 문헌에는 류(柳)를 '버들'이라 했고《월인석보(月印釋譜)》등에는 '버드나모'라고 했다. 꼬부라진 것을 쭉 펴다를 뜻하는 '뻗다(벋다)'의 어근에 관형사형 어미 '을'이 붙어 '버들'이 된 것이라고도 한다. 버들가지가 아래로 쭉쭉 뻗어 있는 모습을 보면 이런 견해도 설득력이 있다.

과명 버드나무과	영명 Korean willow
학명 *Salix koreensis*	중명 ≒柳, 楊
	일명 ≒ヤナギ(柳, 楊)

속명 *Salix*는 켈트어의 sal(가깝다)과 lis(물)에서 유래한 라틴어 고어이다. 물가 주변에 자라는 버드나무의 특성을 반영한 이름이다. 종소명 *koreensis*는 한국을 뜻한다.

갯버들

잎지는 넓은잎 작은키나무

과명 버드나무과
학명 *Salix gracilistyla*
종소명 *gracilistylas*는
암술대가 길다는 뜻이다.

영명 Rose-gold pussy
willow
중명 细柱柳
일명 ネコヤナギ(猫柳)

강이나 바다의 가장자리에 물이
들락거리는 곳을 일컬어 '개'라고
한다. 개+ㅅ(사이소리)+버들이
합쳐져 '갯가에 잘 자라는 버들'이 갯버들이 되었다. '갯가의
벌판(原)'이라는 뜻의 갯벌과 어원이 같다.

능수버들

잎지는 넓은잎 큰키나무

과명 버드나무과
학명 *Salix
pseudolasiogyne*
종소명 *pseudolasiogyne*은
라시오지나(*lasiogyna*)란 나무와
비슷한 나무란 뜻이다.

중명 朝鮮垂柳
일명 コウライシダレヤナギ

능수버들이라면 우리는
천안삼거리의 〈흥타령〉에 나오는
기생 능소 이야기를 떠올린다.
삼거리 주막의 기생 능소는 어느 날 과거 보러 가는 선비
박현수를 만나 사랑에 빠지게 된다. 장원급제한 박현수는
암행어사가 되어 내려가는 길에 능소를 다시 만나 큰 잔치를
베풀면서 "천안 삼거리 흥, 능소야 버들아 흥, 제멋에 겨워서 축

백합나무

늘어졌구나" 하며 〈흥타령〉을 불렀다. '기생
능소의 버들'이 능수버들이 됐다는 이야기다.
능수버들의 또 다른 유래는 평양 대동강의
지류인 남강의 옛 이름과 관련이 있다.
평양은 다른 이름이 유경(柳京)이라고 할
만큼 버들이 많은 고장이다. 대동강 유역의
저지대에 무리를 지어 자라는 버들은
동쪽으로는 오늘날 평양 사동구역 금탄리와
승호구역 이천리 사이에서 대동강에
유입되는 남강에도 널리 자랐다. 그런데
남강의 옛 이름이 능수(瀧水)다. 짐작컨대
'능수 강가에 널리 자라는 버들'이란 뜻으로 능수버들이란
이름이 생긴 것으로도 생각할 수 있다.

백합나무

수양버들

·잎지는 넓은잎 큰키나무

과명 버드나무과
학명 *Salix babylonica*

종소명 *babylonica*는
'바빌론'이란 뜻이지만 실제로
메소포타미아 지역에서의
자생은 확인되지 않았다.

영명 Weeping willow
중명 垂柳
일명 シダレヤナギ(枝垂柳)

중국에서 들어온 버드나무로 원래
이름은 가지가 길게 늘어진다고
수류(垂柳)이다. 중국 수(隋)나라의
양제(煬帝)는 황하와 장강을 잇는
대운하를 건설하고 제방에다 버드나무를 심었다. 처음에 이
버드나무들은 수나라의 이름을 따서 수류(隋柳), 또는 양제의
버드나무라고 양류(煬柳)라 했으며 수양제의 버드나무라
수양(隋煬)이라고도 했다 한다. 우리나라에 들어오면서는
수양(垂楊)이란 이름을 얻었다. 양(楊)은 원래 사시나무를
나타내는 말이나 버들을 뜻하기도 했다. 버들을 일컫는
류(柳)가 따로 있음에도 불구하고 둘을 엄밀히 구분하여 쓰지
않았다.

백합나무

용버들

잎지는 넓은잎 큰키나무

과명 버드나무과
학명 *Salix matsudana* f. *tortuosa*

종소명 *matsudana*는 중국 식물을 연구한 일본 식물학자 마쓰다(S. Matsuda · 1857~1921)의 이름에서 따왔다. 품종명 *tortuosa*는 구불구불하다는 뜻의 라틴어이다.

영명 Dragon-claw willow

상상의 동물인 용은 언제나 하늘을 향해 구불구불하게 날아오르는 모습을 하고 있다. 용버들의 가지는 구불구불하면서 버들의 특성대로 아래로 처져 있다. 그 모습에서 승천하려는 용이 상상되므로 용버들이라 했다. 북한 이름은 고수버들이다.

왕버들

잎지는 넓은잎 큰키나무

과명 버드나무과
학명 *Salix chaenomeloides*

종소명 *chaenomeloides*는 잎이 명자나무속(*Chaenomeles*)과 닮았다는 뜻이다.

영명 Giant pussy willow
중명 腺柳

왕버들은 '버들의 왕'이란 뜻이다. 잎은 비교적 큰 타원형이고, 키도 크게 자라고 오래 산다. 왕이란 말이 붙을 만하다. 물가에 잘 자란다고 하류(河柳), 썩은 둥치에 도깨비가 산다고 귀류(鬼柳)라고도 한다.

호랑버들

잎지는 넓은잎 중간키나무

과명 버드나무과

학명 *Salix caprea*

종소명 *caprea*는 '야생 암염소'란 뜻이다.

영명 Goat willow, Great sallow

중명 黃花柳

빨간 겨울눈이 호랑이 눈 같다 하여
호랑버들이다. 길이 10센티미터
남짓한 긴 타원형의 잎이 달리며
버들 종류 중에는 잎이 가장 큰 편에 속한다. 10미터 높이까지
자랄 수 있다.

이외에 키(곡식 따위의 쭉정이나 티끌을 골라내는 도구)나 고리(옷이나 물건을
담아두는 상자)를 만드는 데 쓰던 **키버들**(고리버들), 주로 냇가에
자라면서 다른 나무들과 치열하게 경쟁하느라 가지가 위로 서
있는 느낌이 드는 **선버들**, 왕버들이나 떡버들보다 잎이 작은
쪽버들, 잎이 콩잎을 닮았고 키가 작은 **콩버들**, 질퍽한 벌에
자라는 **진퍼리버들**, 날렵한 모습의 **여우버들** 등이 있다.

버즘나무

잎지는 넓은잎 큰키나무

가로수로 널리 심고 있는 플라타너스의 공식적인 우리 이름은
'버즘나무'다. 처음 우리나라에 들어왔을 때 개화기의 학자들이
이 나무의 나무껍질을 보고 버짐을 떠올려 붙인 이름이다. 먹
을 것이 부족했던 옛사람들은 영양 상태가 좋지 않아 마른버짐
이 얼룩덜룩 생기는 경우가 흔했다. 플라타너스의 껍질은 갈색
으로 갈라져 큼지막한 비늘처럼 떨어지고, 떨어진 자국은 회갈
색으로 남아서 마치 버짐을 보는 듯하다. 하지만 지금은 하필
이면 피부병 이름을 나무 이름에 붙였냐는 비판을 받는다. 그
냥 영어 이름 플라타너스로 쓰는 경우가 더 많다. 북한에서는
껍질이 아니라 수없이 달리는 탁구공 굵기의 동그란 열매를 보
고 **방울나무**라 부른다. 중국이나 일본 이름도 역시 '방울 달린
나무'란 뜻이다.

과명 버즘나무과	영명 Platanus, Oriental plane
학명 *Platanus orientalis*	중명 三球悬铃木
	일명 スズカケノキ(鈴掛の木)

속명 *Platanus*는 버즘나무를 일컫는 그리스어 platanos에서 따왔다.
종소명 *orientalis*는 동쪽을 뜻한다. 원산지가 서유럽을 기준으로 동쪽인
그리스에서 이란에 걸친 지역인 데서 유래했다.

버즘나무

양버즘나무

잎지는 넓은잎 큰키나무

'양(洋)'은 서양을 가리키는 말이어서
양버즘나무만 서양에서 들어온
나무이고, 버즘나무는 본래
있던 나무라고 생각할 수 있지만
사실 둘 모두 서양에서 들어왔다.
양버즘나무는 잎이 얕게 갈라지고
열매도 1개씩 달린다. 반면에
버즘나무는 잎이 깊게 갈라지고
열매도 2~3개씩 달린다. 우리 주변의
버즘나무는 대부분 양버즘나무이다.
둘 사이의 잡종인 **단풍버즘나무**도
있다. 양버즘나무의 북한 이름은
홑방울나무이다.

과명 버즘나무과
학명 *Platanus*
　　 occidentalis

종소명 *occidentalis*는
서쪽을 뜻한다. 원산지가
서유럽을 기준으로 서쪽인
북아메리카 대륙인 데서
유래했다.

영명 Eastern sycamore,
　　 Bottonball
중명 一球悬铃木

벚나무

잎지는 넓은잎 큰키나무

'벚'은 버찌의 준말이다. '버찌가 달리는 나무'라는 뜻의 '버찌나무'가 벚나무가 되었다. 까맣게 익는 버찌는 햇곡이 나오기 전 한창 배고픈 시기에 열매가 익으므로 배고픔을 달래주는 열매이기도 했다. 오늘날 벚나무는 꽃나무로 인식되지만, 순우리말인 벚나무란 이름에 꽃과 관련한 뜻은 전혀 들어 있지 않다. 벚나무 종류는 우리와 친근한 것만도 10여 종이 넘고 종 사이에 특징이 매우 애매하여 꽃 필 때가 아니면 거의 구분할 수 없다. 벚나무의 한자는 앵(櫻)이며, 자작나무와 같은 글자인 화(樺)로도 나타낸다. 자작나무와 벚나무는 껍질을 벗겨 활을 만드는 데 쓰기 때문이다.

과명 장미과	**영명** Oriental flowering cherry
학명 *Prunus serrulata* var. *spontanea*	**중명** 櫻花
	일명 サクラ(桜)

속명 *Prunus*는 자두를 뜻하는 라틴어 prum이 어원이며 종소명 *serrulatus*는 잎 가장자리에 잔톱니가 있는 특징을 나타낸다. 변종명 *spontanea*는 '야생' 또는 '자생'의 뜻이다.

벚나무

산벚나무

잎지는 넓은잎 큰키나무

산에 흔한 벚나무란 뜻이며
잎과 꽃이 같이 피는 것이 다른
벚나무와의 차이점이다. 해인사
팔만대장경판의 3분의 2는
산벚나무로 만들어졌다. 북한 이름은 **큰산벚나무**다.

과명 장미과
학명 *Prunus sargentii*
종소명 *sargentii*는 미국
아놀드수목원의 초대 원장
사전트(C. S. Sargent·1841
~1927)의 이름에서 따왔다.

영명 Sargent's cherry
중명 大山櫻
일명 オオヤマザクラ
　　（大山桜）

왕벚나무

잎지는 넓은잎 큰키나무

벚나무 종류 중에 꽃이 크고 가장
아름답다는 뜻으로 붙인 이름이다.
제주도가 자생지인 우리나라
특산으로 알려져 왔으나 근래에는
한라산에 자생하는 제주왕벚나무와 일본산 재배종 왕벚나무로
구분하고 있다. 잎보다 꽃이 먼저 피고 암술대와 꽃자루에 털이
있는 것이 특징이다. 북한 이름은 **제주벚나무**이다.

과명 장미과
학명 *Prunus × yedoensis*
종소명 *yedoensis*는
에도(江戸·도쿄의 옛 이름)를
뜻한다.

영명 Korean flowering
　　cherry
중명 日本櫻花
일명 ソメイヨシノ(染井吉野)

벚나무

올벚나무

잎지는 넓은잎 큰키나무

과명 장미과

학명 *Prunus spachiana*

종소명 *spachiana*는
가지가 늘어진다는 뜻이다.

영명 Wild-spring cherry

꽃이 다른 벚나무보다 좀 일찍
핀다는 뜻으로 올벚나무다. 꽃받침 통이 작은 항아리처럼
생겼으므로 쉽게 구분할 수 있다.

그 외 가지가 능수버들처럼 늘어지는 **처진개벚나무**(능수벚나무),
울릉도에 자라는 **섬벚나무**가 있으며 **개벚나무, 꽃벚나무**도 벚
나무 종류다.

벽오동

잎지는 넓은잎 큰키나무

벽오동은 잎의 생김새가 오동나무와 닮았고 크기도 거의 같다. 오동나무와 비슷하나 줄기의 빛깔이 푸르기 때문에 벽오동(碧梧桐)이라고 부른다. 푸를 벽(碧) 자는 벽공(碧空) 또는 벽천(碧天)이라 하듯 하늘빛 푸른색을 가리키는데, 벽오동의 줄기는 녹색에 가깝다. 한자로는 청오(靑梧) 혹은 청동목(靑桐木)이라 한다. 많은 옛 문헌에서는 '오동'이 지금 우리가 알고 있는 벽오동나무인지, 아니면 오동나무인지 엄밀하게 구분하지 않았다. 이 둘은 빨리 자라는 특징과 잎 모양새는 물론 악기 만드는 쓰임새도 거의 같으니 헷갈릴 만도 하다. 그러나 둘은 과(科)가 다를 만큼 거리가 먼 사이다.

과명 벽오동과
학명 *Firmiana simplex*

영명 Chinese parasol tree
중명 青桐
일명 アオギリ(青桐)

속명 *Firmiana*는 오스트리아의 피르미안(K. J. Firmian·1716~1782)에서 유래했으며 종소명 *simplex*는 하나의 잎을 가졌다는 뜻으로, 같은 속의 먼저 발견된 다른 나무에 여러 모양의 잎이 달리는 것과 달리 한 가지 모양의 잎만 달리는 벽오동의 특징을 나타낸다.

병꽃나무

잎지는 넓은잎 작은키나무

꽃을 보면 꽃자루는 손가락 한두 마디쯤 되는 길쭉한 깔때기 모양이고, 꽃잎 부분은 5갈래로 갈라져 있다. 꽃이 피기 직전의 꽃봉오리가 호리병 모양이어서 병꽃나무란 이름이 붙었다. 꽃은 필 때는 노란색이다가 시간이 지나면 붉은색이 된다. 꽃이 붉게 피고 꽃받침이 더 깊게 갈라지는 **붉은병꽃나무**도 있다.

과명 인동과
학명 *Weigela subsessilis*

영명 Korean weigela
중명 ≒錦帶花
일명 ≒タニウツギ(谷空木)

속명 *Weigela*는 독일의 과학자 바이겔(C. E. Weigel · 1748~1831)의 이름에서 따왔다.
종소명 *subsessilis*는 잎자루가 다소 있다는 뜻이다.

병꽃나무

병솔나무

늘푸른 넓은잎 중간키나무

호주 및 파푸아뉴기니의 아열대에 자라는 작은 나무로 제주도
에서 키운다. 수술이 모여 붉은 솔 모양의 가느다란 꽃방망이를
만든다. 그 모습이 긴 병을 닦을 때 쓰는 병솔을 닮았다고 병솔
나무다.

과명 도금양과   영명 Bottlebrush
학명 *Callistemon* spp.

속명 *Callistemon*은 영국왕립원예협회 부회장을 지낸 그레빌(C. F. Greville · 1749~
1809)의 이름을 딴 것이다.

병아리꽃나무

잎지는 넓은잎 작은키나무

이름에 '병아리'란 말이 앞에 붙은 식물은 병아리풀, 병아리난
초, 병아리다리, 병아리방동사니 등 여럿이 있으나 나무는 병아
리꽃나무가 유일하다. 병아리꽃나무의 무엇이 병아리를 연상시
켰을까? 이 나무는 봄이 한창 무르익을 즈음 새하얀 꽃이 하나
둘 꽃망울을 터뜨릴 때 가장 아름답다. 새로 돋아난 가느다란
가지 끝마다 탁구공만 한 제법 큰 꽃이 하나씩 달린다. 그 모습
이 마치 가냘픈 다리로 버티고 서 있는 병아리처럼 앙증맞고 귀
여워서 병아리꽃나무라고 한 것 같다. 굳이 병아리꽃나무와 병
아리의 인연을 따진다면 중국 이름이 한자로 계마(鷄麻)이니 닭
과 관련이 전혀 없는 것은 아니다. 반질반질하고 새까만 콩알 굵
기의 열매도 사람들의 눈길을 끈다.

과명 장미과
학명 *Rhodotypos scandens*

영명 Black jetbead
중명 鸡麻
일명 シロヤマブキ(白山吹)

속명 *Rhodotypos*는 장미를 의미하는 그리스어 rhodon과 어느 한 유형을
의미하는 *typos*에서 유래했다. 꽃이 장미과 식물들과 닮았기 때문이다. 종소명
*scandens*는 기어 올라가는 성질이나 덤불지듯 자라는 특징을 나타낸다.

병아리꽃나무

보리밥나무

늘푸른 넓은잎 작은키나무

어렵던 시절 백성들이 배고픔 때문에 가장 힘든 때는 보리가 익기 직전인 양력 5월 무렵이었다. 이때 먹을 수 있는 열매는 귀중한 식량 자원이 되었다. 남해안 및 섬에는 이때쯤 손가락 마디 크기에 물 많은 육질이 제법 먹을 만한 열매가 달리는 늘푸른나무가 있다. 이 나무에 '보리보다 먼저 열매가 익는 밥나무'란 뜻으로 보리밥나무란 이름이 붙었다. 열매에 마치 파리가 똥을 눈 것 같은 작은 점들이 무수히 찍혀 있어서 지방명으로 포리똥나무라고도 한다. 보리밥나무의 북한 이름은 봄에 열매가 익는다고 하여 **봄보리수나무**이다. 보리밥나무와 비슷하나 창자(腸)처럼 줄기가 구불구불 길게 뻗으면서 자란다는 뜻의 **보리장나무**도 흔히 만날 수 있다.

과명 보리수나무과
학명 *Elaeagnus macrophylla*

영명 Broad-leaf oleaster
중명 大叶胡颓子
일명 マルバグミ(丸葉茱萸)

속명 *Elaeagnus*는 그리스어 elaia(올리브)와 agnos(서양목형)의 합성어이며 열매는 올리브 같고 잎은 서양목형처럼 은백색이란 뜻이다. 종소명 *macrophylla*는 '큰 잎'이란 뜻이다.

보리수(인도보리수)

늘푸른 넓은잎 큰키나무

부처님은 보리수 아래에서 6년 동안 깊은 사색에 정진하여 마침내 깨달음을 얻었다. 이때 부처님이 도를 깨우친 나무를 불교에서는 산스크리트어로 '마음을 깨쳐준다'는 뜻의 보디드루마 (Bodhidruama)라고 하며, 핍팔라(Pippala) 혹은 보(Bo)라고도 한다. 불교가 중국에 들어오면서 불경을 한자로 번역할 때 이 나무의 이름을 그대로 음역해 보리수(菩提樹)라는 이름을 지었다. 이 나무를 보리수라 불리는 다른 나무들과 구분하기 위해 인도보리수라고 부른다. 인도보리수는 아열대지방에 자라는 나무로 높이가 수십 미터, 지름이 두세 아름이나 되는 큰 나무이다. 가지가 넓게 뻗고 공기뿌리가 주렁주렁 달려 한 그루가 작은 숲을 이룰 정도로 무성하게 자란다.

우리나라에서는 인도보리수 외에 보리자나무도 '보리수'라 부른다. 불교가 중국과 우리나라로 전해질 때, 추운 지방에서도 잘 자랄 뿐 아니라 단단한 열매를 염주로 쓸 수 있고 잎 모양도 하트 모양으로 인도보리수와 비슷한 보리자나무를 대용으로 삼았기 때문이다. 보리자나무는 중국 원산으로 불교와 함께 건너온 것으로 보인다. 그런데 보리자나무는 우리나라 피나무와 구분하기 어렵고 두드러진 특징도 없으므로 스님들은 꼭 보리자나무가 아니라도 피나무 종류를 절에 심어 기르면서 '보리수'라 부르고 있다. 슈베르트의 가곡 〈겨울 나그네〉 제5곡 'Der Lindenbaum'의 제목도 흔히 '보리수'로 번역되지만, 본래는 피나무라는 뜻이다.

그 외 모감주나무, 무환자나무 등 염주를 만들 수 있는 열매가 달리는 나무도 흔히 보리수라고 부른다. 이것으로 끝이 아니다. 다음 항에 해설하는 것처럼, 우리나라 산에는 인도보리수나 피나무와 아무런 관련이 없는 보리수나무란 이름의 나무가 또 있다.

과명	뽕나무과	영명	Bodhi tree, Pippala tree
학명	*Ficus religiosa*	중명	菩提树
		일명	インドボダイジュ(印度菩提樹)

속명 *Ficus*는 무화과나무를 가리키는 라틴어 고어이며 종소명 *religiosa*는 종교적이며 존엄한 것을 뜻한다.

보리밥나무

보리수나무

잎지는 넓은잎 작은키나무

보리수나무는 우리나라의 산 어디에서든 쉽게 만날 수 있다. 잎 뒷면은 은회색 짧은 털로 덮여서 은박지처럼 보인다. 유백색의 작은 꽃이 피고 가을에 땅콩 알 크기의 열매가 붉은빛으로 익는다. 열매껍질에는 점점이 흰 점이 있다. 열매의 모양새가 늘푸른나무인 보리밥나무와 거의 같아서 똑같이 '보리'라는 이름을 얻었으나, 잎지는나무이고 열매가 익는 시기가 가을이라 이름을 달리하여 뒤에 수(樹)를 붙여 보리수나무가 되었다. 그러나 옛사람들은 보리밥나무와 보리수나무를 엄밀히 구분하지 않았다. 연산군 6년(1499) 음력 3월에 임금이 전라도 관찰사에게 익은 보리수(甫里樹) 열매를 올려 보내라고 명한 기록이 있다. 시기로 보아 이때의 보리수 열매는 보리밥나무나 보리장나무의 열매를 일컫는 것이다.

과명 보리수나무과
학명 *Elaeagnus umbellata*

영명 Autumn oleaster
중명 牛奶子
일명 アキグミ(秋茱萸)

속명 *Elaeagnus*는 그리스어 elaia(올리브)와 agnos(서양목형)의 합성어이며 열매는 올리브 같고 잎은 서양목형처럼 은백색이란 뜻이다. 종소명 *umbellata*는 산형꽃차례를 의미하는 라틴어 umbellatus에서 유래하였다.

뜰보리수

잎지는 넓은잎 작은키나무

과명 보리수나무과
학명 *Elaeagnus multiflora*

종소명 *multiflora*는 꽃이
많이 핀다는 뜻이다.

영명 Cherry eleaegnus, Gumi
중명 木半夏
일명 ナツグミ(夏茱萸)

뜰에 흔히 심는 보리수나무란
뜻이다. 일본 원산이며 열매가 우리
보리수나무보다 훨씬 굵고 크며
익는 시기도 가을이 아닌 늦봄에서
초여름이다.

보리수나무

보리자나무

잎지는 넓은잎 큰키나무

불교가 들어올 때 중국에서 따라 들어온 중국 피나무이다. 우리 피나무와의 차이점은 잎자루와 꽃대 및 어린 가지에 회백색의 성모(星毛)가 빽빽한 것이지만 구분이 어렵다. 불교에서 깨달음 혹은 깨달음에 이르는 길을 뜻하는 보리(菩提)란 단어가 있다. 이 나무의 열매로 깨달음을 얻는 염주를 만들 수 있다 하여 보리(菩提)에 열매 자(子)를 붙여 보리자(菩提子)나무라는 이름을 지었다.

과명 피나무과
학명 *Tilia miqueliana*

영명 Miquel linden
중명 南京椴
일명 ボダイジュ(菩提樹)

속명 *Tilia*는 그리스어 ptilon(날개)를 어원으로 한다. 열매가 날개가 있는 특징을 가리킨다. 종소명 *miqueliana*는 네덜란드의 분류학자이면서 일본 식물을 연구한 미쿠엘(F. A. W. Miquel·1811~1871)의 이름에서 따왔다.

복사나무

잎지는 넓은잎 중간키나무

복숭아의 한자 도(桃)를 두고《훈몽자회》는 '복셩화',《동의보감》
한글본은 '복숑화', 다른 문헌들은 '복쇼아' 등으로 훈을 달았다.
모두 복숭아의 옛 이름이며 복숭아꽃이란 뜻도 함께 들어 있다.
복숭아 열매는 줄여서 '복셩', 나무는 '복셩나모'라고도 했다. 복
숭아의 이런 옛 이름들이 '복셩나무', '복송나무', '복서나무'를 거
쳐 오늘날 우리가 쓰는 이름인 복사나무가 되었다. 홑꽃잎이 아
니라 수십 겹의 겹꽃잎을 가져 만첩(萬疊)이 접두어로 붙은 품종
이 있다. 붉은 꽃이면 만첩홍도, 흰 꽃이면 만첩백도라고 한다.

과명 장미과	영명 Peach
학명 *Prunus persica*	중명 桃树
	일명 モモ(桃)

속명 *Prunus*는 자두를 뜻하는 라틴어 prum이 어원이며 종소명 *persica*는
페르시아란 뜻이다.

복자기

잎지는 넓은잎 큰키나무

우리나라에 자생하는 단풍나무 종류의 잎은 대부분 홑잎이지만 복자기와 **복장나무**만 삼출엽의 겹잎이다. 두 나무의 이름 모두 점치는 일과 관련이 있다고 생각된다. 복자기는 점쟁이를 뜻하는 복자(卜者), 복장나무는 길흉을 점쳐서 정한다는 뜻의 복정(卜定)과 관련이 있다고 추정된다. 두 나무는 매우 비슷하지만 복자기는 잎 가장자리에 2~4개의 큰 톱니가 있는 반면 복장나무는 잎 가장자리에 촘촘한 톱니가 있다. 복자기는 다른 이름으로 나도박달이라고도 한다.

과명 단풍나무과	영명 Three-flower maple
학명 *Acer triflorum*	중명 三花槭
	일명 オニメグスリ(鬼目薬)

속명 *Acer*는 단풍나무를 뜻하는 라틴어로서 끝이 날카롭다는 뜻이며 종소명 *triflorum*은 '3개의 꽃'이란 뜻인데 복자기는 꽃이 3개씩 모여 달린다.

복자기

부게꽃나무

잎지는 넓은잎 중간키나무

중부 이북의 높은 산에 자라는 커다란 잎을 가진 단풍나무 종류다. 곧추선 긴 꽃대에 연노랑 꽃이 피며 이름은 독특한 꽃 모양 때문에 붙었다. 부게꽃나무를 자주 만날 수 있는 강원도에서는 북어의 방언이 '부게'이다. 꽃 모양이 북어 건조장의 말린 북어를 떠올리게 하므로 '부게(북어)를 닮은 꽃이 피는 나무'에서 부게꽃나무가 되었다.

과명 단풍나무과
학명 *Acer ukurunduense*

영명 Candle-shape maple
중명 花楷槭
일명 オガラバナ(麻幹花)

속명 Acer는 단풍나무를 말하는 라틴어로서 끝이 날카롭다는 뜻이며 종소명 *ukurunduense*는 시베리아의 지명에서 유래하였다.

부게꽃나무

분꽃나무

잎지는 넓은잎 작은키나무

옛날 여인들은 화장을 할 때 분(粉)부터 발랐다. 분은 곱게 빻은 쌀가루를 가리키는 말인데, 화장할 때 쓰는 분은 실제론 초본식물인 분꽃 씨앗의 배젖으로 만들었다. 여기서 분꽃이란 이름이 생겨났다고 한다. 분꽃나무의 이름은 화장에 쓰인 분과는 직접 관계가 없고, 이 나무의 꽃자루가 긴 꽃이 분꽃과 비슷해 보이기에 붙은 것이다. 북한 이름은 **섬분꽃나무**이며, 우리의 **산분꽃나무**를 북한에서는 **분꽃나무**라고 한다.

과명 인동과　　　　　　　　　　영명 Korean spice viburnum
학명 *Viburnum carlesii*

속명 *Viburnum*은 이 속의 나무를 가리키던 고대 라틴어 이름에서 따왔으며
종소명 *carlesii*는 영국의 식물채집가 칼스(W. R. Carles·1848~1929)의 이름에서
따왔다.

　　　　　　　　　　　　　　　　　분꽃나무

분단나무

잎지는 넓은잎 작은키나무

접시 모양 꽃차례의 가운데에 생식 기능을 갖춘 자잘한 흰 꽃
이 피고 그 바깥을 조금 더 큰 하얀 꾸밈꽃이 둘러싸면서 핀다.
하얀 꽃들이 모여 피는 모습이 마치 분(粉) 덩어리(團) 같아서
분단(粉團)나무라고 한다. 한편 비슷한 나무로 **설구화**(*Viburnum
plicatum*)가 있다. 하얀 꾸밈꽃만 덩어리로 모여 피는 원예종인
데, 그 중국 이름의 한자 표기 분단(粉团)을 우리나라에서 분단
나무의 이름으로 그대로 받아들인 것이란 말도 있다.

과명 인동과   영명 Forked viburnum
학명 *Viburnum furcatum*

속명 *Viburnum*은 이 속의 나무를 가리키던 고대 라틴어 이름에서 따왔으며
종소명 *furcatum*은 날개 모양이란 뜻이다.

분비나무

늘푸른 바늘잎 큰키나무

원래 이름은 분피목(粉皮木)이었다. 분(粉)은 '분을 바르다'라고 할 때의 분인데, 흰빛을 나타낸다. 회갈색 나무껍질이 흰색으로 보인다고 붙인 이름인 분피목이 변하여 분비나무가 되었다.

과명 소나무과	영명 Khingan fir
학명 *Abies nephrolepis*	중명 臭冷杉
	일명 トウシラベ (唐白檜)

속명 *Abies*는 전나무 종류를 가리키는 고대 라틴어 abed에서 왔으며 '높다', '올라간다'는 뜻이다. 종소명 *nephrolepis*는 nephros(콩팥)와 lepis(비늘조각)의 합성어이다.

분비나무

불두화

잎지는 넓은잎 작은키나무

음력 4월 초파일을 전후하여, 법당 앞에서 새하얀 꽃을 뭉게구름처럼 피우는 나무가 있다. 불두화(佛頭花)다. 잎과 꽃의 모양이 백당나무와 거의 같지만, 생식 기능을 가진 진짜 꽃이 없고 꾸밈꽃만 수십 개가 다닥다닥 붙어 있다. 자리가 비좁아 터질 것처럼 촘촘히 피어 야구공만 한 꽃송이를 만든다. 꽃송이는 나발(螺髮)이라고 부르는 부처님의 곱슬머리 모양과 쏙 빼닮았다. '부처님 머리 꽃'인 셈인데, 이를 한자로 쓰면 불두화이다. 북한 이름은 **큰접시꽃나무**이다. 접시꽃나무(백당나무의 북한 이름)보다 꽃이 더 크다는 뜻이다.

과명 인동과
영명 Snowball tree
학명 *Viburnum opulus* f. *hydrangeoides*

속명 *Viburnum*은 이 속의 나무를 가리키던 고대 라틴어 이름에서 따왔으며 종소명 *opulus*는 부(富)를 뜻한다. 품종명 *hydrangeoides*는 수국(*Hydrangea*)을 닮았다는 뜻이다.

붉나무

잎지는 넓은잎 중간키나무

단풍이라면 붉게 물드는 단풍나무만 먼저 떠올린다. 그러나 단
풍나무보다 더 고운 단풍이 드는 나무가 붉나무다. 햇빛을 좋아
하여 다른 나무를 베어낸 자리에 흔히 자란다. 조금 일찍 단풍
이 드는 편이어서 초가을부터 길손의 눈길을 사로잡는
다. 우리말 '붉다'의 어간 '붉'에 '나무'를 붙여 붉나
무란 이름을 지었다. 익은 열매의 표면에는 하
얀 침전물 층이 생기는데 짠맛이 있어서 소
금나무, 염부목(鹽膚木)이라고도 한다.

과명 옻나무과	영명 Nutgall tree
학명 *Rhus javanica*	중명 盐肤木
	일명 ヌルデ(白膠木)

속명 *Rhus*는 옻나무 종류의 하나인 *Rhus coriaria*를 가리키는 그리스어 고어
rhous가 라틴어로 옮겨진 것이다. 종소명 *javanica*는 이 종이 처음으로 발견된
인도네시아 자바를 뜻한다.

붉나무

붓순나무

늘푸른 넓은잎 중간키나무

새순이 나올 때 모습이 붓처럼 생겼다고 붓순나무가 된 것으로
짐작된다. 또 꽃덮이(花被)의 모양이 붓과 비슷하게 생긴 데서 유
래했다고도 한다. 어쨌든 '붓'과 '새순'이 결합하여 붓순이란 이
름이 생긴 것으로 짐작된다. 붓순나무는 더운 지방에 자라는
자그마한 늘푸른나무로 독특한 향기를 가지고 있으며 인도에서
는 불단(佛壇)에 올리는 나무로 쓰였다. 열매는 중국요리에 들어
가는 향신료 팔각(八角)과 닮았다.

과명 붓순나무과
학명 *Illicium anisatum*

영명 Aniseed tree
중명 莽草
일명 シキミ(樒)

속명 *Illicium*은 유혹한다는 뜻의 라틴어에서 왔다. 붓순나무 종류에 향기를 가진
식물이 많기 때문이다. 종소명 *anisatum*은 아니스처럼 향기를 지닌 식물이라는
뜻이다.

비목나무

잎지는 넓은잎 중간키나무

우리 산 어디에나 자라며 콩알 굵기의 빨간 열매가 특징이다. 이름 없는 주검의 자리를 나타내는 초라한 나무 묘비, 비목(碑木)을 떠올리게 하는 이름이다. 한명희 교수의 가곡 〈비목〉의 가사 속 '이름 모를 비목'은 전쟁 중 초연 속에 사라져 버린 젊은이들을 나타내는 비극적인 상징이다. 하지만 비목나무는 비목과 딱히 관련이 없다. 비목나무를 비목으로 쓸 수는 있겠지만, 꼭 그래야 하는 이유는 없다. '쇠못 나무'란 뜻의 일본 이름으로 봐서는 단단한 나무라 생각할 수 있으나, 실제 비중은 0.7 정도로 평범한 넓은잎나무 수준이며 잘 썩지 않는 것도 아니다.

과명 녹나무과
학명 *Lindera erythrocarpa*

영명 Red-fruit spicebush
중명 紅果山胡椒
일명 カナクギノキ(鉄釘の木)

속명 *Lindera*는 스웨덴의 식물학자이자 의사인 린데르(J. Linder · 1676~1723)의 이름에서 따왔다. 종소명 *erythrocarpa*는 '붉은 열매'란 뜻이다.

비목나무

비술나무

잎지는 넓은잎 큰키나무

비술나무는 느릅나무의 일종으로 느릅나무와 비슷한 점이 많다. 때문에 옛사람들은 느릅나무와 같은 나무로 취급했다. 우리는 비술나무라고 부르지만 이 나무가 많이 자라는 중국 연변 지방이나 인접한 함경도에서는 '비슬나무'라고 부른다. 북한 이름 역시 **비슬나무**다. 왜 우리 이름이 비술나무가 되었는지는 알려진 자료가 없지만, 힘없이 비틀거리는 모습을 가리키는 '비슬거리다'라는 말이 있다. 비술나무는 느릅나무와 마찬가지로 속껍질을 느른하게 만들어 비상식으로 먹기도 하며, 가지가 가늘어 비틀거리는 듯한 느낌이 드는 나무다. 느릅나무와 구분하기 위하여 '비슬거리다'에서 '비슬'을 가져다 '비슬나무'란 이름을 지었는데, 이 이름이 변하여 비술나무가 된 것으로 보인다.

과명	느릅나무과	영명	Siberian elm
학명	*Ulmus pumila*	중명	榆树
		일명	ノニレ(野楡)

속명 *Ulmus*는 이 속의 나무를 일컫던 라틴어 옛말 elm에서 유래했다. 종소명 *pumilus*는 잎이 작음을 뜻한다.

비술나무

비자나무

늘푸른 바늘잎 큰키나무

비자나무는 짧고 뾰족한 잎이 가지를 가운데 두고 좌우로 20~40개씩 서로 마주보면서 붙어 있다. 그 모습이 한자 非(비)와 같다. 그런데 비자나무는 상자를 만들기에 좋은 나무이므로 거기에 상자를 뜻하는 匚(방)을 합치고, 木(목)을 붙여서 榧(비)란 글자를 만들었다. 그런데 이 나무는 목재뿐만 아니라 열매도 구충제로 귀하게 쓰였으므로 종자를 뜻하는 자(子)를 붙여 비자나무라 했다. 잎 모습과 열매의 쓰임새를 함께 나타낸 이름인 셈이다.

과명 주목과
학명 *Torreya nucifera*

영명 Nut-bearing torreya
중명 日本榧树
일명 カヤ(榧)

속명 Torreya는 미국의 식물학자 토리(J. Torrey·1796~1873)의 이름에서 따왔다.
종소명 nucifera는 견과류를 맺는다는 뜻이다.

비쭈기나무

늘푸른 넓은잎 중간키나무

남해안의 섬과 제주도에는 비쭈기나무라는 늘푸른나무가 자란다. 초여름에 황백색 꽃이 피고 가을에 까만 열매가 익는 평범한 나무로 보이지만 이름이 흥미롭다. 가느다란 겨울눈은 끝이 약간 휘어 있고 때로는 붉은색이 도는데, 그 모양이 물체의 끝이 조금 길게 내밀어 있을 때 쓰는 '비죽하다' 혹은 더 센 느낌의 '비쭉하다'는 말을 떠올리게 한다. '비죽'이나 '비쭉'에 '-이'가 붙어 비쭈기나무(비죽이나무)가 되었다. 비쭈기나무를 일본에선 한자로 榊(신)이라고 쓰는데 木(나무 목)과 神(신 신)을 결합한 심상치 않은 글자이다. 일본에서 비쭈기나무는 신전에 올리는 귀한 나무이며, 일본 총리가 야스쿠니 신사에 참배할 때도 비쭈기나무 가지를 손에 들어야 공식 참배가 된다고 한다.

과명 차나무과	영명 Japanese cleyera
학명 *Cleyera japonica*	일명 サカキ(榊)

속명 *Cleyera*는 17세기 네덜란드의 의사이며 약초 연구가인 클레이어르(A. Cleyer·1634~1697)의 이름에서 따왔다. 종소명 *japonica*는 일본을 뜻한다.

비파나무

늘푸른 넓은잎 중간키나무

비파나무는 한자로 비파(枇杷)로 쓰며, 중국 이름을 그대로 받아
들인 것이다. 비파는 옛 악기의 하나인데, 긴 주머니 모양을 하
고 있다. 그중 소리통에 해당하는 부분이 비파나무의 동그란 열
매와 닮았다. 또 비파나무의 긴 타원형의 커다란 잎은 비파의
윤곽과 비슷하다. 악기 비파는 처음엔 한자로 枇杷(비파)로 쓰다
가 언제부터인가 琵琶(비파)로 쓰게 되었다. 오늘날 枇杷라면 비
파나무를 뜻하고, 악기는 한국·중국·일본 모두 琵琶로 쓴다. 이
처럼 한자 이름에 혼란이 있다.

과명 장미과
학명 *Eriobotrya japonica*

영명 Loquat, Japanese medlar
중명 枇杷
일명 ビワ(枇杷)

속명 *Eriobotrya*는 라틴어 erion(연한 털)과 botris(포도)의 합성어로서 표면이 연한
털로 덮인 비파 열매의 특징을 나타낸다. 종소명 *japonica*는 일본을 뜻한다.

뽕나무

잎지는 넓은잎 중간키나무

뽕나무는 비단을 짜기 위해 누에를 칠 때 잎이 그 먹이로 쓰이고, 뽕나무를 가리키는 한자 상(桑)은 뽕잎 따기를 뜻하기도 한다. 뽕나무의 위상은 높아서, 중국 신화에서 동쪽 바다 해가 뜨는 곳에 있는 신성한 나무의 이름도 부상(扶桑)이었다. 부상에서 상(桑)이 우러러본다는 뜻의 앙(仰)으로 변하고, '부앙'이 '붕'을 거쳐 뽕이 되었다고 보는 견해도 있다. 뽕나무 열매인 오디와 연관된 설도 있다. 오디를 먹으면 소화가 잘 되기 때문에 방귀를 자주 뀌게 된다 하여 의성어 '뽕'을 붙여 뽕나무가 되었다는 것이다. 〈나무타령〉에도 "방귀 뀌어 뽕나무"란 대목이 있다. 산에 자란다는 뜻의 **산뽕나무**, 뽕나무보다 품질이 조금 못하다는 뜻의 **돌뽕나무**, 몽고에서도 자란다는 뜻의 **몽고뽕나무** 등이 있다.

과명 뽕나무과	영명 White mulberry
학명 *Morus alba*	중명 桑, 桑树
	일명 マグワ(真桑)

속명 *Morus*는 켈트어로 검은 것을 뜻하는 mor에서 왔다. 열매가 검게 익기 때문이다. 종소명 *alba*는 라틴어로 흰색을 뜻한다. 익기 전 열매의 색깔이 흰 데서 유래했다.

뽕나무

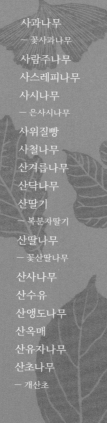

ㅅ

사과나무

잎지는 넓은잎 중간키나무

사과 종류의 이름이 처음 등장한 것은 고려시대이며, 조선 전기에는 내(奈)와 임금(林檎)으로 나뉘었다. 내는 임금의 개량종으로, 사과란 이름은 본래는 내의 중국 이름이었다. 아삭아삭한 식감 때문에 모래 사(沙)를 이름에 붙여 사과(沙果)라고 한 것으로 짐작된다. 처음에는 빈과(蘋果)라고도 했으나 지금 중국에서는 평과(苹果)라고 쓴다. 개화기에 들어온 더 맛있고 굵게 개량된 사과는 중국 이름이 아니라 임금이 변한 우리말인 능금으로 불렸다. 그러나 1970년대부터 사과란 이름으로 통일되고 능금이란 이름은 거의 쓰이지 않게 되었다.

과명 장미과	영명 Common apple
학명 *Malus pumila*	중명 苹果, 栽培苹果
	일명 セイヨウリンゴ(西洋林檎)

속명 *Malus*는 사과를 뜻하는 그리스어 malon에서 유래했으며 종소명 *pumila*는 키가 작다는 뜻이다.

사과나무

꽃사과나무

잎지는 넓은잎 중간키나무

과명 장미과
학명 *Malus floribunda*
종소명 *floribunda*는 꽃이
풍성하다는 뜻이다.

영명 Japanese crabapple
중명 늑海棠果
일명 イヌリンゴ(犬林檎)

꽃이 예쁜 사과나무란 뜻이다. 봄날
거의 나무 전체를 뒤덮어버릴 만큼
많은 꽃이 잎과 함께 핀다. 진분홍색
꽃이 대부분이지만 원예품종은 하얀 꽃을 피우기도 한다.
가을날 작은 새알만 한 아기 사과가 달린다. 중국 원산의
나무로 오래전부터 사람들이 개량하여 원예품종을 계속 만든
탓에 수많은 품종이 있다.

사과나무

사람주나무

잎지는 넓은잎 중간키나무

남부 이남의 숲속이나 계곡에서 자라는 나무다. 사람주나무의 가장 큰 특징은 회백색의 얇은 나무껍질이다. 덕분에 쉽게 눈에 띄며 여러 그루가 모여 곳곳이 서 있는 경우가 많다. 옛사람들은 흰옷을 잘 입었으니, 특히 밤에 보면 사람이 기둥처럼 버티고 서 있는 모습이다. 그래서 '사람이 서 있는 기둥(柱) 모습의 나무'란 뜻으로 사람주나무란 이름이 붙은 것으로 짐작된다. 한자로는 우리나라와 중국, 일본 모두 껍질이 하얗다고 백목(白木)이라 한다.

과명 대극과
학명 *Neoshirakia japonica*

영명 Tallow tree
중명 白乳木, 白木乌桕
일명 シラキ(白木)

속명 *Neoshirakia*는 이 나무의 일본 이름 시라키(シラキ)에 새롭다는 뜻의 neo가 붙어 만들어졌다. 종소명 *japonica*는 일본을 뜻한다.

사람주나무

사스레피나무

늘푸른 넓은잎 중간키나무

어린 사스레피나무의 껍질을 벗겨 씹어보면 약간 떫고 쓴 쌉싸래한 맛이 난다. '쌉싸래하다'라는 말이 '사스레'가 되고 껍질을 뜻하는 피(皮)가 붙어 사스레피나무가 되었다. 사스레피나무와 비슷하나 잎의 끝이 凹자형으로 오목하게 들어간 우묵사스레피나무가 있다.

과명 차나무과
학명 *Eurya japonica*

영명 East Asian eurya
중명 柃木
일명 ヒサカキ(姫榊, 柃)

속명 Eurya는 넓다 혹은 크다는 뜻의 그리스어 eurys에서 유래하였다. 종소명 *japonica*는 일본을 뜻한다.

사스레피나무

사시나무

잎지는 넓은잎 큰키나무

겁을 먹거나 추위 때문에 덜덜 떠는 모습을 두고 '사시나무 떨듯 한다'는 말을 쓴다. 사시나무는 하트 모양의 제법 큰 잎을 달고 있는 가느다란 잎자루가 손가락 두 마디나 될 만큼 길다. 약간의 산들바람에도 잎이 파르르 떨기 마련이다. 옛 몽골어로 떠는 모습을 '사지'라고 하는데, 이것이 우리말에 들어오면서 '사시'가 되었다고 한다. 사시나무 종류는 껍질이 얇고 하야므로 옛 이름은 백양(白楊)나무다. 《본초강목》에는 사시나무의 가지가 단단하여 위로 뻗는 까닭에 오를 양(揚)의 음을 따서 양(楊)으로 부른다고 했다. 고대 중국에서는 묘지에 심을 수 있는 나무를 나라에서 정해주었는데, 일반 백성들은 사시나무를 심게 했다. 죽어서도 여전히 벌벌 떨고 있으라는 명령이기라도 한 걸까. 일본 이름은 잎이 떠는 것에서 한술 더 떠 아예 산이 운다는 뜻이다.

과명 버드나무과	영명 Korean aspen
학명 *Populus davidiana*	중명 山杨
	일명 ヤマナラシ(山鳴らし)

속명 *Populus*는 라틴어로 '민중'이란 뜻이다. 고대 로마인들이 이 속 나무 아래서 집회를 열었다는 데서 유래했다. 종소명 *davidiana*는 중국 식물을 채집한 프랑스 선교사 다비드(A. David · 1826~1900)의 이름에서 따왔다.

은사시나무

잎지는 넓은잎 큰키나무

과명 버드나무과

학명 *Populus* × *tomentiglandulosa*

종소명 tomentiglandu-
losa는 잎 뒷면에 잔
선모(腺毛)가 빽빽이 나 있고
잎밑에 선점이 있다는 뜻이다.

은백양과 사시나무의 자연교잡으로
새로 탄생한 나무다. 두 나무의
이름 앞부분을 각각 떼어다 붙여 은사시나무란 이름을
지었다. 산지에서 빠르게 자란다고 한때 산에 많이 심었다.
처음 교잡을 진행한 육종학자 현신규 교수의 성을 따
현사시나무라고도 한다.

사시나무

사위질빵

잎지는 넓은잎 덩굴나무

질빵의 사전적인 뜻은 '짐을 질 수 있도록 어떤 물건 따위에 연결한 줄'을 말한다. 사위질빵은 사위와 질빵 줄의 합성어이다. 긴 나무덩굴로 자라는 식물인데, 생김새로는 옛날에 짐을 묶을 때 줄로 쓰기에 딱 알맞다. 그러나 덩굴이 약하여 잘 끊어지므로 실제로 그렇게 쓰진 않았다. 그런데 국립수목원장 이유미 박사에 따르면 이런 이야기가 전한다. 옛날 처가에 온 사위에게 일을 시킬 때면 사위질빵 줄기로 짐을 묶게 하여 조금씩만 옮길 수 있도록 했다고 한다. 사위가 너무 힘들게 일하지 말라고 배려한 것이다. 북한 이름은 **모란풀**이다.

한편 비슷한 식물로 **할미밀망**이 있다. 밀망 역시 멜빵을 뜻하는 말이며 긴 덩굴나무인 것은 사위질빵과 같다. 할미는 항상 들볶아대는 시어머니를 가리키는데, 상대적으로 좀 튼튼한 할미밀망으로 짐끈을 만들어 골탕을 먹였다는 것이다. 그러나 사위질빵이나 할미밀망이나 줄기가 약하기는 마찬가지다. 아마 사랑스런 사위와 얄미운 시어머니에 대한 마음을 나무 이름에 담았던 모양이다. 다만 사위질빵의 중국 이름인 둔치철선련(钝齿铁线莲)에나, 할미밀망의 중국 이름인 철선련(铁线莲)에나 모두 철선(铁线)이란 말이 들어 있어서 조금 어리둥절하다. 일본 이름 보탄지루(牡丹蔓)의 뜻은 '모란 덩굴'이다. 사위질빵의 잎이 모란 잎을 닮았기 때문에 붙은 이름이라고 한다. 하여간 줄과는 상관없는 이름이다.

과명 미나리아재비과	영명 Three-leaf clematis
학명 *Clematis apiifolia*	중명 钝齿铁线莲
	일명 ボタンヅル(牡丹蔓)

속명 *Clematis*는 덩굴을 뜻하는 그리스어 klema에서 유래하였다. 종소명 *apiifolia*는 샐러리와 같은 잎을 가졌다는 뜻이다.

사위질빵

사철나무

늘푸른 넓은잎 작은키나무

사시사철 푸른 나무란 뜻이다. 여름에야 무슨 나무나 푸르니,
겨울에 푸른 잎을 달고 있으면 모두 '사철나무'인 셈이다. 옛날
사람들은 동청(冬靑)이라 했는데, 사철나무만 가리키는 이름은
아니다. 겨우살이는 물론 후박나무, 동백나무 등의 늘푸른 넓
은잎나무 모두와 심지어 소나무, 전나무 등 늘푸른 바늘잎나무
까지 모두 동청이라 했다. 옛글 속에서는 문맥을 파악해 알아
내는 수밖에 없다. 문헌에 따라서는 덩굴성으로 자라는 **줄사
철나무**를 벽려(薜荔)라 하여 따로 구분하기도 했다.

과명 노박덩굴과	영명 Evergreen spindletree
학명 *Euonymus japonicus*	중명 冬靑卫矛
	일명 マサキ(柾, 正木)

속명 *Euonymus*는 그리스어 eu(좋음)와 onoma(이름)의 합성어인데, '좋은
평판'이란 뜻이다. 종소명 *japonicus*는 일본을 뜻한다.

사철나무

산겨릅나무

잎지는 넓은잎 큰키나무

삼베옷을 만들기 위하여 삼(大麻)의 껍질을 벗기고 남은 대를 겨릅대라고 한다. 겨릅대는 산간 지방에서 지붕을 이는 데 사용했다. 산에서 '겨릅'으로 쓸 수 있는 나무라고 하여 산겨릅나무가 되었다. 중부 이북의 높은 산 등 약간 추운 곳에 자라는 단풍나무 종류로 열매가 한 줄로 길게 달린다.

과명 단풍나무과
학명 *Acer tegmentosum*

영명 East Asian stripe maple

속명 *Acer*는 단풍나무를 뜻하는 라틴어로 끝이 날카롭다는 뜻이다. 종소명 *tegmentosum*은 아린(芽鱗)으로 덮여 있다는 뜻이다.

산겨릅나무

산닥나무

잎지는 넓은잎 작은키나무

심어 가꾸는 닥나무가 아니라 '산에 나는 닥나무'란 뜻으로 산
닥나무다.《반계수록(磻溪隨錄)》에는 산닥나무를 왜저(倭楮)라고
하면서, 산닥나무로 만드는 종이의 품질이 닥나무보다 훨씬 좋
았으므로 인조 때에는 일본에서 씨앗을 가져다가 남해안에 심
었다고 나와 있다. 산닥나무는 사람 키 남짓 자라는 작은 나무
로 닥나무와는 과(科)가 다를 만큼 사이가 먼 나무다.

과명	팥꽃나무과	영명	Montane false ohelo
학명	*Wikstroemia trichotoma*	종명	白花荛花
		일명	キコガンピ(黄小雁皮)

속명 *Wikstroemia*는 스웨덴 식물학자 빌크스트룀(J. E. Wikström·1789~1856)의
이름에서 따왔다. 종소명 *trichotoma*는 가지가 셋으로 갈라진다는 뜻이다.

산닥나무

산딸기

잎지는 넓은잎 작은키나무

딸기는 우리가 쉽게 접하는 풀 딸기와 나무에 달리는 나무 딸기로 크게 나눌 수 있다. 딸기의 어원은 무더기를 뜻하는 '떨기'가 변한 것이라고 한다. 산딸기는 나무 딸기의 대표 수종으로 '산에 자라는 딸기'란 뜻이다. 숲 가장자리에 사람 키 남짓 자라며 흰 꽃이 피고 나면 늦봄에 딸기가 붉게 익는다.

과명 장미과	영명 Korean raspberry
학명 *Rubus crataegifolius*	중명 牛疊肚
	일명 クマイチゴ(熊苺)

속명 *Rubus*는 붉은색을 뜻하는 라틴어 ruber에서 유래하였으며 붉은 열매가 달리는 것을 나타낸다. 종소명 *crataegifolius*는 잎이 산사나무속(*Crataegus*)과 비슷하다는 뜻이다.

산딸기

복분자딸기

잎지는 넓은잎 작은키나무

과명 장미과
학명 *Rubus coreanus*

종소명 *coreanus*는 한국을 뜻한다.

영명 Bokbunja, Korean blackberry
중명 插田泡
일명 トックリイチゴ (德利苺)

열매를 복분자(覆盆子)라고 하는 데서 이름이 유래하였다. 복분자는 '동이(요강)를 엎어버리는 열매'라는 뜻이다.《동의보감》에는 '남자의 신기(腎氣)가 허하고 정(精)이 고갈된 것과 여자가 임신이 되지 않는 것을 치료한다'고 나와 있으며, 강장제로 널리 알려져 있다. 줄기에 흰 왁스 층이 얇게 덮여 있어서 다른 나무 딸기와 쉽게 구별할 수 있다.

이외에 산딸기 종류에는 빨간 선모가 어린 줄기에 촘촘하여 곰의 팔다리 같다는 **곰딸기**가 있으며 곰딸기의 북한 이름은 **붉은가시딸기**이다. 또 멍석을 깔아놓은 것처럼 땅에 바짝 붙어 자라는 **멍석딸기**, 자라는 모습이 멍덕(벌집을 보호하기 위하여 짚으로 만들어 덮던 바가지와 비슷한 물건)과 닮은 **멍덕딸기**, 덩굴성으로 줄기가 길게 줄처럼 이어 자라는 **줄딸기** 등이 있다.

산딸기

산딸나무

잎지는 넓은잎 큰키나무

늦봄이면 산딸나무에는 꽃잎을 닮은 하얀 총포(總苞)가 모여 꽃을 만든다. 가을에 익는 열매를 자세히 보면 산딸나무는 집합과 (集合果)라 하여 우리가 먹는 풀 딸기와 같이 통 열매를 달고 있다. 반면에 산딸나무와 흔히 이름을 헷갈리곤 하는 산딸기를 비롯한 나무 딸기를 보면 작은 알갱이가 알알이 모여 하나의 열매를 만든다. '산속 나무인데 풀 딸기와 닮은 열매가 달리는 나무'란 뜻으로 산딸나무란 이름이 붙었다. 진분홍색으로 익은 열매는 딸기처럼 먹을 수 있다.

과명 층층나무과
학명 *Cornus kousa*

영명 Korean dogwood
중명 日本四照花
일명 ヤマボウシ(山法師, 山帽子)

속명 Cornus는 뿔을 뜻하는 라틴어 cornu에서 왔으며, 뿔처럼 목재의 재질이 단단하다는 뜻이다. 종소명 kousa는 일본의 하코네 지방에서 산딸나무를 '쿠사'라고 부른 데서 유래하였다.

산딸나무

꽃산딸나무

잎지는 넓은잎 큰키나무

과명 **층층나무과**

학명 *Cornus florida*

종소명 *florida*는 꽃이 핀다는 뜻이다.

영명 Dogwood

꽃이 아름답다고 꽃산딸나무라고
한다. 미국에서 들어온 산딸나무로
다른 이름은 미국산딸나무 또는 서양산딸나무이다. 열매가
핵과로 우리 산딸나무와는 전혀 다르고 먹을 수도 없다. 흰
꽃과 붉은 꽃이 있으며 꽃잎을 닮은 총포의 끝이 오목하다.

산딸나무

산사나무

잎지는 넓은잎 중간키나무

중국 이름의 한자 표기인 산사(山樝)를 그대로 가져와 쓰고 있다. 한자를 조선왕조실록과 지금의 국어사전에서는 산사(山査)로 쓰고 있으며,《동의보감》과《물명고(物名攷)》(조선 순조 때의 한글학자인 유희가 여러 사물의 이름을 한글 혹은 한문으로 풀이하여 만든 일종의 어휘사전)에는 산사(山楂)로 나온다. 査와 楂를 같은 글자로 쓴것이다. 산사나무의 열매를 산사육(山査肉) 혹은 산사자(山査子)라고 하여 그냥 먹기도 했지만 주로 약으로 이용하였다. 옛 이름은 '아가외'이다. 봄에 흰 꽃이 피고, 가을이면 붉은 열매가 익는데 조그만 아기사과와 닮았다. 붉은 열매가 눈에 잘 띄어 산리홍(山里紅)이라고도 한다. 북한 이름은 **찔광나무**다.

과명 장미과	영명 Mountain hawthorn
학명 *Crataegus pinnatifida*	중명 山楂
	일명 サンザシ(山査子, 山樝子)

속명 *Crataegus*는 그리스어로 kratos(강한)와 agein(갖다)의 합성어로 단단한 나무를 뜻한다. 종소명 *pinnatifida*는 날개 모양으로 잎 가운데가 갈라지는 형태를 나타낸다.

산사나무

산수유

잎지는 넓은잎 중간키나무

수유(茱萸)는 붉은 열매(茱)를 매다는 나무(萸)란 뜻이며 강장제
로 이용되었다. 산에도 심을 수 있는 수유나무란 의미로 산수
유란 이름을 쓰고 있다. 《삼국사기》에 신라 경문왕 때 중국에서
들어온 것으로 추정되는 기록이 있으며, 이름도 중국 이름을 그
대로 가져온 것이다.

과명 층층나무과
학명 *Cornus officinalis*

영명 Japanese cornelian cherry,
　　 Japanese cornel dogwood
중명 山茱萸
일명 サンシュユ(山茱萸)

속명 *Cornus*는 뿔을 뜻하는 라틴어 cornu에서 왔으며, 뿔처럼 목재의 재질이
단단하다는 뜻이다. 종소명 *officinalis*는 '약용의', '약효가 있다'는 뜻이다.

산수유

산앵도나무

잎지는 넓은잎 작은키나무

새빨간 열매가 앵두를 닮았고 자라는 곳이 산속이기 때문에 산
앵도나무라고 한다. 그러나 산앵도나무는 열매가 익는 시기가
가을이며 포도처럼 장과이고 진달래과에 속하는 반면, 앵두나
무는 열매가 늦봄에 익고 하나의 단단한 씨앗을 가진 핵과이며
장미과에 속하므로 식물학적으로는 거리가 먼 사이다. 북한 이
름은 물앵두나무이다.

과명 진달래과   영명 Korean blueberry
학명 *Vaccinium hirtum* var.
     koreanum

속명 *Vaccinium*은 작고 즙이 많은 과일(액과)을 뜻하는 라틴어 bacca에서 왔다고
한다. 종소명 *hirtum*은 짧은 털이 있다는 뜻이다. 변종명 *koreanum*은 한국을
뜻한다.

산옥매

잎지는 넓은잎 작은키나무

중국 원산의 자그마한 꽃나무로 접두어 '산'이 붙었지만 산속에 자라는 나무는 아니다. 비슷한 다른 나무와 구별하기 위하여 붙였을 뿐이며, 이름의 뒷부분인 옥매(玉梅)는 '매화를 닮은 옥(玉) 같은 예쁜 꽃'이란 뜻이다. 꽃은 연분홍색이고, 앵두를 닮은 붉은 열매가 달린다. 수십 겹의 하얀 꽃잎을 갖도록 산옥매의 꽃을 개량한 품종을 옥매(玉梅)라 하며 조경수로 널리 심는다.

과명 장미과	영명 Flowering almond
학명 *Prunus glandulosa*	

속명 *Prunus*는 자두를 뜻하는 라틴어 prum이 어원이며 종소명 *glandulosa*는 분비선(分泌腺)이 있다는 뜻이다.

산옥매

산유자나무

늘푸른 넓은잎 중간키나무

산유자나무는 **유자나무**처럼 가지에 가시가 있고 산에서 자라기 때문에 이런 이름이 붙은 것으로 추정된다. 그러나 산유자나무와 유자나무는 과(科)가 다를 정도로 사이가 멀고, 유자나무의 열매는 먹을 수 있지만, 산유자나무에는 콩알 굵기의 까만 장과가 달릴 뿐이다. 주로 제주도에 자란다. 한편 조선왕조실록 등 우리의 옛 문헌에 산유자(山柚子)가 악기나 간단한 도구를 만드는 데 쓰인다는 기록이 나온다. 북한 이름은 **산수유자나무**이다.

과명 이나무과	영명 Shiny xylosma
학명 *Xylosma japonica*	중명 柞木
	일명 クスドイゲ

속명 *Xylosma*는 그리스어 xylon(목재)과 osdmos(향)의 합성어이다. 종소명 *japonica*는 일본을 뜻한다.

산유자나무

산초나무

잎지는 넓은잎 작은키나무

열매가 자잘한 삭과이고, 그 열매껍질에서 강한 향기가 나는 나무를 예부터 한자로 초(椒)라고 했다. 그중에서도 산에서 잘 자라는 나무여서 산초(山椒)나무가 된 것이다. 열매로 기름을 짜거나, 약간 덜 익은 씨앗을 열매껍질과 함께 갈아서 가루를 내면 향기와 함께 맵싸한 맛이 난다. 이를 약용을 겸한 향신료로 사용했는데, 비린내를 없애고 살균·살충 효과를 내기 위해 각종 생선 요리에 넣기도 했다. 또 쌀알 굵기만 한 새까맣고 반질반질한 씨앗을 무더기로 매다는 모습은 아이를 많이 얻어 가문이 융성함을 상징한다. 옛사람들은 다산(多産)의 의미에다 향신료의 기능까지 갖춘 산초를 귀하게 여겼다. 북한 이름은 **분지나무**이다.

과명 운향과	영명 Mastic-leaf prickly ash
학명 *Zanthoxylum schinifolium*	중명 青花椒
	일명 イヌザンショウ(犬山椒)

속명 *Zanthoxylum*은 그리스어 xanthos(황색)와 xylon(목재)의 합성어이며 심재가 황색인 특징을 나타낸다. 종소명 *schinifolium*은 옻나무과의 페퍼나무속(*Schinus*)과 잎이 닮았다는 뜻이다.

산초나무

개산초

늘푸른 넓은잎 작은키나무

과명 운향과

학명 *Zanthoxylum planispinum*

종소명 *planispinum*은 '평평한 가시'라는 뜻이다.

영명 Winged prickly-ash

중명 ≒竹叶花椒

일명 フユサンショウ (冬山椒)

무언가와 비슷하지만 조금 못한 것의 이름 앞에 '개'가 붙지만, 개산초는 산초나무와 많이 다르다. 남해안과 섬에 자라며, 늘푸른나무여서 잎지는나무인 산초나무와 대비된다. 잎자루에 좁은 날개가 붙어 있는 것이 특징이다. 북한 이름은 **사철초피나무**이다.

산초나무

산호수

늘푸른 넓은잎 작은키나무

땅을 기면서 산호의 가지처럼 여러 갈래로 줄기가 갈라져 자라
는 모습 덕분에 산호수(珊瑚樹)란 이름을 얻었다고 추정된다. 산
호수는 자금우와 매우 비슷하다. 자라는 지역도 같고 잎 모양이
나 줄기가 옆으로 뻗어나가는 모습도 닮았다. 잎이나 줄기에 자
금우보다 털이 훨씬 많아 북한 이름은 **털자금우**이다.

과명 자금우과	영명 Tiny ardisia
학명 *Ardisia pusilla*	중명 九节龙
	일명 ツルコウジ(蔓柑子)

속명 *Ardisia*는 '창끝'이라는 뜻의 그리스어 ardis를 어원으로 한다. 수꽃술의 꽃밥
형상이 뾰족한 것을 나타낸다. 종소명 *pusilla*는 매우 작다는 뜻이다.

살구나무

잎지는 넓은잎 중간키나무

살구는 한자로 행(杏)이라 쓰며,《훈몽자회》,《방언유석》 등에는
훈이 모두 '술고'로 쓰여 있다. '술고'는 살이 곱다는 뜻으로 읽힌
다. '빛 좋은 개살구'라는 속담처럼, 살구 열매는 고운 빛깔로 유
명하다. 익은 살구는 옅은 노란색에 탄력까지 있어서 미인의 고
운 피부를 연상케 한다. 그래서 '살갗 같이 고운 열매를 매다는
나무'란 의미로 '살고나무'라 하다가 ㅗ가 ㅜ로 교체되어서 오늘
날의 살구나무가 된 것으로 짐작된다. 한편 재야 사학자 박문기
는 소설《대동이》제2권에서 방상씨(조선시대 장례식 때 탈을 쓰고 악귀
를 쫓는 사람)가 괴견(怪犬) 반호를 물리친 것을 기념해 개를 매달아
죽인 나무의 열매를 살구(殺狗)라고 부른 데서 살구나무란 이름
이 유래했다고 말한다. 심지어 '개를 죽이는 나무'여서 그런 이름
이 붙었다는 주장도 있다.

과명 장미과	영명 Apricot
학명 *Prunus armeniaca*	중명 杏
	일명 アンズ(杏子)

속명 *Prunus*는 자두를 뜻하는 라틴어 prum이 어원이다. 종소명 *armeniaca*는
남캅카스의 아르메니아 지방을 가리킨다.

살구나무

개살구나무

잎지는 넓은잎 중간키나무

과명 장미과
학명 *Prunus
mandshurica*

종소명 *mandshurica*는
만주를 뜻한다.

영명 Manchurian cherry
중명 東北杏
일명 マンシュウアンズ
（滿洲杏）

살구나무는 중국에서 들여온
나무이고, 우리의 재래종은
개살구나무다. 열매가 좀 작고 맛이
덜하여 안타깝게도 가짜란 뜻의
접두어 '개'가 붙어버렸다. 코르크 껍질이 발달해 있고, 고운
꽃을 피워 봄날의 숲을 한층 아름답게 해주는 정다운 우리
나무다. 북한 이름은 **산살구나무**이다.

삼나무

늘푸른 바늘잎 큰키나무

일본 원산인 나무로, 일본 이름의 한자를 그대로 읽어 삼(杉)나무라고 부른다. 일본인들은 한자는 삼(杉)이라 쓰고 스기(スギ)라고 읽는데, 이 이름은 '곧은 나무'란 뜻의 스구키(スグキ)가 변한 것이라고 한다. 조선왕조실록을 비롯한 우리 문헌에도 삼(杉)이 여러 번 등장하지만 전나무나 잎갈나무 등 다른 나무를 나타내며, 꼭 삼나무를 가리켜야 할 경우는 일본삼(日本杉)이라 했다.

과명 측백나무과	영명 Japanese cedar
학명 *Cryptomeria japonica*	중명 柳杉, 日本柳杉
	일명 スギ(杉)

속명 *Cryptomeria*는 그리스어 krypto(숨은)와 meris(부분)의 합성어로 암구화수가 숨어서 잘 보이지 않는 특징을 나타낸다. 종소명 *japonica*는 일본을 뜻한다.

삼나무

삼지닥나무

잎지는 넓은잎 작은키나무

나뭇가지가 마주보기나 어긋나기로 달리지 않고 셋으로 갈라
지면서 자란다고 삼지(三枝)닥나무다. 닥나무보다 더 좋은 품질
의 종이를 얻을 수 있다. 중국 중남부가 원산지이며 조선시대부
터 수입하여 심기 시작했다. 3월 초에 잎보다 먼저 노란 꽃이 피
는 모습이 아름다워 남부 지방에서는 흔히 조경수로 심는다. 그
외 '깊은 산속에 자생하는 닥나무'라는 뜻의 **두메닥나무**도 있
다. 두메닥나무는 북한에서는 **조선닥나무**라고 한다.

과명 팥꽃나무과	영명 Paper bush
학명 *Edgeworthia chrysantha*	중명 結香
	일명 ミツマタ(三椏)

속명 *Edgeworthia*는 인도 식물을 수집한 마이클 에지워스(M. P. Edgeworth · 1812~
1881)와 그의 이복 누나 마리아 에지워스(M. Edgeworth · 1768~1849)의 이름에서
따왔다. 종소명 *chrysantha*는 노란 꽃이란 뜻이다.

삼지닥나무

상동나무

반상록 넓은잎 작은키나무

남해안과 섬에는 장소에 따라 겨울에 낙엽이 지기도 하고, 반
(半)상록이기도 한 자그마한 나무가 있다. 그러나 대체로 잎을 달
고 겨울을 나는 경우가 많다. 때문에 '산 채로 겨울을 버틴다'고
하여 사람들이 처음에는 생동목(生冬木)이라 했는데, 그 이름이
'생동나무'로 변했다가 다시 바뀌어 상동나무란 이름이 되었다.

과명 갈매나무과
학명 *Sageretia thea*

영명 Mock buckthorn
중명 雀梅藤
일명 クロイゲ

속명 *Sageretia*는 프랑스 식물학자 사주레(A. Sageret·1763~1851)의 이름에서
따왔다. 종소명 *thea*는 잎이 차나무를 닮은 것을 나타낸다.

새덕이

늘푸른 넓은잎 큰키나무

서남해안과 제주도에 자라는 나무다. 한때 흰새덕이로도 불렸으며 참식나무와 비슷하나 잎이 더 작고 좁다. 남해와 서해에 서대기 혹은 서대라 불리는 물고기가 있다. 길고 납작한 모양이 새덕이의 잎과 무척 닮았다. 그래서 '서대기 모양의 잎을 가진 나무'라 하여 처음 '서대기나무'라고 하다가 '새덕이나무'를 거쳐 지금의 새덕이가 된 것으로 짐작된다.

과명 녹나무과	영명 Irregular-streak newlitsea
학명 *Neolitsea aciculata*	중명 锐叶新木姜子
	일명 イヌガシ

속명 *Neolitsea*는 는 새롭다는 뜻의 그리스어 neo와 litsea의 합성어다. litsea는 중국에서 유래했다고 하지만 정확한 출전은 알 수 없다. 종소명 *aciculata*는 침 모양이란 뜻이다.

새우나무

잎지는 넓은잎 큰키나무

남부 지방에서 가끔 볼 수 있는 나무로 서어나무와 속(屬)이 다르지만 생김새는 매우 닮았다. 열매는 여러 장의 이삭잎(苞葉)으로 이루어져 있다. 열매가 연한 갈색으로 익어가면서 잎자루와 함께 약간 구부러지면 그 모습이 새우를 연상시켜 새우나무란 이름이 붙었다. 나무가 단단하다고 하여 속명(Ostrya)엔 '뼈'란 뜻이 들어 있으며 중국 이름의 한자 표기는 아예 철목(铁木)이다. 하지만 새우나무는 10여 종이 존재하며 그중 일부 수종의 재질이 단단하여 그런 이름이 붙은 것이다. 실제 우리나라 새우나무의 비중은 0.76 정도여서 비중이 0.8~0.9에 이르는 참나무나 박달나무만큼 단단하진 않다.

과명 자작나무과	영명 East Asian hophornbeam
학명 *Ostrya japonica*	중명 铁木
	일명 アサダ(浅田)

속명 *Ostrya*는 그리스어 osteo(뼈)에서 유래하였다. 종소명 *japonica*는 일본을 뜻한다.

생강나무

잎지는 넓은잎 작은키나무

생강나무란 이름에서 알 수 있듯이 생강과 관련이 깊다. 나뭇잎을 비비거나 가지를 꺾으면 은은한 생강 냄새가 난다. 외떡잎 여러해살이풀인 생강에는 펠란드렌(phellandrene)과 유데스몰(eudesmol) 등의 정유(精油) 성분이 들어 있는데, 전혀 다른 나무인 생강나무에도 같은 성분이 들어 있다. 가장 냄새가 강한 것은 새잎이고, 다음은 어린 가지이며, 꽃에서는 생강 냄새가 거의 나지 않는다. 이른 봄 숲속에서 잎보다 먼저 샛노란 꽃을 피워 봄이 왔음을 가장 먼저 알려주는 나무이다. 인가 근처에 심고 가꾸는 산수유와 꽃이 비슷하여 흔히 혼동하곤 한다.

과명 녹나무과
학명 *Lindera obtusiloba*

영명 Blunt-lobe spicebush
중명 三桠乌药
일명 ダンコウバイ(檀香梅)

속명 *Lindera*는 스웨덴의 식물학자이자 의사인 린데르(J. Linder·1676~1724)의 이름에서 따왔다. 종소명 *obtusiloba*는 잎끝이 둥그스름하고 얕게 갈라진다는 뜻이다.

서어나무

잎지는 넓은잎 큰키나무

서쪽은 새의 둥지를 상징하고, 해가 지면 어김없이 새가 찾아가는 방향이다. 햇빛이 비추는 동쪽과 달리 서쪽에는 습기가 많은 계곡이 있거나, 안정된 숲이 있다. 음양오행에서 서쪽은 음(陰)을 상징한다. 서어나무는 바로 이런 서쪽 숲속에 자라거나, 때로는 자기들끼리 모여 극상림(極相林·나무를 비롯한 식물들이 경쟁하며 자라다가 최종적으로 살아남은 숲)을 이룬다. 한자로는 서목(西木)이다. 서쪽의 숲에서 잘 만날 수 있다고 서목이라 하다가 '서나무'로 변하고, 다시 발음이 자연스러운 서어나무가 된 것이다. 큰 나무의 줄기는 대부분 둥근 원통형인데, 서어나무의 회색 줄기는 울룩불룩한 것이 마치 보디빌더의 근육 같다.

과명 자작나무과	**영명** Loose-flower hornbeam
학명 *Carpinus laxiflora*	**중명** 疏花鵝耳枥
	일명 アカシデ(赤四手)

속명 *Carpinus*는 많은 씨가 조롱조롱 달리는 열매를 가리키던 그리스어 karpos에서 유래했거나, 켈트어 car(수목)와 pen(멍에) 혹은 pin(머리)의 합성어라고 한다. 종소명 *laxiflora*는 꽃이 드문드문 달린다는 뜻이다.

서어나무

개서어나무

잎지는 넓은잎 큰키나무

과명 자작나무과

학명 *Carpinus tschonoskii*

종소명 *tschonoskii*는 이 식물을 채집한 일본인 스가와 쵸노스케(S. Tschonoske · 1842~1925)의 이름을 딴 것이다.

영명 Asian hornbeam

중명 昌化鵝耳枥

일명 イヌシデ(犬四手)

경남·전남·전북 등 주로 남부 지방에 자란다. 잎맥 사이에 털이 많으며 서어나무보다 잎끝의 꼬리 모양의 길이가 더 짧다. 서어나무보다 재질이나 모양새가 떨어지는 것도 아닌데 지금의 이름이 붙은 것은 '개서어나무'라는 뜻의 일본 이름 이누시데(犬四手)를 그대로 받아들였기 때문이라고 생각된다. 접두어 '개'를 붙이지 않은 북한 이름은 좀서어나무다.

생강나무

서향

늘푸른 넓은잎 작은키나무

상서로운 향기가 난다고 서향(瑞香)이다. 과장법을 쓴 다른 이름
은 천리향이다. 《양화소록(養花小錄)》(조선 세조 때의 문신 강희안이 꽃 키
우는 방법을 기술한 원예서)에는 "한 송이 꽃봉오리가 벌어지면 향기가
온 뜰에 가득하고, 활짝 피면 그윽한 향취가 수십 리에 퍼져나
간다"라고 했다. 홍자색의 꽃이 필 때 그 근처에 가면 금방 존재
를 알 수 있을 만큼 향기가 강하다. 중국에서 들여왔으며 서울
지방에서는 겨울을 날 수 없어 옛 선비들은 화분에 키워 향기
를 즐겼다. 중국 수입종인 서향과 달리 우리나라 남해의 섬 및
제주도에 자생하며 하얀 꽃이 피는 **백서향**이 있다.

과명 팥꽃나무과	영명 Winter daphne
학명 *Daphne odora*	중명 瑞香
	일명 ジンチョウゲ(沈丁花)

속명 *Daphne*는 그리스 신화에 나오는 요정의 이름 Daphne에서 유래하였다.
종소명 *odora*는 향기가 있다는 뜻이다

서향

석류

잎지는 넓은잎 중간키나무

석류는 안석국(安石國·오늘날 이란에 있었던 국가인 파르티아의 한자 이름)에서 들여왔다고 옛날에는 안석류(安石榴)라 했다. 이후 '안'이 떨어지고 석류가 되었다. 류(榴)는 석류 열매의 모양을 나타낸 글자인데 나무(木)에 달린 혹(瘤) 같은 과일이란 뜻이다. 혹을 뜻하는 한자 류(瘤)와 머물 류(留)는 어원이 같다고 한다. 《지봉유설》에는 석류로 부르는 이유를 "남쪽 지방 사람들은 석류의 성질이 돌을 좋아한다고 하여 뿌리를 돌로 싸서 심는다"고 설명하고 있다. 주먹만 한 붉은 열매 속에 수백 개의 씨앗이 들어 있으므로 옛날에는 다산(多産)을 상징했다. 하나씩 피는 붉은 꽃은 뭇 남성들 중에 홀로 있는 여성을 말하는 '홍일점(紅一點)'의 어원이 되었다.

과명 석류과	영명 Pomegranate tree
학명 *Punica granatum*	중명 石榴
	일명 ザクロ(石榴)

속명 *Punica*는 북아프리카의 고대 도시 카르타고를 일컫는 라틴어 punicus에서 유래하였다. 석류가 카르타고 원산이라고 생각했기 때문이다. 종소명 *granatum*은 자잘한 알갱이 모양이란 뜻이다

소귀나무

늘푸른 넓은잎 큰키나무

제주도 서귀포 일대에 자라며 독특한 열매가 달린다. 구슬 크기
의 동그랗고 붉은 열매의 표면에 무수한 작은 돌기가 돋아 있는
데, 송진과 같은 향기가 난다. '소나무 향기가 나는 나무'에서 '솔
향기나무'가 되고 제주 방언 '소귀낭'을 거쳐 소귀나무가 되었다.

과명 소귀나무과	영명 Waxberry tree
학명 *Myrica rubra*	중명 杨梅
	일명 ヤマモモ(山桃)

속명 *Myrica*는 향기가 있는 나무란 뜻의 그리스어 myrike에서 유래하였다. 종소명
*rubra*는 열매가 붉은색이란 뜻이다.

소귀나무

소나무

늘푸른 바늘잎 큰키나무

소나무의 한자는 송(松) 또는 송목(松木)이다. 순우리말은 '솔'이
다. '우두머리'라는 뜻의 '수리' 또는 '술'이 변하여 '솔'이 되었다
고 한다. '송목'을 '송나무'라 하다가 받침 ㅇ이 탈락했거나, 혹은
'솔(松)나모(木)'가 '솔나무'를 거쳐 ㄹ이 없어져 소나무가 되었다
고도 한다. 한자 송(松)도 나무 목(木)과 공자 공(公)이 합쳐진 글자
로 나무의 공자, 즉 최고의 나무라는 뜻을 담고 있다.

소나무가 나이를 먹으면 윗줄기가 붉어지는 경우가 많기 때문
에 흔히 적송(赤松)이라 부른다. 그러나 적송이란 말은 중국에서
쓰이기는 하지만, 우리나라에선 소나무의 일본 이름 아카마쓰
(赤松)의 한자 표기로 들어와 일제강점기부터 쓰이기 시작했을
뿐이다. 대한제국 융희 4년(1910) 봄, 농상공부대신 조중응이 농
상공부 고시 9호로 〈화한한명대조표(和韓漢名對照表)〉를 공시한
다. 국권을 빼앗긴 것이 그해 8월이니 일제강점기 바로 직전이다.
〈화한한명대조표〉에는 일본어(和)·우리말(韓)·한자(漢) 이
름이 나열되어 있는데, 이때부터 소나무
란 우리 이름 대신에 일본
이름인 적송을 쓰라고 강

제한 이후 오늘에 이르고 있다. 우리의 역사서는 물론 선비들의 시문집 등 일제강점기 이전의 우리 고문헌 어디에도 소나무를 적송이라고 한 예는 없다. 한편 우리 사서나 선비들의 시문집에 널리 등장하는 적송자(赤松子)는 중국 신화 속에서 비를 담당하는 신선의 이름일 뿐 소나무와는 아무런 관련이 없다.

과명 소나무과	영명 Korean red pine
학명 *Pinus densiflora*	중명 赤松
	일명 アカマツ(赤松)

속명 *Pinus*는 켈트어로 산을 뜻하는 pin에서 왔다는 설이 있고, 그리스 신화에서 유래했다는 설이 있다. 숲의 님프 피티스(Pitys)가 목동과 가축의 신 판(Pan)이 쫓아오자 소나무로 변신하여 도망쳤는데, 피티스란 이름이 변하여 *Pinus*가 되었다는 것이다. 종소명 *densiflora*는 꽃이 빽빽하다는 뜻이다.

소나무

금강소나무

늘푸른 바늘잎 큰키나무

과명 소나무과

학명 *Pinus densiflora* f.
erecta

품종명 *erecta*는 곧게
자란다는 뜻이다.

영명 Upright Korean
red pine

백두대간 등줄기를 타고 금강산에서
울진, 봉화를 거쳐 영덕, 청송 일부에
걸쳐 자라는 소나무는 우리 주위의
꼬불꼬불 소나무와는 달리 줄기가 곧바르고 마디가 길고
껍질이 유별나게 붉다. 학자들은 이 소나무에 금강산의 이름을
따서 금강소나무(金剛松) 혹은 줄여서 강송이라고 이름을
붙였다. 흔히 춘양목(春陽木)이라고 알려진 바로 그 나무다. 결이
곱고 단단하며 켠 뒤에도 크게 굽거나 트지 않고, 잘 썩지도
않아 예로부터 소나무 중 최고로 친다. 눈이 많이 오는 지방에
적응하기 위하여 가지가 적고 곧게 자라는 특성이 있다.

리기다소나무

늘푸른 바늘잎 큰키나무

과명 소나무과
학명 *Pinus rigida*

종소명 *rigida*는 굳고
단단하다는 뜻이다.

영명 Pitch pine

리기다소나무는 미국 대륙의 동북부에 널리 분포하는 미국 소나무다. 일제강점기인 20세기 초에 리기다소나무를 들여와 전국의 황폐한 산지에 널리 심기 시작했다. 학명 피누스 리기다(*Pinus rigida*)에서 단단하다는 뜻의 종소명 리기다(*rigida*)를 떼어 앞에 붙였다. 실제로 소나무보다 단단한 편이다. 다른 미국 소나무들의 이름도 마찬가지다. 흔히 리기다소나무는 '일본 소나무'란 뜻의 왜송(倭松)이라 부르기도 하나 일제강점기에 들어왔을 뿐 일본과는 아무런 관계가 없다. 한 묶음에 잎이 3개씩이어서 북한 이름은 **세잎소나무**이다. 미국 소나무는 이후로도 계속 들어와 **방크스소나무, 테다소나무** 및 리기다소나무와 테다소나무의 교배종인 **리기테다소나무**까지 들어왔다. 방크스소나무의 북한 이름은 잎이 짧다고 **짧은잎소나무**이다. 이외에 잎 길이가 20~60센티미터나 되는 **대왕송**도 있다.

소나무

처진소나무

늘푸른 바늘잎 큰키나무

과명 소나무과

학명 *Pinus densiflora* f. *pendula*

품종명 *pendula*는 아래로 처진다는 뜻이다.

영명 Pendulous Korean red pine

가지가 아래로 처져 자라는
소나무여서 처진소나무이다.
다른 이름으로 버들 같다 하여
유송(柳松)이라고도 한다. 아름드리로 자라며 경북 청도
운문사의 천연기념물 제180호 처진소나무가 유명하다.

소사나무

잎지는 넓은잎 중간키나무

소사나무란 이름은 서어나무의 한자 이름인 서목(西木)에서 왔다. 서어나무보다 잎이 훨씬 작고 키도 작아서 이름 앞에 소(小)를 넣어 소서목(小西木)이라 부르다가 '소서나무'를 거쳐 소사나무로 변했다. 남부의 따뜻한 지방에 자라며 분재로 널리 쓰인다.

과명 자작나무과
학명 *Carpinus turczaninowii*

영명 Korean hornbeam
중명 小叶鹅耳枥
일명 イワシデ(岩四手)

속명 *Carpinus*는 많은 씨가 조롱조롱 달리는 열매를 가리키던 그리스어 karpos에서 유래했거나, 켈트어 car(수목)와 pen(멍에) 혹은 pin(머리)의 합성어라고 한다. 종소명 *turczaninowii*는 러시아의 식물학자 투르차니노프(N. Turczaninow · 1796~1863)의 이름에서 따왔다.

소철

늘푸른 바늘잎 작은키나무

소철은 일본 남부와 중국 남부의 아열대가 원산지이며 우리나라에는 《사가집(四佳集)》(조선 전기의 문신이자 학자인 서거정의 시문집)에 올라 있는 것으로 보아 조선 초기 이전에 들어온 것으로 보인다. 소철(蘇鐵)이란 이름은 '쇠붙이로 소생한다'는 뜻인데, 실제로 여러 문헌에 죽어가는 소철을 쇠붙이로 살려낼 수 있다고 적혀 있다. 《화암수록(花菴隨錄)》(조선 후기에 유박이 지은 원예 전문서)에는 소철이 시들시들해지면 쇠못을 불에 달궈 등걸이나 가지 사이에 끼워두면 곧잘 살아난다고 했다. 늘푸른나무로 높이 2~5미터까지 자라며 거의 가지가 나오지 않고 줄기엔 잎 자국이 남아 까칠까칠하다. 잎은 선형(線形)이며 겹잎으로 마주보기로 붙어 있고, 주로 줄기 끝에 모여 난다.

과명	소철과	영명	Japanese sago palm
학명	*Cycas revoluta*	중명	苏铁树
		일명	ソテツ(蘇鉄)

속명 *Cycas*는 야자를 닮은 식물이란 뜻의 그리스어 kukas에서 왔으며 종소명 *revoluta*는 잎이 바깥쪽으로 말린다는 뜻이다.

소태나무

잎지는 넓은잎 큰키나무

여러 맛 중에 가장 쓴맛이 소태맛이다. 소태나무의 껍질을 소태라고 하며, 소태맛이 나는 나무라고 소태나무다. 이 맛의 근원은 콰신(quassin), 혹은 콰시아(quassia)라고 부르는 성분이다. 이 성분은 잎, 나무껍질, 줄기, 뿌리 등 소태나무의 각 부분에 골고루 들어 있으나 줄기나 가지의 속껍질에 가장 많다. 위장을 튼튼히 하는 약재였으며 살충제 또는 염료로도 사용되었고, 맥주의 쓴맛을 내는 호프 대용으로 쓰이기도 했다.

과명 소태나무과
학명 *Picrasma quassioides*

영명 Bitterwood
중명 苦木
일명 ニガキ(苦木)

속명 *Picrasma*는 쓴맛을 뜻하는 그리스어 picrasmon에서 유래하였다. 종소명 *quassioides*는 카시아속(*Cassia*)의 식물과 닮았다는 뜻이다.

솔송나무

늘푸른 바늘잎 큰키나무

우리나라에선 울릉도에만 자라지만, 일본에는 비교적 널리 분포한다. 울릉도의 솔송나무는 둘레는 한 아름, 키는 20미터가 넘게 자란다. 소나무보다 훨씬 곧고 높이 자라는 모습을 보고 소나무를 거느릴 만큼 크고 웅장하다는 뜻으로 거느릴 솔(率)을 써서 솔송(率松)나무라고 한 것으로 추정된다. 또 눈이 많이 오는 울릉도에 겨울날이 되면 하얗게 눈을 뒤집어 쓴 큰 나무들이 눈에 잘 띈다. 그래서 처음에는 '설송(雪松)나무'로 부르다가 솔송나무가 되었을 수도 있다.

과명 소나무과
학명 *Tsuga sieboldii*

영명 Ulleungdo hemlock
중명 늑铁杉
일명 ツガ(栂)

속명 *Tsuga*는 이 속의 나무들을 일컫는 일본 이름 쓰가(ツガ)에서 유래했다. 종소명 *sieboldii*는 일본 식물을 유럽에 소개한 독일인 의사이자 식물학자인 지볼트(P. F. Siebold · 1796~1866)의 이름에서 따왔다.

송악

늘푸른 넓은잎 덩굴나무

송악은 남해안과 섬 및 제주도에 자란다. 마을 근처에도 흔하며, 돌담에 부착근을 내어 붙어 자라면서 덩굴로 돌담을 보호해주기도 한다. 옛날에는 소가 잘 먹어 '소쌀나무'라고 불렀다. 제주 방언으로 본래 '소왁낭'이라고 했는데, 이 이름이 '소왁나무'를 거쳐 송악이 되었다. 또 한자 이름을 송악(松岳)으로 보고 소나무처럼 늘푸른나무지만 바위에 붙어 자라는 나무로 해석하기도 한다. 북한 이름은 **담장나무**라고 한다.

과명 두릅나무과   영명 Songak, Songak ivy
학명 *Hedera rhombea*   중명 菱叶常春藤
일명 キヅタ(木蔦)

속명 *Hedera*는 이 속의 나무를 일컫는 라틴어 옛 이름이며, 종소명 *rhombea*는 잎의 모양이 마름모꼴이란 뜻이다.

수국

잎지는 넓은잎 작은키나무

원래 한자로는 중국 이름을 가져온 수구화(繡毬花)이다. '비단에 수를 놓은 것 같은 아름다운 둥근 꽃'이란 뜻이다. 《여유당전서 (與猶堂全書)》나 박지원의 《열하일기(熱河日記)》 등 조선 후기의 문집, 《물명고》에 모두 수구(繡毬)로 기록되어 있다. 그러나 근세에 들어 식물 이름을 새로 정비할 때 수국으로 변했고, 한자도 물을 좋아하는 국화 모양의 꽃이란 뜻으로 수국(水菊)이 되었다. 수국은 꾸밈꽃만 있어서 열매를 맺지 못하고, 흙의 산도에 따라 연분홍에서 보라까지 꽃빛깔이 변한다.

과명 수국과	영명 Chinese sweetleaf
학명 *Hydrangea macrophylla*	중명 绣球
	일명 アジサイ(紫陽花)

속명 *Hydrangea*는 그리스어 hydro(물)와 angeion(용기, 그릇)의 합성어로 열매의 모양이 물그릇을 닮은 것을 나타낸다. 종소명 *macrophylla*는 '큰 잎'이란 뜻이다.

산수국

잎지는 넓은잎 작은키나무

중부 이남의 산자락에 흔히 자라는
우리의 재래종 수국이 산수국이다.
꾸밈꽃만 있는 수국과는 달리 접시
모양 꽃의 가장자리에만 꾸밈꽃이
있고 가운데에는 암수술을 모두
갖춘 꽃이 피어 열매를 맺을 수 있다.

과명 수국과

학명 *Hydrangea serrata*
   f. acuminata

종소명 *serrata*는 잎
가장자리에 잔톱니가 있음을
뜻한다. 품종명 *acuminata*는
잎의 끝이 날카롭다는 것이다.

영명 Mountain hydrangea

중명 泽八绣球

일명 ヤマアジサイ
   （山紫陽花）

수수꽃다리(라일락)

잎지는 넓은잎 작은키나무

수수꽃다리는 라일락의 우리말 이름이다. 우리의 오곡 중 하나
인 수수의 꽃이 달린 모습이 이 나무의 꽃대와 닮았다고 '수수
꽃 달린 나무'에서 수수꽃다리가 되었다. 아름다운 우리 나무 이
름 중 하나다. 북한 이름은 넓은잎정향나무이다.

과명	물푸레나무과	영명	Korean early lilac
학명	*Syringa oblata* var. *dilatata*	중명	늑小叶巧玲花
		일명	ライラック, ムラサキハシドイ (紫丁香花)

속명 *Syringa*는 작은 가지로 만든 피리를 뜻하는 그리스어 syrinx에서 유래했으며
종소명 *oblata*는 잎이 둥글고 끝이 편평함을 나타낸다. 변종명 *dilatata*는 넓다는
뜻이다.

순비기나무

잎지는 넓은잎 덩굴나무

중남부 바닷가 및 섬의 모래밭 위로 줄기를 길게 뻗어가면서 자라는 덩굴나무다. 바람에 날린 모래가 줄기를 모래땅에 묻어버리기도 한다. 그 모습이 마치 모래 속에 숨어서 뻗어나가는 듯하여 붙은 '숨벋기나무'란 이름이 변하여 순비기나무가 되었다. 또 다른 이야기는 제주 해녀들과 물질에 관련한 풀이이다. 물속에서 숨을 참고 있다가 물 위로 올라오면서 가쁘게 내쉬는 숨소리를 숨을 비운다는 뜻으로 숨비 소리나 숨비기 소리라고 한다. 깊은 바다에 드나들다 보니 평생 두통에 시달리는 해녀들은 만형자(蔓荊子)라 불리는 순비기나무 열매를 약으로 썼는데, 그래서 '숨비나무' 혹은 '숨비기나무'라고 부르다가 순비기나무로 부르게 되었다고도 한다. 《동의보감》에 만형자는 풍으로 머리가 아프며 골속이 울리는 것을 낫게 한다고 적혀 있다.

과명 마편초과	영명 Beach vitex
학명 *Vitex rotundifolia*	중명 单叶蔓荆
	일명 ハマゴウ(浜栲)

속명 Vitex는 라틴어 vieo(묶다)에서 왔다. 이 속 나무의 가지로 바구니를 짰기 때문이다. 종소명 *rotundifolia*는 둥근 잎이란 뜻이다.

쉬나무

잎지는 넓은잎 큰키나무

쉬나무란 이름은 수유(茱萸)에서 유래하였다. '수유나무'라 하다
가 발음이 편한 쉬나무로 변한 것이다. 북한에서는 그대로 수유
나무라고 쓴다. 오수유, 산수유, 식수유 등 '수유'란 말이 들어간
나무는 열매가 약으로 쓰이는데, 그중 오수유와 산수유는 중국
원산이고 식수유는 머귀나무란 이름으로 우리나라에도 자란다.
우리나라 자생인 쉬나무는 중국 오수유와 형제 나무로 거의 똑
같이 생겼다. 그래서 처음에는 '조선오수유(朝鮮吳茱萸)'라 하던
것이 '수유나무'로 축약되고, 지금의 쉬나무로 변했다. 수유나무
열매로 짠 기름을 옛날엔 호롱불을 켜는 데 이용했다.

과명 운향과
학명 *Evodia daniellii*

영명 Korean evodia
중명 臭檀, 臭檀吳茱萸
일명 ㄴゴシュユ(吳茱萸)

속명 *Evodia*는 그리스어 eu(좋다)와 odia(향기)의 합성어로 열매에 방향성 기름
성분이 들어 있어 향기가 나는 특징을 나타낸다. 종소명 *daniellii*는 영국 의사이자
식물학자였던 다니엘(W. F. Daniell·1818~1865)의 이름에서 따왔다.

쉬땅나무

잎지는 넓은잎 작은키나무

쉬땅나무엔 초여름이면 수백 개의 작은 흰 꽃이 모여 큰 원추꽃차례를 만든다. 가을에는 팥알 크기의 적갈색 열매가 익는데, 한 가지에 수백 개의 열매가 모여 달리므로 무게 때문에 아래로 처지기 마련이다. 색깔이나 모양이 수수를 수확하여 매달아놓은 수숫단과 꼭 닮았다. 열매 색깔까지도 영락없이 수수와 닮은 꼴이다. 그래서 처음에는 '수숫단나무'라 부르다가 '수숫땅나무'가 되었고, 다시 쉬땅나무로 변했다.

과명 장미과	영명 False spiraea
학명 *Sorbaria sorbifolia*	중명 珍珠梅
	일명 ホザキナナカマド (穗咲七竈)

속명 *Sorbaria*는 마가목속(*Sorbus*)과 잎이 닮은 데서 유래했으며, 종소명 *sorbifolia* 역시 마가목속과 같은 잎을 가졌다는 뜻이다.

시로미

늘푸른 넓은잎 작은키나무

한라산 정상 부근과 북한의 고산지대에 자라는 자그마한 나무다. 초가을이면 콩알 굵기의 열매가 흑자색으로 익는다. 열매는 즙이 많아 먹을 수 있는 핵과인데, 시로미란 이름은 이 열매에서 약한 신맛이 나는 데서 유래한 것으로 짐작된다. 시큼한 열매를 다는 나무여서 제주 방언으로 시로미, 시라미, 시러미, 시럼비, 시루미 등으로 부르다가 시로미가 표준명이 되었다.

과명 진달래과
학명 *Empetrum nigrum* var. *japonicum*

영명 Korean crowberry
중명 岩高兰
일명 ガンコウラン(岩高蘭)

속명 *Empetrum*은 그리스어 옛말 en(가운데)과 petros(바위)의 합성어로 주로 고산의 암석지대에 산다는 뜻이다. 종소명 *nigrum*은 검다는 의미이다. 변종명 *japonicum*은 일본을 뜻한다.

시무나무

잎지는 넓은잎 큰키나무

시무나무는 20을 나타내는 '스무'에서 유래한 이름이다. 김삿 갓의 풍자시에 "이십수하삼십객(二十樹下三十客) 사십촌중오십반 (四十村中五十飯)"이라 했는데, '시무나무 아래 서러운 손님이 망 할 놈의 마을에서 쉰밥을 얻어먹었다'는 뜻이다. 여기서의 이십 수(二十樹), 즉 '스무나무'가 변하여 시무나무가 되었다. 옛날엔 길을 따라 이정표로 5리마다 오리나무가, 10리 혹은 20리마다 는 스무나무가 있었다는 말이 있다. 일정 거리마다 특정한 나무 를 심었다는 이야기라기보단 자주 눈에 띄어서 오리나무, 조금 드물게 보여서 시무나무라 불렀단 이야기로 받아들이고 싶다.

과명	느릅나무과	영명	David hemiptelea
학명	*Hemiptelea davidii*	중명	刺榆
		일명	ハリゲヤキ(針欅)

속명 *Hemiptelea*는 그리스어 hemi(반절)와 ptelo(날개)의 합성어로 느릅나무에 비해 열매의 날개가 절반만 달리는 특징을 나타낸다. 종소명 *davidii*는 중국 식물을 채집한 프랑스 선교사 다비드(A. David·1826~1900)의 이름에서 따왔다.

신나무

잎지는 넓은잎 중간키나무

옛 문헌에서 풍(楓)이란 글자는 단풍나무를 나타내기도 하지만, 신나무를 일컫는 경우가 대부분이다. 《훈몽자회》에도 풍(楓)의 훈을 '싣나모'라 했으며, 이것이 변하여 신나무가 되었다. 단풍나무보다 단풍이 오히려 더 곱게 든다고 다른 이름은 색목(色木)이다. 색목이 '색나무'가 되고, 다시 신나무로 변했다고도 한다.

과명 **단풍나무과**	영명 Amur maple
학명 *Acer tataricum* subsp. *ginnala*	중명 녹軷軷槭
	일명 カラコギカエデ〔鹿子木楓〕

속명 *Acer*는 단풍나무를 뜻하는 라틴어로 끝이 날카롭다는 뜻이다. 종소명 *tataricum*은 시베리아 일대에 거주하는 민족인 타타르인에게서 따왔다. 아종소명 *ginnala*는 이 나무의 중국 이름을 라틴어로 나타낸 것이다.

신나무

실거리나무

잎지는 넓은잎 덩굴나무

실거리나무는 '실이 걸리는 나무'에서 따온 이름이다. 길게 뻗은 가지에 마치 낚싯바늘처럼 짧고 날카로운 갈고리 모양의 예리한 가시가 달려 있어서다. 크진 않아도 낫 모양의 가시가 촘촘히 박혀 있어서 옷을 입은 사람이든, 털을 가진 동물이든 붙잡히기 십상이다. 총각이 이 나무 사이에 들어가면 좀처럼 빠져나올 수 없다 하여 총각귀신나무라고도 하고, 흑산도에는 단추걸이나무란 별명도 있다. 지방에 따라 띠거리나무 혹은 살거리나무라고도 한다.

과명	콩과	영명	Mysore thorn
학명	*Caesalpinia decapetala*	중명	云实
		일명	ㅋ ジャケツイバラ(蛇結茨)

속명 *Caesalpinia*는 이탈리아의 식물학자 체살피노(A. Cesalpino · 1519~1603)의 이름에서 따왔다. 종소명 *dacapetala*는 꽃잎이 10장이란 뜻이지만 실제로는 5장뿐이다.

실거리나무

싸리

잎지는 넓은잎 작은키나무

싸리는 '사리'에서 온 이름이다. 사리는 살림이나 생활의 옛말이라고 한다. 싸리다리, 싸리도시락, 싸리문, 싸리바구니, 싸리바자, 싸리비, 싸리회초리, 전쟁터에서 임시로 세우는 싸리방책(防柵)까지 옛사람들에게 싸리의 쓰임새는 오늘날의 플라스틱마냥 끝이 없었다. 이렇게 '사리'에 꼭 있어야 하는 나무라고 하여 처음에는 '사리나무'라고 하다가 싸리나무, 싸리로 변한 것으로 짐작한다. 한자 이름 소형(小荊)은 작은 회초리라는 뜻이다. 북한에선 싸리를 **풀싸리**라고 하며, 풀싸리는 **자주풀싸리**라고 한다.

과명 콩과	영명 Shrub lespedeza
학명 *Lespedeza bicolor*	중명 胡枝子
	일명 ヤマハギ(山萩)

속명 *Lespedeza*는 본래 미국의 플로리다 주지사를 지냈던 스페인 출신의 세스페데스(V. M. Cespedes·1721~1794)의 이름에서 따온 것인데, 인쇄 실수로 *Lespedeza*가 되었다고 한다. 종소명 *bicolor*는 두 가지 색이 있다는 뜻이다.

싸리

참싸리

잎지는 넓은잎 작은키나무

과명 콩과

학명 *Lespedeza cyrtobotrya*

종소명 cyrtobotrya는 굽은 총상꽃차례란 뜻이다.

영명 Leafy lespedeza

'진짜 싸리'라는 뜻이다. 싸리는 꽃차례 대가 더 길고 큰 반면, 참싸리는 꽃차례의 대가 거의 없을 정도로 짧다. 그러나 '참'이 붙어야 할 만큼 다른 싸리보다 더 우수한 성질을 가지고 있진 않다.

조록싸리

잎지는 넓은잎 작은키나무

과명 콩과

학명 *Lespedeza maximowiczii*

종소명 maximowiczii는 러시아의 분류학자로 동아시아 식물을 연구한 막시모비치(K. Maximovich · 1827~1891)를 뜻한다.

영명 Korean lespedeza
일명 チョウセンキハギ
　　（朝鮮木萩）

삼출엽에 달린 하나하나의 작은잎은 새알 크기에 끝이 뾰족하여 싸리나 참싸리의 타원형 잎과는 다르다. 잎이 옛날 어린이들이 액막이로 차고 다니던 호리병 모양의 조롱을 닮았다고 '조롱싸리'라고 하다가 조록싸리가 되었다.

이외에도 싸리는 **꽃싸리**, **삼색싸리**, **풀싸리**, **해변싸리** 등 꽃색깔이나 자라는 곳의 특징에 따라 이름을 붙인 여러 종류가 있다. 또 습한 땅에서 잘 자라며 잎이 싸리를 닮았다는 **물싸리**는 콩과의 싸리와는 관계가 없는 장미과의 나무이다.

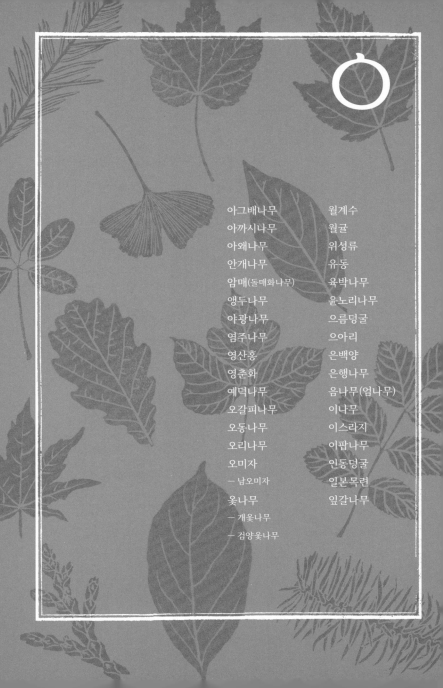

ㅇ

아그배나무

잎지는 넓은잎 중간키나무

봄날 하얀 꽃을 피우고 가을이면 굵은 콩알 크기의 열매를 매
단다. 긴 자루를 가진 열매가 대여섯 개씩 모여 달려 빨갛게 익
는 모양을 보고 작은 아기 배 같다고 '아기배'라 부르다가 아그
배가 되었다고 한다. 악(兒)+으(매개모음)+배(梨)의 구조라는 것이
다. 그러나 열매 모양이 배보다는 사과를 더 닮았으며 실제로
도 배나무속이 아니라 사과나무속에 속한다. 어렵던 시절 아이
들이 이 열매를 따먹고 배탈이 나서 '아이구 배야' 하다가 아그
배나무가 되었다는 이야기도 들어둘 만하다.

과명 장미과	영명 Three-lobe crabapple
학명 *Malus sieboldii*	중명 三叶海棠
	일명 ズミ(酸実)

속명 *Malus*는 사과를 뜻하는 그리스어 malon에서 유래하였다. 종소명
*sieboldii*는 일본 식물을 유럽에 소개한 독일인 의사이자 식물학자인 지볼트(P. F.
Siebold·1796~1866)를 기념하는 것이다.

아까시나무

잎지는 넓은잎 큰키나무

아까시나무는 아카시아로 더 널리 알려져 있다. 수입 당시에 학명의 종소명 프세우도아카키아(*pseudoacacia*)의 뜻을 옮겨 이름을 지었다면 '가짜 아카시아'가 되었을 것이다. 하지만 가짜를 좋아할 사람은 아무도 없으니 떼어버리고 '아카시아'라고 이름을 지었다. 진짜 **아카시아**는 열대에서 남반구 온대에 걸쳐 자라는 늘푸른나무로, 자귀나무와 비슷한 잎을 가지고 있는 별개의 나무다. 둘을 구분하기 위하여 우리가 '아카시아'로 알고 있는 나무의 이름을 아까시나무로 바꿨지만, 전문가 말고는 여전히 '아카시아'라고 부른다. 물론 표준명은 아까시나무이다. 북한 이름은 **아카시아나무**이다.

아까시나무는 북아메리카 원산으로 19세기 말 중국을 거쳐 들어왔다. 공기 중의 질소를 고정하는 능력이 있어 척박한 땅에서도 비교적 잘 자란다. 당시 황폐해진 우리 산에 심기 알맞은 나무였다. 한때는 우리나라에 심은 전체 나무의 10퍼센트에 육박할 때도 있었다. 그래서 동요 〈과수원 길〉의 가사에서처럼 살구꽃, 복사꽃보다 아카시아 꽃향기로 고향의 정

아까시나무

경을 더 쉽게 느끼게 되었다. 우윳빛으로 치렁치렁 달리는 꽃의 군무(群舞)와 코끝을 스치는 매혹적인 향기를 잊지 못해 우리는 유년의 꿈과 낭만을 가져다 준 나무로 기억한다

흔히 아까시나무는 소나무 등 우리 토종 나무가 자라는 걸 훼방 놓는 몹쓸 나무로 인식된다. 그러나 아까시나무는 심은 지 오래되어 쇠퇴기에 접어들고 있으므로 아까시나무 숲이 더 늘어날 일은 없다. 우리나라 꿀의 70퍼센트가 '아카시아 꿀'일 정도로 중요한 밀원식물이며, 빨리 자라는 나무답지 않게 목재가 단단하고 무늬가 아름다워 고급 가구를 만드는 데 쓰이는 등 쓰임새가 넓다.

과명 콩과	영명 Black locust
학명 *Robinia pseudoacacia*	중명 刺槐
	일명 ハリエンジュ(針槐)

속명 *Robinia*는 프랑스의 원예가 로빈(J. Robin·1550~1629)의 이름에서 유래하였다. 종소명 *pseudoacacia*는 열대식물인 아카시아와 닮았으나 같은 종류는 아니라는 것을 뜻한다.

아까시나무

아왜나무

늘푸른 넓은잎 중간키나무

일본에서 온 이름이다. 지금 이 나무의 일본 이름은 한자로 산호수(珊瑚樹)이지만 변종명 아와부키(*awabuki*)에서 확인할 수 있듯 '거품 나무'란 뜻의 아와부키(泡吹き)라고도 했던 것 같다. 우리나라에서는 처음에는 '아와나무'라고 부르던 것이 아왜나무로 바뀐 것으로 추정된다. 다만 지금 일본에서는 '아와부키'라고 하면 나도밤나무를 뜻한다. 아왜나무는 우리나라 남해안 및 섬에 걸쳐 자라며 불에 잘 타지 않아 집 주변이나 숲 가장자리에 방화벽(防火壁) 나무로 흔히 심는다. 두껍고 커다란 잎이 1차로 불을 막아주고, 나무 몸통이 탈 때는 속의 수분이 빠져나오면서 보글보글 거품을 만든다. 마치 거품소화기처럼 표면을 덮어서 차단막을 만드는 셈이다. 북한 이름은 **사철가막살나무**이다.

과명	인동과	영명	Sweet viburnum
학명	*Viburnum odoratissimum* var. *awabuki*	중명	日本珊瑚樹
		일명	サンゴジュ(珊瑚樹)

속명 *Viburnum*은 이 속의 나무를 가리키던 고대 라틴어 이름에서 따왔으며 종소명 *odoratissimum*은 향기가 굉장히 좋다는 뜻이다. 변종명 *awabuki*는 '거품 나무'란 뜻의 일본어에서 왔다.

아왜나무

안개나무

잎지는 넓은잎 중간키나무

중국에서 히말라야 및 유럽 남부에 걸쳐 분포하며 키 4~5미터
정도까지 자란다. 가지 끝에 돌려나기로 잎이 달리며 초여름에
황록색의 꽃이 피면 가느다란 꽃자루가 실 모양으로 길게 늘어
져 가지 끝을 덮는다. 그 모습이 마치 안개 같다 하여 안개나무
라고 한다. 긴 타원형의 잎도 가을에 붉게 물들어 볼 만하므로
조경수로 심는다.

과명 옻나무과	**영명** Smoke tree
학명 *Cotinus coggygria*	**중명** 黃櫨
	일명 ハグマノキ(白熊の木)

속명 *Cotinus*는 야생 올리브의 그리스 이름 contine에서 왔다.
종소명 *coggygria*는 이 종류 나무의 라틴어 옛 이름에서 유래하였다.

안개나무

암매(돌매화나무)

늘푸른 넓은잎 작은키나무

제주도 한라산 꼭대기 바위틈에 드물게 자라는 희귀식물이다. 키가 손가락 두 마디 정도로 우리나라에서 가장 키가 작은 나무다. 초여름에 황백색 꽃이 피는데, 꽃의 크기나 모양이 매화를 닮았다. '돌 틈에 자라는 매화'란 뜻으로 암매(巖梅)라 하며 같은 뜻으로 돌매화나무라고도 한다. 물론 식물학적으로는 매화와 아무런 관련이 없다.

과명 암매과	영명 Pincushion plant
학명 *Diapensia lapponica* var. *obovata*	중명 岩梅
	일명 イワウメ(岩梅)

속명 *Diapensia*는 이 속 나무의 옛 이름을 린네가 속명으로 사용한 것이다. 종소명 *lapponica*는 스칸디나비아 북부의 라플란드 지방을 뜻한다. 변종명 *obovata*는 뒤집힌 계란 모양이란 뜻이다.

암매(돌매화나무)

앵두나무

잎지는 넓은잎 작은키나무

앵두나무는 중국 원산으로 우리나라에 들어올 때 이름도 따라 들어왔다. 중국에서는 처음에 열매가 꾀꼬리처럼 아름답고 먹을 수도 있으며 생김새는 작은 복숭아 같다고 꾀꼬리 앵(鶯)과 복숭아 도(桃)를 써서 앵도(鶯桃)라 했다. 그러다 어린아이처럼 작은 복숭아라 하여 어린아이 앵(嬰)과 나무 목(木)을 합친 한자 앵(櫻)을 쓰는 앵도(櫻桃)로 변했다. 둘을 같이 쓰기도 하지만 주로 앵도(櫻桃)로 쓴다. 우리나라에서는 벚나무를 앵(櫻)으로 표기하기도 한다. 한글 맞춤법으로는 앵도나무가 아니라 앵두나무로 쓴다.

과명 장미과	영명 Nanking cherry
학명 *Prunus tomentosa*	중명 毛櫻桃
	일명 ユスラウメ(梅桃)

속명 *Prunus*는 자두를 뜻하는 라틴어 prum이 어원이며 종소명 *tomentosa*는 어린 가지에 가는 선모가 빽빽한 특징을 나타낸다.

야광나무

잎지는 넓은잎 중간키나무

'어두운 데서 빛을 내는 야광주(夜光珠) 같은 나무'란 뜻으로 야광나무라고 한다. 봄이 무르익는 5월 무렵이면 야광나무는 온통 흰 꽃을 뒤집어쓴다. 잎과 함께 꽃이 피므로 초록색이 조금씩 섞여 있기도 하지만 거의 새하얀 꽃밖에 보이지 않는다. 키는 10여 미터, 지름은 한 뼘이 넘는 경우도 있어서 제법 큰 나무이므로 깜깜한 밤에 주위를 밝혀주는 야광주를 떠올리기에 충분하다.

과명 장미과
학명 *Malus baccata*

영명 Siberian crabapple
중명 山荊子
일명 エゾノコリンゴ (蝦夷の小林檎)

속명 *Malus*는 사과를 의미하는 그리스어 malon에서 유래했으며 종소명 *baccata*는 즙이 많은 열매를 뜻한다.

야광나무

염주나무

잎지는 넓은잎 큰키나무

피나무의 한 종류로 한반도 중부 이북에 자라며 염주를 만들
수 있다고 하여 염주(念珠)나무다. 다른 이름으로 찰피나무라고
도 하며 절에 흔히 심는데, 찰피나무라는 별개의 나무도 있다.
북한 이름은 '구슬을 매다는 피나무'라 하여 **구슬피나무**이다.

과명 피나무과	영명 Beads linden
학명 *Tilia megaphylla*	중명 늑大叶椴
	일명 늑ボダイジュ(菩提樹)

속명 *Tilia*는 날개를 뜻하는 그리스어 ptilon(날개)를 어원으로 한다. 열매에 날개가
있는 데서 비롯하였다. 종소명 *megaphylla*는 '큰 잎'이란 뜻이다.

염주나무

영산홍

잎지는 넓은잎 작은키나무

일본철쭉의 한 종류인 사쓰키철쭉을 기본종으로 하여 개량한
원예품종 전체를 일컫는 이름이다. '붉은(紅) 꽃이 산(山)을 뒤
덮을(映) 정도로 아름답게 핀다'는 뜻으로 영산홍(映山紅)이라고
한다. 《양화소록》에 세종 23년(1441) 일본에서 일본철쭉을 조공
으로 보내왔다고 기록되어 있다. 대궐 안에 심어두고 보았는데,
꽃이 무척 아름다웠다고 한다. 이후 일본철쭉을 영산홍으로 기
록해왔으나, 일본철쭉이나 왜철쭉이란 이름도 함께 썼다. 다만
영산홍이란 이름은 고려 말의 문헌인 《목은고(牧隱藁)》에도 등
장하므로 꼭 일본철쭉만을 일컫는 말은 아니다. 꽃이 붉으면
영산홍, 보라색이면 **자산홍**(紫山紅)이라 부르기도 한다. 영산홍
을 북한에선 **큰꽃철쭉나무**라고 부른다.

<table>
<tr><td>과명 진달래과</td><td>영명 Indica azalea</td></tr>
<tr><td>학명 Rhododendron indicum</td><td>중명 皋月杜鵑</td></tr>
<tr><td></td><td>일명 サツキ(皋月)</td></tr>
</table>

속명 Rhododendron은 그리스어 rhodon(장미)과 dendron(나무)의 합성어로서
붉은 꽃이 피는 나무란 뜻이다. 종소명 *indicum*은 인도를 뜻하지만, 인도의 식물이
아니므로 왜 이런 종소명이 붙었는지는 알려져 있지 않다.

영춘화

잎지는 넓은잎 작은키나무

이른 봄날 길게 늘어지는 녹색 가지에 노란 꽃이 잎보다 먼저
핀다. 봄을 맞이하는 꽃이라는 뜻에서 영춘화(迎春花)라고 한다.
중국 원산으로 남부 지방에 심으며 가지가 길게 늘어져 자란
다. 개나리보다 먼저 꽃이 피며 양지바른 곳이라면 2월 말이나
3월 초면 꽃을 볼 수 있다. 북한 이름은 **봄맞이꽃나무**다.

과명 물푸레나무과
학명 *Jasminum nudiflorum*

영명 Winter jasmine
중명 迎春花
일명 オウバイ(黄梅)

속명 *Jasminum*은 페르시아어 이름인 yasmin(하나님의 선물)이 속명이 된 것이다.
종소명 *nudiflorum*은 잎이 나기 전에 꽃이 핀다는 뜻이다.

예덕나무

잎지는 넓은잎 작은키나무

서남해안 및 섬의 야생에서 흔히 만날 수 있다. 손바닥보다 더 큰 잎이 특징으로 옛사람들은 들에 자라는 오동이란 뜻으로 야오동(野梧桐) 혹은 야동(野桐)이라 했다. '야오동'이 '외오덩'을 거쳐 예덕나무란 이름으로 변한 것으로 추정된다.

과명 대극과	영명 East Asian mallotus
학명 *Mallotus japonicus*	중명 野梧桐
	일명 アカメガシワ(赤芽槲)

속명 *Mallotus*는 길고 연한 털이 있다는 뜻의 mallotos에서 유래하였다. 열매에 선모가 빽빽하기 때문이다. 종소명 *japonicus*는 일본을 뜻한다.

오갈피나무

잎지는 넓은잎 작은키나무

중국 이름의 한자 표기 오가(五加)에 껍질을 주로 약에 쓴다고 피(皮)를 붙여 '오가피나무'라 하다가, 부르기 쉽도록 오갈피나무로 바뀌었다. 자그마한 나무이며 손바닥을 펼친 듯 5개로 갈라지는 오출엽 겹잎이 특징이다. 가지와 줄기에 가시가 촘촘한 **가시오갈피**는 약효가 더 좋다고 알려져 있다.

과명 두릅나무과
학명 *Eleutherococcus*
　　 sessiliflorus

영명 Stalkless-flower eleuthero
중명 短梗五加
일명 マンシュウウコギ
　　 (滿洲五加木)

속명 *Eleutherococcus*는 그리스어 eleuthero(떨어지다)와 coccus(열매)의 합성어이다. 종소명 *sessiliflorus*는 '자루가 없는 꽃'이라는 뜻이다.

오동나무

잎지는 넓은잎 큰키나무

오동(梧桐)나무란 이름은 중국 이름을 따른 것으로 옛 문헌에서 오(梧)는 벽오동, 동(桐)은 오동나무를 가리키는 글자이다. 오(梧)는 벽오동을 뜻하지만,《장자(莊子)》에서처럼 거문고로 해석하는 경우도 있다. 또 동(桐)은 나무 목(木)과 같을 동(同)을 합친 글자인데, 동(同)은 통(筒)과 같은 뜻으로도 쓰인다. 따라서 오동나무 동(桐)이란 한자는, 줄기 속이 비어서 통처럼 되어 있음을 나타낸다. 실제로 오동나무는 속이 텅 비어 있는 경우가 잦다.《훈몽자회》나《동의보감》한글본에 나오는 오동의 옛말은 '머귀'이나 다른 문헌에서는 '오동'과 '머귀'를 섞어 쓰고 있다. '머귀'는 순우리말이며 '오동'은 중국에서 가져다 쓴 것으로 보인다.

과명	현삼과	영명	Korean paulownia
학명	*Paulownia coreana*	중명	늑泡桐, 桐
		일명	늑キリ(桐)

속명 *Paulownia*는 독일의 생물학자 지볼트에게 후원을 아끼지 않았던 러시아 태생의 네덜란드 왕녀 파올로브나(A. Paulowna·1795~1865)의 이름에서 따왔다. 종소명 *coreana*는 한국을 뜻한다.

오동나무

오리나무

잎지는 넓은잎 큰키나무

오리나무는 우리 주변에 흔했던 나무로 오리목(五里木)이라 불렀다. 대체로 5리마다 자라고 있어서 길손의 이정표로 오리나무라고 불렀다는 것이다. 일부러 5리마다 심었다기보다는, 햇빛을 좋아하는 나무여서 길을 따라 걷다 보면 그리 멀지 않은 거리인 5리 정도마다 만날 수 있는 나무였다. 비슷한 이름으로 10리나 20리마다 만난다는 시무나무가 있다. 목재는 적당히 단단하고 다루기 쉬워 조각재로 널리 쓰이며, 하회탈도 오리나무를 깎아 만들었다고 한다.

한편 오리나무는 습한 땅을 좋아하고 뿌리혹박테리아를 가지고 있어서 빨리 자라는 편이다. '열매나 곡식 따위가 제철보다 빨리 익는다'는 뜻으로 '올되다'라고 할 때처럼, 빨리 잘 자란다는 뜻인 '올'의 옛말이 '오리'이다. 즉 다른 나무보다 더 잘 자라는 나무여서 오리나무가 된 것으로도 추정된다. 오리나무는 한자로 기목(檀木) 혹은 적양(赤楊)이라고 하는데 모두 중국 이름이다. 이외에 평지의 저습지등 인가와 좀 떨어진 두메에 잘 자라는 **두메오리나무**, 계곡 등 오리나무보다 더 물이 많은 지역에 잘 자라며 목재 속에 수분이 많다는 뜻의 **물오리나무**, 일제강점기 황폐해진 민둥산을 복구하기 위한 사방공사(沙防·砂防工事)를 할 때 일본에서 수입해온 **사방오리나무**와 **좀사방오리나무** 등이 있다.

<table>
<tr><td>과명 자작나무과</td><td>영명 East Asian alder</td></tr>
<tr><td>학명 Alnus japonica</td><td>중명 日本桤木, 赤杨</td></tr>
<tr><td></td><td>일명 ハンノキ(榛の木)</td></tr>
</table>

속명 *Alnus*는 켈트어 al(가깝다)과 lan(해안)의 합성어이며 물가에 자라는 나무라는 뜻을 담고 있다. 종소명 *japonica*는 일본을 뜻한다.

오리나무

오미자

잎지는 넓은잎 덩굴나무

나무 이름의 끝 글자가 자(子)이면 열매나 씨앗이 약용인 경우가 많다. 구기자, 복분자와 함께 오미자(五味子)는 자(子) 자 돌림의 대표 격인 약용식물이다. 빨갛게 익은 열매에 신맛, 단맛, 쓴맛, 짠맛, 매운맛의 다섯 가지 맛이 모두 섞여 있다 하여 이름이 오미자다. 《산림경제》에는 "육질은 달고도 시며 씨앗은 맵고도 써서, 합하면 짠맛(鹹味)이 나기 때문에 오미자라고 한다"고 했다. 한편 제주도에 자라며 까만 열매가 달리는 **흑오미자**도 있다.

과명 오미자과	영명 Five-flavor magnolia vine
학명 *Schisandra chinensis*	중명 五味子
	일명 ゴミシ(五味子)

속명 *Schisandra*는 그리스어 schisein(쪼개지다)와 andros(수술)의 합성어이다.
종소명 *chinensis*는 중국을 뜻한다.

오미자

남오미자

늘푸른 넓은잎 덩굴나무

오미자와 쓰임이 거의 같고 생김새도
비슷하나 제주도 등 남쪽 섬에 주로
자란다고 하여 남(南)이란 말이
붙었다. 그러나 식물학적으로는
오미자와 속(屬)이 다른 별개의
나무이고, 잎지는나무인 오미자와
달리 늘푸른나무이다.

과명 오미자과
학명 *Kadsura japonica*

속명 *Kadsura*는
칡을 가리키는 일본어
카즈라(カズラ)에서 왔다.
종소명 *japonica*는 일본을
뜻한다.

영명 Kadsura vine
중명 日本南五味子
일명 サネカズラ(実葛)

오미자

옻나무

잎지는 넓은잎 큰키나무

옻나무에 상처를 내면 진이 흐른다. 이를 모아 정제한 것이 옻이
다. 옻을 채취할 수 있는 나무란 뜻으로 옻나무다. 옻은 우루시
올(urushiol)이란 성분을 가지고 있어서 일단 굳으면 산(酸)이나 알
칼리에 견디고, 수분을 차단하는 특징이 있다. 예로부터 각종
물건을 오랫동안 보존하고 표면을 아름답게 하기 위하여 널리
사용했다. 표면에 무엇을 바를 때 흔히 쓰는 '칠한다', 깜깜한 어
둠을 빗대어 말하는 '칠흑 같다' 역시 옻칠과 관련이 있다. 중국
원산이며 옻을 채취하기 위하여 심어 키운다.

<table>
<tr><td>과명 옻나무과</td><td>영명 Lacquer tree, Varnish tree</td></tr>
<tr><td>학명 Toxicodendron
vernicifluum</td><td>중명 漆树
일명 ウルシ(漆)</td></tr>
</table>

속명 *Toxicodendron*은 그리스어 toxicos(독)와 dendron(나무)의 합성어이다.
종소명 *vernicifluum*은 옻을 품고 있다는 뜻이다.

옻나무

개옻나무

잎지는 넓은잎 중간키나무

원래 우리 산에 자라던 옻나무다.
옻을 채취할 수는 있으나 양도 적고
품질도 떨어지므로 개옻나무가
되었다. 옻이 오르는 것도
마찬가지만 옻나무보다 덜하다. 북한
이름은 **털옻나무**이며 실제로도 옻나무보다 털이 많다.

과명 옻나무과
학명 *Toxicodendron trichocarpum*

종소명 *trichocarpum*은 trichom(털)과 carp(열매)의 합성어로 열매에 털이 있다는 뜻이다.

영명 Bristly fruit lacquer tree, Wax tree
중명 毛漆樹
일명 ヤマウルシ(山漆)

검양옻나무

잎지는 넓은잎 중간키나무

'검양'은 진한 검붉은 빛을 말하는
옛말 '거망'이 변한 말이다. 유난히
진하게 물드는 검붉은 단풍의 색깔을
'거망색'이라고 하니 아마 이를 두고
붙인 이름으로 짐작된다. 비슷한 나무로 '산'이란 접두어가
붙은 **산검양옻나무**가 남해안이나 섬 지방에 자란다.

과명 옻나무과
학명 *Toxicodendron succedanea*

종소명 *succedanea*는 '대용하다', '모방하다'라는 뜻이다.

영명 Wax lacquer tree
중명 越南漆樹
일명 ハゼノキ(櫨の木)

옻나무

월계수

늘푸른 넓은잎 큰키나무

월계수는 지중해 연안을 원산지로 하는 나무다. 감잎 모양의
긴 타원형 잎에서 향기가 나 예부터 널리 이용했다. 그리스 신
화에는 월계수를 둘러싼 이야기가 나온다. 에로스가 아폴론을
골탕 먹이기 위해 아폴론에게 화살을 쏘아 다프네를 사랑하게
만들었다. 하지만 다프네는 아폴론의 구애를 거절하고 도망치
다 월계수가 되어버렸다. 고대 그리스에서는 잎이 붙어 있는 월
계수 가지를 둥글게 말아 관(冠)을 만들어 경기의 우승자를 비
롯하여 뛰어난 사람들에게 씌워주었다. 최고의 영예의 상징이
었다. 중국 사람들은 이 나무의 잎이 중국에서 계(桂)라고 쓰는
목서 종류와 닮았다고 달나라 계수나무를 연상하여 월계수(月
桂樹)란 이름을 붙였고, 그 이름을 우리도 그대로 쓰고 있다.

과명 녹나무과
학명 *Laurus nobilis*

영명 Bay laurel
중명 月桂樹
일명 ゲッケイジュ(月桂樹)

속명 *Laurus*는 켈트어를 어원으로 하는 라틴어 laur(녹색)에서 유래하였다. 종소명
*nobilis*는 '기품 있다', '고귀하다'는 뜻이다.

월귤

늘푸른 넓은잎 작은키나무

월귤은 '월길(越桔)'에서 왔다. 중국 장강 남쪽에 있던 월(越)나라의 귤나무 잎과 닮았기 때문에 중국에서 붙인 이름이다. 길(桔)은 귤(橘)을 간략하게 쓴 글자이다. 키는 한 뼘 남짓하고 잎은 길이 1~2센티미터 남짓한 달걀 모양이다. 초여름에 하얀 꽃이 피고 나면 가을에 콩알 굵기의 빨간 장과가 달리는데 신맛이 난다. 설악산 이북의 고산 바위지대에 자란다.

과명 진달래과	영명 Cowberry
학명 *Vaccinium vitis-idaea*	중명 越橘
	일명 コケモモ(苔桃)

속명 *Vaccinium*은 작고 즙이 많은 과일을 뜻하는 라틴어 bacca에서 왔다고 한다.
종소명 *vitis-idaea*는 vitisi(포도)와 Idaea(크레타섬에 있는 산의 이름)의 합성어이다.

위성류

잎지는 넓은잎 중간키나무

위성류(渭城柳)는 '위성(渭城)에 자라는 버들(柳)'이란 뜻이다. 중국 중북부 산서성 서안(西安)의 서북쪽에 진(秦)나라의 수도였던 함양(咸陽)이란 옛 도읍지가 있다. 이곳을 위성이라고도 불렸는데, 당나라 때의 유명한 시인 왕유가 친구와 이별하면서 지은 〈송원이사안서(送元二使安西)〉라는 시에 "위성에 아침 비 내려 먼지를 씻어내니/객사의 버들잎은 더욱 푸르러지네"라고 했다. 위성에 버들이 많이 심겨 있었음을 짐작케 한다. 그러나 이 버들은 오늘날 우리가 생각하는 진짜 버들이 아니라 위성류였을 것으로 짐작된다. 위성류는 버들과 모양만 비슷하지 식물학적으로는 완전히 다른 나무이다. 작은 비늘잎이 어린가지를 감싸듯이 덮고 있어서 바늘잎나무인 측백나무 종류처럼 보이나 꽃이나 다른 특징으로 봐서 넓은잎나무로 분류한다.

과명 위성류과	영명 Chinese tamarisk
학명 *Tamarix chinensis*	중명 柽柳
	일명 ギョリュウ(檉柳, 御柳)

속명 *Tamarix*는 프랑스 남부 피레네 지방의 타마리스(Tamaris)강을 뜻한다. 종소명 *chinensis*는 중국을 뜻한다.

유동

잎지는 넓은잎 큰키나무

남해안 따뜻한 지방에 자라며 큰 잎사귀가 오동나무를 닮았고 탁구공보다 조금 작은 열매가 달린다. 3개씩 들어 있는 씨앗에서 기름을 짤 수 있어 '오동잎을 가진 기름 나무'란 뜻으로 유동(油桐)이라고 한다. 일본에서 들어온 **일본유동**도 있다. 북한 이름은 우리말로 풀어서 **기름오동나무**라 한다. 오동나무는 거문고를 비롯한 악기와 가구 등 일상에 쓰임새가 많아 집 근처에 심기도 하는 등 사람들과 친근한 나무다. 그래서 오동나무처럼 잎이 넓은 나무는 흔히 동(桐)을 넣어 별칭을 만들기도 했다. 누리장나무(취오동·臭梧桐), 예덕나무(야동·野桐), 음나무(자동·刺桐, 해동·海桐), 이나무(의동·椅桐) 등을 예로 들 수 있다.

과명 대극과	영명 Tongoil tree
학명 *Vernicia fordii*	중명 油桐
	일명 ㅎアブラギリ(油桐)

속명 *Vernicia*는 bernix(없어지다, 비다)를 어원으로 한다. 종소명 *fordii*는 영국의 채집가 포드(C. Ford·1844~1927)의 이름에서 따왔다.

육박나무

늘푸른 넓은잎 큰키나무

나무껍질이 육각형으로 얼룩지게 벗겨진다고 얼룩하다는 뜻의 한자 박(駁)을 써서 육박(六駁)나무란 이름이 붙었다. 실제로 얇은 나무껍질이 얼룩얼룩 벗겨진 모습을 보면 불규칙한 타원형이므로, 나무 이름대로 육각형이 연상되기도 한다. 전체적으로 껍질은 회청색 혹은 회갈색이며, 떨어진 자국이 처음에는 하얗게 보인다. 얼룩무늬 군복이 연상되는 독특한 모습이라 숲에서 가장 먼저 눈에 들어온다. 플라타너스의 나무껍질과도 닮았다. 육박나무는 남해안 및 섬에 자라는 늘푸른나무다. 껍질의 독특함을 두고 중국인들은 늙은 매(老鷹)의 점박이 얼룩 깃털을 떠올려 노응다(老鷹茶)란 이름을, 일본인들은 털갈이 전의 새끼 사슴(鹿子)의 얼룩 털을 생각하고 가고노키(鹿子の木)란 이름을 지었다.

과명 녹나무과
학명 *Actinodaphne lancifolia*

영명 Sword-leaf actinodaphne
중명 老鷹茶, 朝鮮木姜子
일명 カゴノキ(鹿子の木)

속명 *Actinodaphne*는 방사상을 뜻하는 actino와 그리스 신화에 나오는 요정의 이름 Daphne의 합성어이다. 종소명 *lancifolia*는 잎이 창처럼 생겼다는 뜻이다.

윤노리나무

잎지는 넓은잎 중간키나무

'윷을 만들어 윷놀이를 하는 나무'란 뜻에서 유래한 '윷놀이나무'가 발음이 쉬운 윤노리나무로 바뀌었다. 껍질이 얇고 매끄러우며 비중이 0.86에 이르러 박달나무에 맞먹을 만큼 단단한 나무다. 큰 윷보다 작은 윷을 만들기에 적당하며 던졌을 때 바닥에서 튀어 오르는 맛이 다른 나무보다 더 좋다고 한다. 일부 지방에서는 소코뚜레로도 사용하여 코뚜레나무라고도 한다.

과명 장미과
학명 *Photinia villosa*

영명 Oriental photinia
중명 毛叶石楠
일명 カマツカ(鎌柄)

속명 *Photinia*는 빛난다는 뜻의 그리스어 photeinos에서 유래한 말로 잎에 광택이 있다는 뜻이다. 종소명 *villosa*는 잎 표면에 연한 털이 있다는 뜻이다.

으름덩굴

잎지는 넓은잎 덩굴나무

열매의 과육이 얼음처럼 차갑고 하얀 빛깔이며, 맛이 달콤하고 씨앗이 씹힌다. 혀끝에 전해오는 느낌과 색깔이 얼음을 떠올리게 한다. 열매를 따 먹던 아이들이 '얼음'이라고 부르던 것이 '으름'이 된 것으로 짐작되며, 덩굴나무이기에 뒤에 '덩굴'을 붙여 으름덩굴이 되었다.

과명 으름덩굴과
학명 *Akebia quinata*

영명 Five-leaf chocolate vine
중명 木通
일명 アケビ(木通)

속명 *Akebia*는 열매가 익어서 벌어진다는 뜻의 일본 이름 아케비(アケビ)에서 유래했으며 종소명 *quinata*는 5개의 작은잎이라는 뜻이다.

으름덩굴

으아리

잎지는 넓은잎 덩굴나무

덩굴로 자라며 초본과 목본의 중간쯤에 있지만 나무로 취급한다. 으아리 종류의 뿌리는 한약재로 쓰며 위령선(威靈仙)이라 한다. 효능이 신선처럼 영험하다는 뜻이다. 《동의보감》 한글본과 《산림경제》 등에는 '술위나물불휘'라 했고 《물명고》에는 '어사리'라고 했다. '술위나무'에서 '어사리'가 된 과정을 찾기는 어려우나, '어사리'가 으아리로 변한 것이라 추정할 수 있다. 또 위령선이 혈액순환을 개선하는 등의 효과가 있어 '응어리를 풀어주는 풀'이란 뜻의 '응어리'가 변하여 으아리가 되었다고도 한다. 이외에 진짜 으아리라는 뜻의 **참으아리**, 꽃대가 좀 길게 홀로 올라온다는 **외대으아리**, 연꽃을 닮은 주먹만 한 큰 꽃이 피는 **큰꽃으아리** 등이 있다.

과명 미나리아재비과
학명 *Clematis terniflora* var. *mandshurica*

영명 Manchurian clematis
중명 辣蓼铁线莲
일명 タチセンニンソウ, ≒イレイセン(威靈仙)

속명 *Clematis*는 그리스어 klema(덩굴)에서 유래했으며 종소명 *terniflora*는 꽃이 3개씩 나온다는 뜻이다. 변종명 *mandshurica*는 만주를 뜻한다.

은백양

잎지는 넓은잎 큰키나무

사시나무 종류는 줄기가 하얗다고 해서 옛 이름이 백양(白楊)이다. 잎 뒷면에 하얀 털이 촘촘하여 새하얀 은빛이 나는 사시나무 종류를 두고 은백양(銀白楊)이라 한다. 유럽에서 들어온 큰 나무이며 조경수로 가끔 심는다.

과명 버드나무과
학명 *Populus alba*

영명 White poplar
중명 银白杨
일명 ギンドロ(銀泥)

속명 *Populus*는 라틴어로 '민중'이란 뜻이다. 고대 로마인들이 이 속 나무 아래서 집회를 열었다는 데서 유래했다. 종소명 *alba*는 하얗다는 뜻이다.

은백양

은행나무

잎지는 바늘잎 큰키나무

은행나무는 열매 모양은 살구(杏)를 닮았고, 씨앗 껍질은 회백색으로 거의 은(銀)빛이다. 그래서 은행(銀杏)이라 했다. 다른 이름은 잎이 오리발처럼 생겼다고 압각수(鴨脚樹), 나무를 심고 열매를 따려면 손자 대는 되어야 한다는 뜻으로 공손수(公孫樹)라고도 한다. 흔히 은행나무는 잎이 넓적한데 왜 소나무와 같이 바늘잎나무에 넣느냐고 의문을 나타낸다. 하지만 은행나무는 잎은 넓적하지만 나무의 세포 모양을 보면 헛물관으로 구성되어 바늘잎나무와 거의 같다. 식물학적으로 정확하게 나누려면 바늘잎나무 및 넓은잎나무와 같은 반열에 '은행나무'를 올려놓아야 하지만, 오직 한 종류밖에 없으므로 편의상 바늘잎나무에 넣는다.

과명 은행나무과
학명 *Ginkgo biloba*

영명 Maidenhair tree, Ginkgo
중명 銀杏
일명 イチョウ(銀杏)

속명 Ginkgo는 은행의 일본식 발음 ginkyou를 *Ginkgo*로 잘못 표기한 것을 린네가 그대로 쓴 것이다. 종소명 *biloba*는 2갈래로 갈라지는 잎 모양을 나타낸다.

은행나무

음나무(엄나무)

잎지는 넓은잎 큰키나무

음나무는 엄나무라 부르기도 한다.《동의보감》한글본,《역어유해(譯語類解)》,《물명고》등 옛 문헌에는 '엄나모'라고 기록되어 있다. 어릴 때 험상궂은 가시가 촘촘하므로 가시가 엄(嚴)하게 생겨서 붙은 이름이라고 한다. 모양새로만 본다면 음나무보다 엄나무가 특징을 더 잘 나타내는 것 같다.《국가표준식물목록》에는 음나무가 올바른 이름으로 등록되어 있으나 엄나무와 음나무를 같이 쓰고 있다. 북한에서는 **엄나무**가 정식 이름이다.

과명 두릅나무과	영명 Prickly castor oil tree
학명 *Kalopanax septemlobus*	중명 刺楸
	일명 ハリギリ(針桐)

속명 *Kalopanax*는 그리스어 kalos(아름답다)와 *Panax*(인삼속)의 합성어이다. 잎의 패인 모양이 인삼 잎과 닮아서이다. 종소명 *septemlobus*는 대체로 7갈래로 얕게 갈라진다는 뜻이다.

이나무

잎지는 넓은잎 큰키나무

이나무는 재질이 부드러우면서 질기고, 나무속은 거의 흰빛에 가깝다. 목재를 세로로 쪼개보면 나뭇결이 어긋나지 않고 곧바로 잘 갈라진다. 톱을 쓰지 않아도 비교적 매끈한 판자나 각재를 만들 수 있다. 손으로 모든 나무 제품을 만들던 시절에, 이런 성질은 의자를 비롯한 각종 물건을 만드는 데 안성맞춤이었다. 그래서 옛 이름은 '의자 나무'란 뜻의 의목(椅木)이었다. 이것이 우리말 '의나무'가 되고, 차츰 발음이 쉬운 이나무로 변한 것이다. 북한 이름은 한자 그대로 **의나무**이다. 남해안과 섬에 자라며 오동나무에 버금가는 큰 잎이 특징이라 의동(椅桐)이라고도 한다. 일본 이름 이이기리(飯桐)는 '큰 잎사귀로 주먹밥을 싸는 오동나무'란 뜻을 담고 있다.

과명 이나무과
학명 *Idesia polycarpa*

영명 Igiri tree
중명 山桐子
일명 イイギリ(飯桐)

속명 *Idesia*는 네덜란드 식물학자 이데스(E. Y. Ides·1657~1708)의 이름을 딴 것이며 종소명 *polycarpa*는 열매가 많다는 뜻이다.

이나무

이스라지

잎지는 넓은잎 작은키나무

이스라지란 이름은 앵두나무의 옛 이름 '이스랏'에서 왔다.《산림경제》제2권 종수(種樹)에 보면 "앵두는 자주 이사 다니기를 좋아하므로 이스랏(移徙樂)이라 한다"라고 했는데, 이스라지는 자라는 곳이 다를 뿐 열매가 앵두와 거의 똑같이 생겨서 같은 이름을 사용한 것으로 보인다. 이스라지를 한자로 적을 때는 욱리인(郁李仁)이라 하고, 우리말로는 '멧이스랏'이라고 적었다. '멧이스랏'은 '산에 자라는 이스라지'라는 뜻인데, 오늘날 산이스라지라는 식물은 따로 있다. 식물학적으로는 산이스라지가 기본종이며 이스라지가 변종이다. 이스라지는 벚나무 종류이나, 큰 나무가 되지 못하는 작은 나무이고 잎도 조그맣다. 북한 이름은 산앵두나무이다.

과명 장미과	영명 Oriental bush cherry
학명 *Prunus japonica* var. *nakaii*	

속명 *Prunus*는 자두를 뜻하는 라틴어 prum이 어원이다. 종소명 *japonica*는 일본을 뜻한다. 변종명 *nakaii*는 일본인 식물학자 나카이(T. Nakai · 1882~1952)의 이름에서 따왔다.

이팝나무

잎지는 넓은잎 큰키나무

이팝나무 꽃은 가느다랗게 4갈래로 갈라지며, 꽃잎 하나하나의 모습은 마치 뜸이 잘 든 밥알처럼 생겼다. 가지 끝마다 원뿔 모양의 꽃차례로 피어 잎이 보이지 않을 만큼 나무 전체를 뒤덮는다. 배고픔에 시달리던 옛사람들에겐 이팝나무 꽃의 모습이 수북하게 올려 담은 흰쌀밥 한 그릇과 닮아 보였다. 조선시대 임금님의 성이 이(李)씨이므로 벼슬을 해야 이씨가 주는 귀한 쌀밥을 먹을 수 있었다. 그래서 쌀밥을 '이(李)밥'이라 했다고도 한다. 꽃이 활짝 피었을 때 그 모습이 이밥 같다고 '이밥나무'라 하다가 지금의 이팝나무란 이름으로 변한 것으로 보인다. 이팝나무의 꽃 피는 시기가 대체로 음력 24절기의 입하(立夏) 전후이므로, 입하 때 꽃이 핀다는 의미로 '입하나무'로 부르다가 이팝나무로 변했다고도 한다.

과명 물푸레나무과
학명 *Chionanthus retusus*

영명 Retusa fringetree
중명 流苏树
일명 ヒトツバタゴ(一つ葉田子)

속명 *Chionanthus*는 그리스어 chion(눈雪)과 anthos(꽃)의 합성어이며, 종소명 *retusus*는 미세한 凹자형을 뜻한다.

인동덩굴

반상록 넓은잎 덩굴나무

'겨울(冬)도 참고 견디는(忍) 덩굴나무'란 뜻으로 인동(忍冬)덩굴이다. 옛 이름은 인동초(忍冬草)이다. 남부 지방에서는 겨울에도 거의 잎을 달고 있어서 늘푸른나무처럼 보이나, 북쪽 지방에서는 대부분 겨울에 잎이 져버리고 일부만 푸른 잎으로 남는다. 반상록이 되는 셈인데, 이는 어려운 환경이 닥쳐도 버텨내는 강인함을 상징한다. 사람들도 역경을 이겨낸 사람들을 인동덩굴에 비유했다. 김대중 대통령은 "나는 혹독했던 정치 겨울 동안 강인한 덩굴 풀 인동초를 잊지 않았습니다. 모든 것을 바쳐 한 포기 인동초가 될 것을 약속합니다"라고 자신의 인생역정을 인동덩굴에 빗대었다. 이외에 인동덩굴보다 털이 더 많다는 **털인동**, 잎 가장자리에 짧은 털만 있다는 **잔털인동**, 꽃부리 전체가 빨간 **붉은인동** 등이 있다.

과명 인동과	영명 Golden-and-silver honeysuckle
학명 *Lonicera japonica*	중명 忍冬
	일명 スイカズラ(吸い葛)

속명 *Lonicera*는 독일의 식물학자 로니처(A. Lonitzer·1528~1586)의 이름에서 따왔다. 종소명 *japonica*는 일본을 뜻한다.

일본목련

잎지는 넓은잎 큰키나무

이름 그대로 일본에서 온 목련이란 뜻이다. 늦봄 잎이 완전히 핀 다음 두 손으로 감싸 쥐어도 남을 만큼 큰 꽃이 피고, 아름드리로 자라는 큰 나무다. 일제강점기에 들여와서 지금은 조경수로 널리 심고 있다. 일본목련은 흔히 '후박나무'라고도 불린다. 일본에서 일본목련의 나무껍질을 약으로 쓸 때 생약명을 한자로 후박(厚朴)이라고 하는데, 처음 일본목련을 수입한 사람들이 그 이름을 가져다 '후박나무'란 이름을 붙여버렸다. 그러면서 원래 우리나라에서 자라던 진짜 후박나무와 이름이 중복되어 혼란이 생겼다. 북한 이름은 꽃 색깔에 연노란색이 들어 있는 특징을 살려 **황목련**이라 한다.

과명 목련과
학명 *Magnolia obovata*

영명 Japanese bigleaf magnolia
중명 和厚朴, 日本厚朴
일명 ホオノキ(朴の木)

속명 *Magnolia*는 프랑스 식물학자 마뇰(P. Magnol·1638~1715)의 이름에서 따왔다.
종소명 *obovata*는 달걀 모양의 잎을 나타낸다.

잎갈나무

잎지는 바늘잎 큰키나무

순우리말 이름은 잎갈나무 혹은 이깔나무다. 바늘잎나무 종류의 잎은 대부분 늘푸른잎인데, 잎갈나무는 바늘잎나무이면서도 '잎을 가는 나무'란 뜻의 이름대로 가을에 낙엽이 진다. 순우리말 이름인 잎갈나무를 한자로 표기한 이질가목(伊叱可木), 익가목(益佳木) 등의 이름이 우리 문헌에 등장한다. 잎갈나무는 백두산과 개마고원 북부에서 원시림을 이루는 대표적인 나무 중의 하나다.《지봉유설》의 화훼부에 "갑산의 객사(客舍)는 이 나무로 기둥을 했는데, 주춧돌을 쓰지 않았어도 백 년이 지나도록 새것과 같이 견고하고 오래간다"라고 했다.

오늘날 잎갈나무의 한자 이름은 '잎 지는 소나무'란 뜻의 낙엽송(落葉松)이지만, 이는 최근 만든 말이고 옛날에는 쓰지 않았다. 백두산에 나는 우리 잎갈나무는 잎갈나무라고 쓰고, 일본에서 수입한 **일본잎갈나무**는 낙엽송으로 따로 표기하여 구분하기도 한다. 북한에서는 잎갈나무를 **좀이깔나무**라고 부르며, 일본잎갈나무는 **창성이깔나무**라고 한다. 잎갈나무와 일본잎갈나무는 생김새가 거의 비슷한데 솔방울의 비늘 끝이 곧바르고 비늘의 숫자가 20~40개이면 잎갈나무, 비늘 끝이 뒤로 젖혀지고 비늘이 50개 이상이면 일본잎갈나무이다. 글로야 이렇게 쉽게 설명하지만 실제로 구분하긴 매우 어렵다. 대체로 우리 주변에서 흔히 만나는 잎갈나무는 대부분 일본잎갈나무라고 봐도 된다.

과명	소나무과	영명	Dahurian larch
학명	*Larix gmelinii* var. *olgensis*	중명	興安落叶松
		일명	チョウセンカラマツ（朝鮮唐松）

속명 *Larix*는 유럽잎갈나무(larch)의 옛 이름이며 수지가 많으므로 켈트어의 lar(풍부)에서 왔다. 종소명 *gmelinii*는 식물학자 그멜린(J. G. Gmelin · 1709~1755)을 기리기 위해 붙였다. 변종명 *olgensis*는 러시아 블라디보스토크 북동쪽에 위치한 올가만(灣)을 가리킨다.

잎갈나무

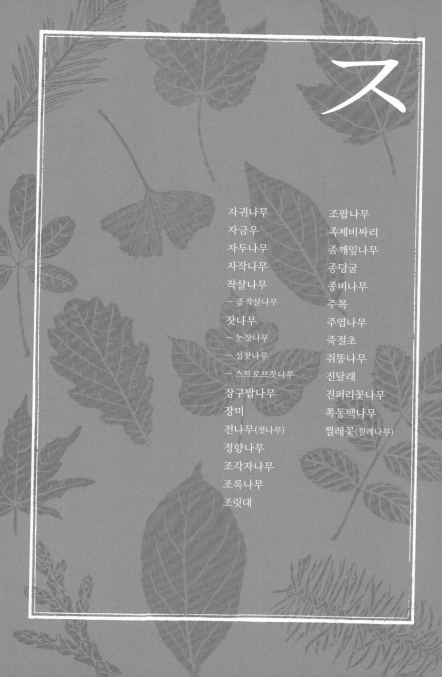

ㅈ

자귀나무

잎지는 넓은잎 중간키나무

새끼손톱 반 크기의 자잘한 자귀나무 잎들은 해가
지면 서로 닫히는 수면운동을 한다. 마주보는 잎사귀
가 닫히는 것이 남녀가 사이좋게 안고 잠자는 모습을 연상
시킨다. 때문에 한자로는 야합수(夜合樹), 합환수(合歡木), 합혼
수(合昏樹)라고 하여 부부의 금슬을 상징한다. 또 자괴목(佐槐木)
혹은 좌귀목(佐歸木)이라고도 하는데, 이 이름이 '좌귀나무', '자
괴나모'를 거쳐 지금의 자귀나무로 변한 것이다. 중국 이름은
한자로 남녀가 동침한다는 뜻의 합환(合欢)이고, 일본 이름 네무
노키(合歡木)의 뜻도 '잠자는 나무'이다. 우리 이름도 '잠자기 나
무'가 줄어 자귀나무가 되었다고도 볼 수 있다. 자귀대(목재를 다
듬는 데 쓰는 연장인 자귀의 손잡이)를 만들던 나무여서 자귀나무가 되
었다고도 한다.

과명 콩과	영명 Silk tree
학명 *Albizia julibrissin*	중명 合欢, 绒花树
	일명 ネムノキ(合歡木, 合歡の木)

속명 *Albizia*는 이탈리아에 자귀나무속을 처음 소개한 박물학자 알비치(F. d.
Albizzi·?~?)를 기념한 것이다. 종소명 *julibrissin*은 비단을 의미하는 페르시아어
gul-ebruschin에서 왔는데, 자귀나무 꽃의 모양을 나타내고 있다.

자금우

늘푸른 넓은잎 작은키나무

자금(紫金)은 부처님 조각상에서 나오는 신비한 빛을 일컫는 불교 용어다. 자금우(紫金牛)라고 하면 크고 웅장한 나무일 것만 같지만, 실제 자금우는 몸이 가느다랗고, 다 자라봐야 키가 한 뼘 남짓한 작은 나무다. 그 작은 몸이 다양한 효능이 있다 하여 한약재로 쓰이는데, 약재로서의 이름 '자금우'가 그대로 나무의 이름으로 붙은 것으로 짐작된다. 중국 이름을 그대로 쓰고 있다.

과명 자금우과
학명 *Ardisia japonica*

영명 Japanese ardisia
중명 紫金牛
일명 ヤブコウジ(藪柑子)

속명 *Ardisia*는 '창끝'이라는 뜻의 그리스어 ardis를 어원으로 한다. 수꽃술의 꽃밥 형상이 뾰족한 것을 나타낸다. 종소명 *japonica*는 일본을 뜻한다.

자금우

자두나무

잎지는 넓은잎 중간키나무

열매가 보랏빛(紫)이 강하고 복숭아(桃)를 닮았다는 뜻으로 '자도(紫桃)나무'라고 하다가 자두나무가 되었다. 삼국시대 초 중국에서 들어온 나무이며 이(李) 혹은 이자(李子)라고 한다. 《훈몽자회》나 《동의보감》 한글본에는 오얏이라 하였으며, 성씨 이(李)를 일컬을 때도 '오얏 이'라고 한다. 그러나 《동문선(東文選)》이나 《도문대작(屠門大嚼)》 등에는 자도로 나온다. 우리가 쓰는 표준명은 '자도나무'가 변한 자두나무지만, 순우리말인 오얏나무가 훨씬 정이 간다. 북한 이름은 **추리나무**인데, 자두의 또 다른 한자 이름 자리(紫李)가 추리로 변한 이름으로 보인다. 경상도 일부 지방에서도 자두나무를 추리나무라고 한다. 그 외 조경수로 잘 심는 **자엽꽃자두**가 있다. 잎은 나올 때부터 적자색이다가 차츰 색이 더 짙어지며, 연한 핑크빛 꽃이 핀다.

과명 장미과	영명 Plum tree
학명 *Prunus salicina*	중명 李
	일명 スモモ(酢桃, 李)

속명 *Prunus*는 자두를 뜻하는 라틴어 prum이 어원이며 종소명 *salicina*는 버드나무속(salix)과 잎 모양이 비슷하다는 뜻이다.

자작나무

잎지는 넓은잎 큰키나무

자작나무의 나무껍질은 두께 0.1~0.2밀리미터 남짓한 새하얀 층이 수십 겹으로 겹쳐 있다. 이것이 매끄럽고 잘 벗겨지므로 종이를 대신하여 불경을 새기거나 그림을 그리는 데 쓰였다. 또한 나무껍질엔 기름기가 많아 좀처럼 썩지 않을 뿐만 아니라 불을 붙이면 잘 붙고 오래간다. 추운 지방에서는 불쏘시개로 부엌 한구석을 차지했는데, 탈 때 '자작자작' 소리가 나서 자작나무가 된 것으로 짐작된다. 한자로 자작나무 껍질을 화피(樺皮)라고 하며, 벚나무 껍질도 같은 글자를 사용한다. 전혀 다른 나무의 껍질임에도 같은 글자로 표기한 것은 껍질을 활에 감는 데 쓰는 등 쓰임새가 같기 때문이다. 자작은 순우리말로, 이두 표기로는 자작(自作)으로 쓰기도 했다. 북한에서 시베리아에 걸친 추운 지방에 분포한다.

과명 자작나무과	영명 East Asian white birch
학명 *Betula pendula*	중명 樺樹
	일명 シラカンバ(白樺)

속명 *Betula*는 자작나무를 뜻하는 켈트어 옛말 betu에서 유래했으며 종소명 *pendula*는 아래로 처진다는 뜻이다.

자작나무

작살나무

잎지는 넓은잎 작은키나무

작살나무는 늦여름부터 작디작은 보라 구슬 열매를 푸른 잎 사이에 수없이 매단다. 한자로는 이름을 자주(紫珠)라 하여 열매의 특징과 잘 어울린다. 작살나무란 우리 이름은 보라색 쌀 자미(紫米)에서 유래를 찾을 수 있다. 잡곡밥은 보통 색을 띠기 마련인데, 작살나무 열매를 보고 자미를 연상하여 자(紫)쌀나무라 하다가 작살나무가 된 것으로 짐작된다. 또 작살나무의 가지는 정확하게 마주나기로 달리고 중심 가지와의 벌어진 각도가 60~70도 정도다. 그 모습이 약간 넓은 고기잡이용 작살과 닮아서 이런 이름이 생겨난 것으로 추측하기도 한다.

과명 마편초과	영명 East Asian beautyberry
학명 *Callicarpa japonica*	중명 日本紫珠
	일명 ムラサキシキブ(紫式部)

속명 *Callicarpa*는 그리스어 callos(아름다움)와 carpos(열매)의 합성어이다. 종소명 *japonica*는 일본을 뜻한다.

작살나무

좀작살나무

잎지는 넓은잎 작은키나무

과명 마편초과

학명 *Callicarpa dichotoma*

종소명 *dichotoma*는 둘로 갈라진다는 뜻이다.

영명 Purple beautyberry
중명 小紫珠
일명 コムラサキ(小紫)

좀작살나무 열매는 '좀' 자가 붙은 것에서 알 수 있다시피 지름이 2~3밀리미터 정도로 작살나무 열매보다 약간 작다. 우리 주위에 조경수로 흔히 심겨 있는 것은 열매가 앙증맞은 좀작살나무가 대부분이다. 작살나무는 잎 가장자리 전체에 톱니가 있고 꽃대가 잎겨드랑이에서 바로 나며, 좀작살나무는 잎 가장자리 밑부분 3분의 1 정도부터 톱니가 있고 꽃대는 잎겨드랑이와 약간 떨어져 있는 것이 차이점이다.

이외에도 남부 지방에 자라며 잎에 털이 많은 **새비나무**는 북한에서는 **털작살나무**라고 한다. 열매가 흰색인 원예품종 **흰작살나무**도 있다.

작살나무

잣나무

늘푸른 바늘잎 큰키나무

'잣이 달리는 나무'란 뜻으로 잣나무다. 우리나라, 만주 동부, 아무르강 유역에 걸쳐 자란다. 흔히 바늘잎나무의 대표로서 송백(松栢)이라면 소나무와 잣나무를 일컫는다고 알려져 있다. 그러나 잣나무는 중국 문화권의 중심인 중국 중동부에는 자라지 않으므로 중국 문헌에서 송백이라고 할 때의 백(栢)은 잣나무가 아니라 측백나무다. 먹을 수 있는 잣은 우리나라 잣나무에만 달린다.

과명 소나무과	영명 Korean pine
학명 *Pinus koraiensis*	중명 红松
	일명 チョウセンゴヨウ(朝鮮五葉)

속명 *Pinus*는 켈트어로 산을 뜻하는 pin에서 왔다는 설이 있고, 그리스 신화에서 유래했다는 설이 있다. 숲의 님프 피티스(Pitys)가 목동과 가축의 신 판(Pan)이 쫓아오자 소나무로 변신하여 도망쳤는데, 피티스란 이름이 변하여 *Pinus*가 되었다는 것이다. 종소명 *koraiensis*는 한국을 뜻한다.

눈잣나무

늘푸른 바늘잎 작은키나무

과명 소나무과
학명 *Pinus pumila*

종소명 *pumila*는 '낮다',
'작다'는 뜻이다.

영명 Dwarf Siberian pine
중명 偃松
일명 ハイマツ(這松)

설악산, 소백산, 태백산 등 중북부의 높은 산꼭대기에선 이름에 '누워 자란다'는 뜻의 '눈'이란 말이 붙은 나무를 만날 수 있다. 눈잣나무, 눈주목, 눈향나무가 그들이다. 그 외 눈측백은 이름과 달리 자생지에서도 곧추선 작은 나무로 자라기도 한다. 이렇게 '눈' 자가 붙은 나무들은 처음부터 누운 모습은 아니었다. 새나 동물에게 종자가 먹혀 원치 않는 높은 산꼭대기에서 살게 되었고, 추위 때문에 제대로 자라지도 못하고 억센 바람 탓에 한쪽으로 계속 쓰러지며 지냈다. 이렇게 누워서 오래 살다 보니 곧게 자라는 선조들의 형질을 어느덧 잊어버렸다. 그래서 평지에다 옮겨 심어놓아도 여전히 누워서 자란다.

섬잣나무

늘푸른 바늘잎 큰키나무

과명 소나무과
학명 *Pinus parviflora*
종소명 *parviflora*는 꽃이
작다는 뜻이다.

영명 Ulleungdo white
pine
중명 日本五针松
일명 ゴヨウマツ(五葉松)

'섬에 자라는 잣나무'란 뜻의
이름에서 이 나무의 성격을 짐작할
수 있다. 아무 섬에나 자라진 않고,
울릉도에만 자란다. 섬잣나무는
분류학적으로 나눌 수는 없지만 울릉도 섬잣나무와
정원수로 심는 섬잣나무, 통칭 **오엽송**(五葉松)이 있다. 둘은
같은 나무이나 일본인들이 오랫동안 섬잣나무를 개량하여
정원수인 오엽송을 만들었다. 가장 큰 차이점은 잎 길이로,
오엽송은 잎이 섬잣나무보다 훨씬 짧고 솔방울도 실편의
개수가 적으며 길이도 짧다.

잣나무

스트로브잣나무

늘푸른 바늘잎 큰키나무

과명 소나무과

학명 *Pinus strobus*

종소명 *strobus*는 원뿔
모양의 열매를 뜻한다.

영명 White pine,
　　　Eastern white pine

중명 北美喬松

일명 ストローブマツ

종소명 스트로부스(*strobus*)는 원뿔
모양의 열매, 즉 소나무 종류의
경우에는 솔방울을 뜻한다.
소나무 종류는 모두 솔방울이
특징인데 특히 솔방울을 강조한 것은 유달리 긴 솔방울을
가졌기 때문으로 보인다. 미국 동부가 원산지이며 빠르게
자라고 쓰임새가 많아 목재를 얻기 위해 심거나 조경수로
이용한다. 잎이 잣나무보다 더 가늘고 부드러워 북한
이름에는 '가는잎'이란 말이 붙었는데, 가는잎잣나무가 아니라
가는잎소나무라고 한다.

장구밥나무

잎지는 넓은잎 작은키나무

서남해안에서 사람 키 남짓 자라는 작은 나무다. 가을이면 작고 붉은 열매가 2~4개씩 붙어 붉게 익는데, 그 모습을 보고 장구 모양 방(梆)을 닮았다고 '장구방나무'라고 하다가 장구밥나무가 되었다. 방(梆)은 '빵'하고 소리가 난다는 의성어 방(邦)과 나무 목(木)을 합친 글자로 목어(木魚)나 목탁(木鐸) 등 나무로 만든 소리기구를 나타내는 한자이다. 북한 이름은 **장구밤나무**이다. 일본 이름 우오토리기(魚捕木)는 '고기 잡는 나무'란 뜻이다. 나무껍질의 섬유를 낚싯줄로 쓰거나 어망을 만드는 데 썼기 때문인 것으로 알려져 있다.

과명 피나무과
학명 *Grewia parviflora*

영명 Bilobed grewia
중명 扁担杆
일명 늑ウオトリギ(魚捕木)

속명 *Grewia*는 영국의 식물해부학자인 그루(N. Grew·1641~1712)의 이름에서 따왔다. 종소명 *parviflora*는 '작은 꽃'이란 뜻이다.

장미

잎지는 넓은잎 작은키나무

장미(薔薇)란 이름 중 먼저 장(薔)의 자획을 풀어보자. 장(薔)은
담벼락을 뜻하기도 하는 색(嗇) 위에 풀 초(艹)를 더해 이루어진
글자다. 즉 담벼락을 따라 자라는 식물을 뜻한다. 미(薇)는 글자
자체가 장미를 나타낸다. 또 《본초강목》에는 쓰러질 미(靡)를
써서 장미(薔蘼)라 하면서, 줄기가 담벼락에 쓰러져서 자란다고
했다. 아마 덩굴장미를 먼저 심고 가꾸었기 때문인 것으로 보인
다. 영어 이름 로즈(rose)는 장미꽃의 붉은색에서 온 이름이다.
동양의 이름 장미는 꽃보다 생태적인 특성을 보고 붙인 이름이
며, 서양의 이름인 로즈는 아름다운 꽃에서 떠올린 이름이다.

과명	장미과	영명	Rose
학명	*Rosa hybrida*	중명	月季花, 薔薇
		일명	バラ(薔薇)

속명 *Rosa*는 붉은색을 어원으로 하는 장미의 라틴어 옛말 rosa에서 왔다.
종소명 *hybrida*는 잡종을 뜻한다.

장미

전나무(젓나무)

늘푸른 바늘잎 큰키나무

표준명은 전나무이다. 그러나 어린 열매에선 젖과 비슷한 흰 수지가 나오므로, 잣이 달린다고 잣나무라고 하듯이 '젓나무'로 부르기도 한다. 한편《훈몽자회》등 한글을 표기한 옛 문헌에는 모두 '젓나무'로 나와 있다. 같은 나무가 전나무와 젓나무의 두 이름으로 통용되면서 혼란스러웠으나 지금은 표준명을 전나무로 통일하여 기재하고 있다.

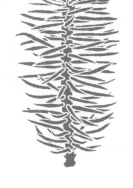

과명 소나무과	영명 Needle fir
학명 *Abies holophylla*	중명 沙松, 杉松
	일명 チョウセンモミ(朝鮮樅)

속명 *Abies*는 전나무 종류를 가리키는 고대 라틴어 abed에서 왔으며 '높다', '올라간다'는 뜻이다. 종소명 *holophylla*는 잎이 갈라지지 않는다는 의미이다.

정향나무

잎지는 넓은잎 작은키나무

수수꽃다리, 라일락과 형제 나무이다. 자홍색 꽃이 피는데 꽃자루가 길어 옆에서 보면 丁자 모양이며 향기가 강해서 정향(丁香)나무다. 열대지방에 자라는 전혀 별개의 정향나무도 있다. 몰루카제도가 원산지인 늘푸른잎 정향나무(*Syzygium aromaticum*)로서 꽃이 피기 전 봉오리를 따서 말린 것을 정향(丁香)이라 하여 예부터 수입하여 귀한 약재로 썼다. 우리 기록에도 흔히 등장하며 꽃봉오리가 못처럼 생겼고 역시 향이 강하다고 정향이란 이름이 붙었다.

과명 물푸레나무과
학명 *Syringa patula* var. *kamibayashii*

영명 Korean lilac
종명 紫丁香

속명 *Syringa*는 작은 가지로 만든 피리를 뜻하는 그리스어 syrinx에서 유래했으며 종소명 *patula*는 '다소 솟아오른', '흩어진'이라는 뜻이다. 변종명 *kamibayashii*는 일본인의 이름이다.

조각자나무

잎지는 넓은잎 큰키나무

주엽나무와 거의 똑같이 생겼으며, 약으로 쓰기 위하여 중국에서 들여온 나무다. 줄기에 발달하는 험상궂은 큰 가시를 조각자(皁角刺)라 하므로 나무 이름이 조각자나무가 되었다. 한자로는 주엽나무를 뜻하기도 하는 조협(皁莢)이라고 쓰기도 하였다. 옛사람들은 둘을 엄밀히 구분하지 않았으나, 식물학적으로 주엽나무와 조각자나무는 분명 종이 다르다. 조각자나무는 열매가 거의 곧은 반면 주엽나무는 열매가 꽈배기처럼 비틀리는 것이 차이점이다.

과명 **콩과**
학명 *Gleditsia sinensis*

영명 Chinese honeylocust,
Soap bean, Soap pod
중명 皂荚树
일명 シナサイカチ（支那皂莢）

속명 *Gleditsia*는 독일의 의사이자 식물학자 글레디슈(J. G. Gleditsch · 1714~1786)의 이름에서 따왔다. 종소명 *sinensis*는 중국을 뜻한다.

조각자나무

조록나무

늘푸른 넓은잎 큰키나무

조록나무의 잎이나 작은 가지에는 메추리알 크기, 때로는 거의 어른 주먹만 한 벌레혹이 붙어 있곤 한다. 처음에는 초록색이지만 차츰 진한 갈색의 작은 자루 모양이 된다. 껍데기가 단단하고 속이 비어 있어 입으로 불어 악기처럼 소리가 나게 할 수도 있다. 제주도 말로 자루(袋)를 조롱이라 하는데, '조롱을 달고 있는 나무'란 뜻의 '조롱낭'에서 조록나무가 되었다. 제주도에 자생하며 한 아름 넘게 자라는 큰 나무이다.

과명 조록나무과
학명 *Distylium racemosum*

영명 Evergreen witch hazel
중명 蚊母树
일명 イスノキ(蚊母樹)

속명 *Distylium*은 그리스어 dis(둘)와 stylos(암술대)의 합성어로 암술머리가 2개로 갈라진다는 뜻이다. 종소명 *racemosum*은 총상꽃차례를 갖고 있다는 뜻이다.

조록나무

조릿대

조리의 재료인 '조리 만드는 대나무'여서 조릿대가 되었다. 조릿대는 키가 1~2미터 남짓하고 굵기는 지름 3~6밀리미터 정도인 '미니 대나무'다. 줄기가 가늘고 유연성이 좋아 쉽게 비틀 수 있으므로 가볍고 물이 잘 빠져야 하는 조리의 재료로 안성맞춤이다. 옛날에는 가을에 벼를 베어 수확하면 흙 마당에서 바로 이삭을 털어내어 방아로 찧었으므로 쌀에 돌이 섞이기 마련이었다. 조리는 쌀을 담아 물속에서 흔들면서 돌을 골라내는 기구로 옛 부엌의 필수품이었다. 이외에 조경수로 흔히 심는 **사사조릿대**가 있다. 일본 원산이며 키가 조릿대보다 더 작아 난장이조릿대라고도 한다.

과명 벼과	영명 Sasamorpha, Sasa
학명 *Sasa borealis*	일명 ㅡ ササ(笹)

속명 *Sasa*는 일본 이름 사사(ササ)를 그대로 음역한 이름이며 종소명 *borealis*는 북방, 즉 아시아 북쪽에 자생한다는 뜻이다.

조팝나무

잎지는 넓은잎 작은키나무

조팝나무는 익어서 벌어진 열매의 모양이 좁쌀로 지은 조밥처럼 생겼다고 붙인 이름이다. '조밥나무'가 변하여 조팝나무가 되었다. 조팝나무 열매는 골돌과(骨突果)라고 부르는데, 꽃이 지고 얼마 지나지 않아 황갈색으로 익어 5개씩 달린다. 그 모습이 갓 지은 조밥을 그대로 닮았다. 또 무리 지어 피는 조팝나무의 작고 하얀 꽃이 그릇에 담아둔 조밥을 떠

올리게 하여 이런 이름이 붙었다고도 한다. 조팝나무 꽃은 고전 소설 〈별주부전〉에도 등장하며, 우리나라 산이나 들에 흔한 자그마한 나무다.

조팝나무는 종류가 많다. 하얀 꽃이 작은 접시 모양으로 피어 마치 작은 공을 쪼개어 펼쳐놓은 것 같은 **공조팝나무**, 늦봄에서 여름까지 가지 끝의 긴 꽃대에 분홍색 꽃이 원뿔 모양을 이루며 꼬리처럼 달리는 **꼬리조팝나무**, 중부 이북의 산에 주로 자라는 토종 조팝나무의 한 종류로 '참'이란 접두어가 붙은 **참조팝나무**, 줄기 뻗은 모습이 말갈기 같은 **갈기조팝나무**, 주로 중

조팝나무

국에 자란다고 중국을 뜻하는 '당'이 앞에 붙은 **당조팝나무**, 주로 산에 자란다는 **산조팝나무** 등이 있다.

과명 장미과	영명 Simple bridalwreath spirea
학명 *Spiraea prunifolia* f. *simpliciflora*	중명 ≒绣线菊
	일명 ≒シジミバナ(蜆花)

속명 *Spiraea*는 화환이나 나선무늬를 뜻하는 그리스어 spira에서 왔으며 종소명 *prunifolia*는 잎이 벚나무속(*Prunus*)을 닮았다는 뜻이다. 품종명 *simpliciflora*는 잎이 갈라지지 않는 홑잎이란 뜻이다.

조팝나무

족제비싸리

잎지는 넓은잎 작은키나무

족제비는 날렵한 생김새에 긴 꼬리가 특징이다. 족제비싸리가 꽃을 피울 때를 보면 곧추선 꽃대가 족제비의 꼬리와 영락없이 닮았다. 족제비 꼬리가 황갈색인 데 비하여 족제비싸리는 보라 꽃을 피우지만 열매가 익으면 짙은 갈색이 되고 꽃대의 길이가 7~15센티미터에 이른다. 잎사귀는 싸리 같고, 꽃대는 족제비 꼬리 같다고 하여 족제비싸리가 되었다. 일제강점기에 황폐한 산을 복구하기 위해 북아메리카에서 수입한 나무이다. 북한 이름은 **왜싸리**이다.

과명 콩과
학명 *Amorpha fruticosa*

영명 Indigobush amorpha, Shrubby amorpha
중명 紫穗槐
일명 イタチハギ（鼬萩）

속명 *Amorpha*는 그리스어로 기형이거나 불규칙한 모양새를 일컫는 amorphos에서 유래했으며 종소명 *fruticosa*는 관목 형태란 뜻이다.

좀깨잎나무

잎지는 넓은잎 작은키나무

잎이 깻잎을 닮았으나 잎 크기가 작으므로 작다는 뜻의 '좀'이
붙어 좀깨잎나무다. 좀깨잎나무 잎은 우리가 흔히 먹는 넓은 타
원형의 들깻잎이 아니라, 잎 가장자리에 큰 톱니가 있는 참깻잎
을 닮았다. 좀깨잎나무는 둑 밑의 습기가 많은 곳에 무리 지어
자란다. 북한 이름은 **새끼거북꼬리**이다. 초본인 거북꼬리에 비
하여 잎이 좁고 작다고 '새끼'가 붙은 것으로 보이며, 우리는 좀
깨잎나무의 다른 이름으로 쓰기도 한다.

과명 쐐기풀과
학명 *Boehmeria spicata*

영명 Spicate false nettle
중명 小赤麻
일명 コアカソ(小赤麻)

속명 *Boehmeria*는 독일의 비텐베르크대학 식물학 교수 뵈머(G. R. Boehmer·1723
~1803)의 이름에서 따왔다. 종소명 *spicata*는 미상꽃차례를 뜻한다.

좀깨잎나무

종덩굴

잎지는 넓은잎 덩굴나무

짙은 보랏빛 꽃이 종(鐘)을 닮았고 덩굴로 자란다고 종덩굴이라한다. 초여름에 피는 꽃은 탁구공만 한 크기이며 꽃의 색깔에따라 다른 이름이 붙는다. 꽃이 짙은 자갈색인 **검종덩굴**, 선명한 보라색 꽃이 피는 **자주종덩굴**을 예로 들 수 있다. 이외에도바위가 많은 곳에 잘 자라는 **바위종덩굴**, 잎이 주로 삼출엽인**세잎종덩굴** 등이 있다. 종덩굴의 북한 이름은 **수염종덩굴**이다.

과명 미나리아재비과
학명 *Clematis fusca* var. *violacea*

영명 Violet stanavoi clematis
중명 ≒铁线莲
일명 ≒キンチャクヅル

속명 *Clematis*는 덩굴을 뜻하는 그리스어 klema에서 유래하였고 종소명 *fusca*는 잎이 셋씩 나오는 삼출엽을 뜻한다. 변종명 *violacea*는 보라색을 뜻한다.

종덩굴

종비나무

늘푸른 바늘잎 큰키나무

북한의 개마고원 등 추운 지방에서 아무르강, 러시아 동부에 걸쳐 자라는 한대성 수종이다. 가문비나무와 속(屬)이 같고 가까운 형제 나무로 나무껍질의 색이 가문비나무보다 약간 밝긴 하지만 매우 닮았다. 하지만 가문비나무와 다른 종임을 나타내기 위해 새로운 이름이 필요했는데, 한반도 북부에 비교적 흔한 전나무를 뜻하는 종(樅)을 앞에 두고, 뾰족한 잎이 비자나무와 닮았으므로 비자나무 비(榧)를 합쳐서 종비나무란 이름을 새롭게 지은 것이다.

과명 소나무과
학명 *Picea koraiensis*

영명 Korean spruce
중명 红皮云杉
일명 チョウセンハリモミ
　　（朝鮮針樅）

속명 *Picea*는 송진을 뜻하는 pix에서 유래하였다. 종소명 *koraiensis*는 한국을 뜻한다.

주목

늘푸른 바늘잎 큰키나무

주목은 나이를 먹으면 세로로 껍질이 벗겨지
면서 붉은 빛을 띤다. 목재도 속살은 붉은 빛이
돈다. 그래서 주목(朱木)이라 하고, 때로는 적목(赤木)
이라고도 부른다. 열매도 앵두처럼 맑고 깨끗한 빨간 색이다. 예
부터 붉은색은 사악한 것을 쫓아내는 벽사(辟邪)의 의미가 있어
귀한 나무로 취급했다. 다른 이름은 경목(慶木)이다. 임금님 알현
에 필수품인 홀(笏)을 비롯하여 생활용품, 임금님의 관재로도 이
용되었다. '살아 천 년 죽어 천 년'이라는 말대로 천 년을 훌쩍
넘겨 살고, 죽은 다음에도 천 년이 넘도록 썩지 않는다. 강원도
정선 두위봉의 천연기념물 제433호 주목이 1천 4백 살이어서
살아 천 년을, 백제 무령왕릉에서 나온 1천 5백 년 된 머리고임
(頭枕)이 주목으로 만든 것이어서 죽어 천 년을 입증한다.

과명	주목과	영명	Rigid-branch yew
학명	*Taxus cuspidata*	중명	东北红豆杉
		일명	イチイ(一位)

속명 Taxus는 활을 뜻하는 라틴어 옛말인 taxos에서 왔으며 종소명 *cuspidata*는
갑자기 뾰족해진다는 의미로 주목 잎끝의 특징을 나타낸다.

주엽나무

잎지는 넓은잎 큰키나무

주엽나무 열매는 조협(皂莢)이라 하여 예부터 약재로 쓰였다. 멀리는 고려 고종 때의 〈한림별곡(翰林別曲)〉에 등장하고, 《세종실록 지리지(世宗實錄 地理志)》 등에도 나온다. '조협나무'가 변하여 주엽나무가 된 것인데, 《동의보감》 한글본에서 이미 '주엽나모'라고 하였으니 조협이 주엽으로 바뀐 지는 오래되었다. 또 '쥐엄나무'란 이름도 있다. 주엽나무의 잘 익은 열매 속에는 약간 단맛이 나는 잼 같은 것이 들어 있곤 해서 쥐엄떡(인절미를 송편처럼 빚고 팥소를 넣어 콩가루를 묻힌 떡)을 떠올리게 하기 때문에 붙은 이름으로 짐작된다. 이 '쥐엄나무'가 변하여 주엽나무가 되었다고도 한다.

과명 콩과
학명 *Gleditsia japonica*

영명 Japanese honey locust
중명 山皂角
일명 サイカチ(皂莢)

속명 *Gleditsia*는 독일의 의사이자 식물학자 글레디슈(J. G. Gleditsch·1714~1786)의 이름에서 따왔다. 종소명 *japonica*는 일본을 뜻한다.

주엽나무

죽절초

늘푸른 넓은잎 작은키나무

줄기에 가지가 잘 발달하지 않고, 잎이 달리는 부분이 대나무의 마디처럼 보여서 '대나무 마디 풀'이란 뜻으로 죽절초(竹節草)라고 한다. 당연히 풀이 아니라 나무이며, 늦가을에 달리는 콩알 굵기의 빨간 열매가 보기 좋아 조경수로 심는다. 제주도의 낮은 지대에 드물게 자란다.

과명 홀아비꽃대과
학명 *Sarcandra glabra*

영명 Glabrous sarcandra herb
중명 草珊瑚
일명 センリョウ(仙蓼, 千両)

속명 *Sarcandra*는 이 속의 나무를 부르는 중국의 옛 이름이라고 하며 종소명 *glabra*는 털이 없다는 뜻이다.

쥐똥나무

잎지는 넓은잎 작은키나무

가을에 익는 새까만 열매의 크기와 색깔이 쥐똥을 닮
았다고 쥐똥나무다. 그러나 징그러운 이름과는 달리 흰 꽃이
예쁘고 향기도 좋다. 쥐는 사람들이 싫어하는 동물인데 하필이
면 왜 쥐똥이란 말을 나무 이름에 붙였는지 지금의 생각으론
이해하기 어렵다. 북한 이름은 **검정알나무**이다. 이외에 상동나
무와 잎이 닮았다는 **상동잎쥐똥나무**, 울릉도에 자라는 **섬쥐똥
나무**, 잎이 크고 반상록수인 **왕쥐똥나무** 등이 있다.

과명 물푸레나무과
학명 *Ligustrum obtusifolium*

영명 Border privet
중명 水蜡树
일명 イボタノキ（水蝋樹, 疣取木）

속명 *Ligustrum*은 ligare(묶다)에서 유래하였다. 이 속 나무의 가지로 다른 물건을
묶을 수 있어서다. 종소명 *obtusifolium*은 끝이 둔한 잎을 가졌다는 뜻이다.

진달래

잎지는 넓은잎 작은키나무

진달래의 중세어형은 '진둘외'나 '진둘위'라고 하며 진(眞)+둘외(들꽃)를 원형으로 보고 있다. '진둘외'나 '진둘위'가 진달래가 되었다고 한다. 《향약집성방(鄕藥集成方)》(조선 세종 대에 발간된 의학서)에 나오는 진월배(盡月背)란 이름을 진달래의 초기 형태로 보고 있다. 달래나 산달래의 연한 보랏빛 꽃보다 더 진한 꽃이 핀다는 뜻이라는 풀이도 있다. 같은 진달래도 흙의 산도와 유전 형질에 따라 빛깔이 조금씩 달라진다. 꽃잎 색이 연한 연(軟)달래, 표준색깔의 진(眞)달래, 아주 진한 난(蘭)달래로 나눠 부르기도 한다. 진달래꽃은 식품이나 약으로 이용하기 때문에 일부 지방에서는 '참꽃'이라 하고, 독이 있어 먹지 못하는 철쭉꽃은 '개꽃'이라고 한다.

과명 진달래과	영명 Korean rhododendron
학명 *Rhododendron mucronulatum*	중명 迎红杜鹃
	일명 カラムラサキツツジ(唐紫躑躅), ゲンカイツツジ(玄海躑躅)

속명 *Rhododendron*은 그리스어 rhodon(장미)과 dendron(나무)의 합성어로 붉은 꽃이 피는 나무란 뜻이다. 종소명 *mucronulatum*은 잎끝이 다소 뾰족한 철두(凸頭) 형태라는 뜻이다.

진퍼리꽃나무

늘푸른 넓은잎 작은키나무

땅이 질어 질퍽한 벌을 진펄 혹은 진퍼리라고 한다. 진퍼리꽃나무는 이 나무가 진퍼리에 자라서 붙은 이름이다. 주로 북한의 추운 지방 습지에 자란다. 잎은 작고 두꺼우며 양면에 인모(鱗毛)가 촘촘하다. 늦봄 가지 끝에 작디작은 항아리 모양의 하얀 꽃이 아래로 향하여 핀다.

과명 진달래과
학명 *Chamaedaphne calyculata*

영명 Leatherleaf
중명 地桂, 湿原躑躅
일명 ヤチツツジ(谷地躑躅)

속명 *Chamaedaphne*는 그리스어로 작다는 뜻의 chamai와 신화에 나오는 요정의 이름인 Daphne의 합성어이다. 종소명 *calyculata*는 꽃받침이 있다는 의미이다.

진퍼리꽃나무

쪽동백나무

잎지는 넓은잎 중간키나무

'쪽'이란 말에는 여러 의미가 있으나 쪽문, 쪽배처럼 '작다'는 뜻이 있다. '동백나무보다 열매가 작은 나무'란 의미로 쪽동백나무가 된 것이다. 동백나무가 자라지 않는 지역에 사는 여인들은 동백기름 대신에 쪽동백나무나 때죽나무 혹은 생강나무 씨앗에서 짠 머릿기름을 썼다.

과명 때죽나무과
학명 *Styrax obassis*

영명 Fragrant snowbell
중명 玉铃花
일명 ハクウンボク(白雲木)

속명 *Styrax*는 안식향나무(*Styrax benzoin*)를 뜻하는 셈족의 단어인 storax가 고대 그리스어, 라틴어를 거쳐 속명이 된 것이다. 종소명 *obassis*는 일본어 오오바지샤(オオバヂシャ)에서 유래했으며 잎이 크다는 뜻이다.

찔레꽃(찔레나무)

잎지는 넓은잎 작은키나무

작은 가시가 나 있으므로 '찌르는 꽃나무' 혹은 '찌르는 나무'에서 찔레꽃이나 찔레나무가 되었다. 《훈몽자회》나 《동의보감》한글본에는 '딜위', 《물명고》에는 '찔늬나무'라고 했다. '딜위'는 '찌르'에 '위'가 붙은 형태로 '찌르다'가 된소리가 되면서 '찌르다'로 변하고 명사화 접속사인 '-에'가 붙어 찔레가 되었다고 한다. 이연실의 〈찔레꽃〉, 장사익의 〈찔레꽃〉 등의 노래에서 찔레꽃은 대부분 하얀 꽃으로 묘사되며 실제로도 그렇다. 다만 백난아의 〈찔레꽃〉은 "찔레꽃 붉게 피는…"으로 시작한다. 해당화를 두고 붙인 노랫말로 보인다. 비슷한 나무로 가시가 용의 발톱처럼 험상궂다는 **용가시나무**가 있다. 용가시나무는 땅에 붙어 자라는데, 가시가 찔레보다 더 날카롭지는 않다.

과명	장미과	영명	Multiflora rose
학명	*Rosa multiflora*	중명	野薔薇
		일명	ノイバラ(野茨)

속명 *Rosa*는 붉은색을 어원으로 하는 장미의 라틴어 옛말 rosa에서 왔다.
종소명 *multiflora*는 꽃이 많이 핀다는 뜻이다.

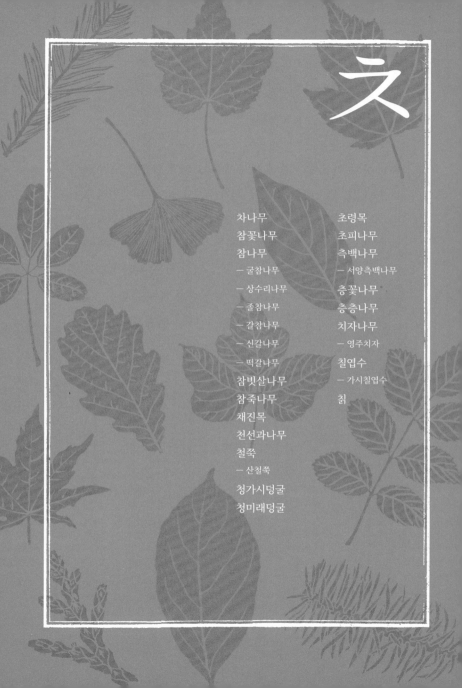

ㅊ

차나무

늘푸른 넓은잎 작은키나무

차나무의 원산지인 중국 남부에서는 원래 찻잎을 우린 물을 '테(Te)'라고 했는데, 북쪽으로 전해지면서 '차'로 바뀌었다고 한다. 차를 뜻하는 한자 차(茶)의 중국 발음이 '차'이며 우리도 그대로 받아들여 '차'라고 부른다. 차는 원래 차나무 잎을 우린 것이지만, 찻잎이 아닌 다른 식물성 재료를 우린 물도 흔히 차라고 한다. 다른 한자와 결합할 때는 다반사(茶飯事), 다례(茶禮), 다방(茶房)처럼 '다'로 읽는 경우가 많다.

과명 차나무과
학명 *Camellia sinensis*

영명 Tea camellia
중명 茶
일명 チャノキ(茶の木)

속명 *Camellia*는 필리핀에 머물며 동아시아 식물을 연구한 선교사 카멜(G. J. Camel·1661~1706)의 이름에서 따왔다. 종소명 *sinensis*는 중국을 뜻한다.

차나무

참꽃나무

잎지는 넓은잎 중간키나무

제주도의 숲 가장자리에 자라며 진달래나 철쭉과 가까운 사이이다. 한자로는 진척촉(眞躑躅)이라 쓰고, '참철쭉나무'라고 하다가 과정은 알 수 없으나 참꽃나무로 변했다고 한다. 진달래나 철쭉보다 나무가 더 크게 자라며 꽃도 더 크고 주홍색의 꽃 색깔도 예쁘므로 '진짜 꽃나무'란 뜻으로 참꽃나무라 부른 것이라고도 한다. 남부 지방에서는 배고픈 봄날에 먹을 수 있는 꽃이라 하여 진달래를 '참꽃'이라고 하나 참꽃나무와는 관계가 없다. 진달래나 철쭉과 달리 잎이 마름모꼴이거나 둥글다. 북한 이름은 **제주참꽃나무**이다.

과명 진달래과	영명 Weyrich's azalea
학명 *Rhododendron weyrichii*	일명 オンツツジ(雄躑躅)

속명 *Rhododendron*은 그리스어 rhodon(장미)과 dendron(나무)의 합성어로 붉은 꽃이 피는 나무란 뜻이다. 종소명 *weyrichii*는 러시아의 군의관이며 식물수집가인 베이리히(H. Weyrich·1828~1863)의 이름에서 따왔다.

참나무

잎지는 넓은잎 큰키나무

참나무는 한자로 진목(眞木)이라고 쓴다. '진짜 나무'란 뜻이다. 열매인 도토리를 흉년 때 대용식으로 먹을 수 있고, 목재가 단단하고 잘 썩지 않는 좋은 나무이기 때문이다. 우리 주변에 흔하기까지 하다. 참나무는 굴참나무, 상수리나무, 졸참나무, 갈참나무, 신갈나무, 떡갈나무 6종을 따로 구분하지 않고 한꺼번에 말할 때 부르는 이름이다. 참나무의 열매를 도토리라고 하는데, 상수리나무 열매만 따로 상실(橡實)이라고 부르기도 한다. 도토리는 '돼지가 먹는 밤'이란 뜻이며《향약구급방》에는 저의율(猪矣栗)이라 했다. 돼지의 옛 말이 '돝'이므로 '돝의 밤'이 돝이밤-도틱밤-도토밤으로 변하고 '도톨밤'을 거쳐 '도톨'에 접미사 '-이'가 붙어 도토리가 되었다 한다.

과명 참나무과	영명 Oak
학명 *Quercus* spp.	종명 栎
	일명 ナラ(楢)

속명 *Quercus*는 켈트어 quer(질 좋은)와 cuez(재목)의 합성어이다.

굴참나무

잎지는 넓은잎 큰키나무

과명 참나무과
학명 *Quercus variabilis*

종소명 *variabilis*는
다양하다는 뜻이며 잎의 모양
변이가 심한 데서 유래하였다.

영명 Oriental cork oak
중명 栓皮栎
일명 アベマキ(橉)

굴참나무는 나이를 먹으면서 줄기에
두꺼운 코르크 껍질이 발달하여
세로로 불규칙하게 깊은 골이 팬다.
'골이 지는 참나무'에서 굴참나무가
된 것이다.

상수리나무

잎지는 넓은잎 큰키나무

과명 참나무과
학명 *Quercus acutissima*

종소명 *acutissima*는
날카롭다는 뜻이며 잎
가장자리의 톱니가 예리한
데서 유래하였다.

영명 Sawtooth oak
중명 麻栎
일명 クヌギ(橺)

상수리나무 열매를 가리키는 한자어
상실(橡實)에 '-이'가 붙어 '상실이
나무'라고 하다가 상수리나무가
되었다. 또 임진왜란 때 임금님의
수라상에 상수리나무 도토리묵을 흔히 올렸다고
'상수라'라고 하다가 '상수리'가 되었다고도 한다.
북한에서는 상수리나무만 **참나무**라고 부른다.

졸참나무

잎지는 넓은잎 큰키나무

과명 참나무과
학명 *Quercus serrata*
종소명 *serrata*는 잎
가장자리에 잔톱니가 있음을
뜻한다.

영명 Jolcham oak
중명 枹栎
일명 コナラ(小楢)

'졸'은 작은 것을 이를 때 쓰는
말이다. 작은 열매가 많이 매달려
있는 모양을 '조랑조랑'이라고 하며,
작은 말을 두고 조랑말이라고
부른다. '조롱조롱' 역시 작은 열매가 달린 모양을 나타낸다.
'가장 작은 잎을 가진 참나무'란 뜻의 '조랑참나무' 혹은
'조롱참나무'에서 졸참나무가 되었다. 한자 졸(卒)로 보더라도
졸병이라고 하면 군에서는 가장 낮은 계급이며, 보잘 것 없고
작다는 뜻이다. 일본 이름 역시 '작은 참나무'란 뜻이다. 한편
《향약집성방》에 곡약(槲若)의 향명을 소리진목(所里眞木)이라
했는데, 이것이 '소리참나무', '조리참나무'를 거쳐 졸참나무가
되었다는 견해도 있다. 그러나 졸참나무의 특징으로 봐서는
잎이나 열매가 작다는 뜻에서 왔다는 쪽이 더 설득력이 있다.

갈참나무

잎지는 넓은잎 큰키나무

과명 참나무과
학명 *Quercus aliena*
종소명 *aliena*는 외국, 혹은
다르다는 뜻이다.

영명 Galcham oak
중명 槲櫟
일명 ナラガシワ(楢柏)

'가을참나무'에서 갈참나무가
되었다. 다른 참나무와 마찬가지로
갈참나무도 갈색 단풍이 든다.
갈참나무 잎은 '갈잎'이라 하는데, 잎이 크고 가장자리가
뭉실뭉실하며 단풍이 들어 땅에 떨어질 때 세로로 동그랗게
오그라드는 경향이 있다. 때문에 바람에 이리저리 실려 다니기
쉽다. "엄마야 누나야 강변 살자/뜰에는 반짝이는 금모래
빛/뒷문 밖에는 갈잎의 노래/엄마야 누나야 강변 살자"는
김소월의 시에 나오는 갈잎도 갈참나무 잎으로 짐작하고
있다. 갈참나무는 구릉지에 많이 자라므로 사람들이 쉽게
만날 수 있는 참나무 종류다. 창덕궁이나 종묘, 조선왕릉에도
갈참나무가 가장 많다.

참나무

신갈나무

잎지는 넓은잎 큰키나무

과명 참나무과
학명 *Quercus mongolica*
종소명 *mongolica*는 몽골을
뜻한다.

영명 Mongolian oak
중명 蒙古櫟
일명 モンゴリナラ(蒙古楢)

신갈나무는 조금 높은 산 능선을
따라 주로 자란다. 평지에서는 거의
잎이 다 피고도 한참 지난 늦봄에
연초록의 새잎을 내민다. 이때 새잎이 깨끗하고 신선하여 눈에
잘 띄므로 '새로 잎을 간 나무'란 뜻으로 신(新)갈나무가 되었다.
또 옛날 나무꾼들이 숲속에서 짚신 바닥이 헤지면 신갈나무
잎을 깔곤 했기에 '신갈이나무'라고 부르다가 신갈나무가
되었다고도 한다.

떡갈나무

잎지는 넓은잎 큰키나무

과명 참나무과
학명 *Quercus dentata*
종소명 *dentata*는 잎
가장자리에 치아 모양의
톱니가 있다는 뜻이다.

영명 Korean oak
중명 槲樹
일명 カシワ(柏, 槲)

나무 종류 중에는 잎이 가장 크고
두꺼우며 뒷면은 짧은 털이 촘촘하여
마치 융단을 깔아둔 것 같다. 옛날
떡을 찔 때 시루 밑에 떡갈나무 잎을
깔거나 떡 사이사이에 넣어두어
떡이 달라붙는 것을 막고 잎 향기가
떡에 스며들게 하는 데 쓰였다.
떡갈나무란 '떡을 찔 때 잎을 깔 수
있는 나무' 혹은 '떡을 찔 때 깔 수
있는 잎을 매다는 나무'란 뜻이다.

참나무

참빗살나무

잎지는 넓은잎 중간키나무

사철나무속 나무들 중 참빗살나무, 참회나무, 화살나무, 회나무 등 잎지는나무들은 잎이 두껍고 표면이 반질거려 뜨거운 햇빛에 잘 견디는 편이다. 참빗살나무도 빛살에 강한 '빛살나무'인데 높이 10여 미터에 줄기 지름 한 뼘 이상으로 자랄 수 있는 큰 나무라서 '진짜 빛살나무'란 뜻의 참빛살나무란 이름이 붙었고, 이후 부르기 쉽도록 참빗살나무가 된 것이다. 참빗을 만들던 나무라는 말도 있으나 비중이 0.7 정도여서 빗을 만들었을 가능성은 낮다. 참빗은 비중 0.9가 넘는 박달나무로 주로 만든다.

과명 노박덩굴과

학명 *Euonymus hamiltonianus*

영명 Hamilton's spindletree

일명 マユミ(真弓, 檀)

속명 *Euonymus*는 그리스어 eu(좋음)와 onoma(이름)의 합성어인데, '좋은 평판'이란 뜻이다. 종소명 *hamiltonianus*는 식물학자 해밀튼(F. Hamilton·1762~1829)의 이름에서 따왔다.

참죽나무

잎지는 넓은잎 큰키나무

채식을 하는 스님들은 참죽나무의 새잎으로 나물이나 장아찌를 만들어 반찬으로 즐겨 먹는다. 때문에 '진짜 중 나무'란 뜻의 진승목(眞僧木)이라 쓰고 '참중나무'라고 부르다가 그 이름이 변하여 참죽나무가 된 것으로 짐작된다. 참죽나무를 가리키는 한자는 춘(椿)인데, 같은 한자가 일본에선 동백나무를 뜻한다. 혼동하지 않도록 주의할 필요가 있다. 잎이 참죽나무와 비슷하게 생겼지만 먹을 수 없는 가죽나무의 이름은 가승목(假僧木)에서 온 것이다.

과명 멀구슬나무과	영명 Chinese cedrela
학명 *Toona sinensis*	중명 香椿
	일명 チャンチン(香椿)

속명 *Toona*는 인도에서 이 속의 나무를 부르는 이름 tun에서 유래하였다. 종소명 *sinensis*는 중국을 뜻한다

채진목

잎지는 넓은잎 중간키나무

일본 이름을 우리 이름으로 받아들인 것이다. 옛날 일본 장수
들이 싸움터에서 쓰던 지휘용 채(采)는 먼지떨이마냥 끝에 가죽
이나 천을 좁고 길게 썰어 붙여둔 형태였다. 채진목의 가늘고 긴
흰 꽃잎의 모양이 이렇게 생겼고, 특히 장수가 채(采)를 흔드는
(振) 모습이 그대로 연상된다고 하여 채진목(采振木)이 되었다. 북
한 이름은 **독요나무**이다.

과명 장미과	영명 Asian serviceberry
학명 *Amelanchier asiatica*	중명 東亞唐棣
	일명 ザイフリボク(采振り木)

속명 *Amelanchier*는 프랑스 남부 프로방스 지방에서 이 속의 나무를 부르는
이름이며, 종소명 *asiatica*는 아시아를 뜻한다.

채진목

천선과나무

잎지는 넓은잎 작은키나무

천선과(天仙果)나무는 우리나라에 자생하는 토종 무화과나무다. '하늘의 신선이 먹는 과일'이란 뜻의 중국 이름을 그대로 쓴다. 구슬만 한 크기의 말랑말랑한 열매는 진한 보랏빛이 돈다. 젖먹이 애기를 둔 엄마의 젖꼭지와 모양이나 색깔이 아주 흡사하여 순우리말로는 젖꼭지나무라고도 한다. 무화과처럼 꽃이 주머니 속에 들어 있으며, 육질이 부드럽고 작은 씨앗이 씹히는 것은 같으나 단맛은 훨씬 떨어진다.

<table>
<tr><td>과명 뽕나무과</td><td>영명 Erect fig</td></tr>
<tr><td>학명 Ficus erecta</td><td>중명 天仙果</td></tr>
<tr><td></td><td>일명 イヌビワ(犬枇杷)</td></tr>
</table>

속명 Ficus는 무화과나무를 가리키는 라틴어 고어이며 종소명 erecta는 곧바르다는 뜻이다.

철쭉

잎지는 넓은잎 작은키나무

철쭉의 원래 이름은 양척촉(羊躑躅)이었다. 한자로 머뭇거릴 척(躑) 자에 머뭇거릴 촉(躅) 자를 쓰는데 양이 철쭉을 먹으면 비틀거리다가 죽어버린다는 뜻이 담겨 있다. 척촉(躑躅)과 양척촉을 같이 사용하다가 차츰 척촉으로만 부르게 되었으며 이것이 변해 우리 이름으로 철쭉이 되었다. 실제로 철쭉과 산철쭉에는 독이 있어서 양이 먹지 않는다. 전북 남원의 바래봉은 1970년대에 면양을 방목하던 곳인데, 양들이 다른 식물은 모두 먹어 없애도 산철쭉만은 먹지 않았기에 오늘날 산철쭉 군락지가 되었다. 북한 이름은 **철죽나무**이다.

과명 진달래과
학명 *Rhododendron schlippenbachii*

영명 Royal azalea
중명 大字杜鵑
일명 クロフネツツジ(黒船躑躅)

속명 *Rhododendron*은 그리스어 rhodon(장미)과 dendron(나무)의 합성어로 붉은 꽃이 피는 나무란 뜻이다. 종소명 *schlippenbachii*는 한국 식물을 수집한 독일 해군 장교 슐리펜바흐(B. A. Schlippenbach·1828~?)의 이름에서 따왔다.

산철쭉

잎지는 넓은잎 작은키나무

과명 진달래과

학명 *Rhododendron yedoense* f. *poukhanense*

종명 *yedoense*는 일본 도쿄의 옛 이름인 에도에서 유래하였다. 또 품종명 *poukhanense*는 서울의 북한산을 뜻한다.

영명 Korean azalea

산에 잘 자란다는 뜻으로 앞에 '산'이 붙었으며 정상 부근에 무리를 이루어 자란다. 우리나라 고산지대에 자라는 것은 대부분 산철쭉이므로 남원 바래봉, 합천 황매산 등 중남부 지방의 '철쭉 축제'는 대부분 '산철쭉 축제'라 해야 맞다. 철쭉은 잎이 계란 모양에 가까운 타원형이고 꽃은 연분홍색인데 반해, 산철쭉은 잎이 더 길고 좁은 타원형이며 꽃 색깔은 홍자색으로 훨씬 진하다. 북한 이름은 **산철죽나무**이다. 꽃잎이 여러 겹인 것은 **만첩산철쭉**이라하여 정원수로 널리 심으며 북한 이름은 **두봉화**이다.

철쭉

청가시덩굴

잎지는 넓은잎 덩굴나무

줄기와 가시가 모두 파란 덩굴이어서 청가시덩굴이라고 한다.
청미래덩굴과 비슷하나 거의 동그란 넓은 타원형 잎에 빨간 열
매가 달리는 청미래덩굴과 달리 잎이 끝이 뾰족한 타원형이고
열매는 까맣다.

과명 백합과	영명 Siebold's greenbrier
학명 *Smilax sieboldii*	중명 华东菝葜
	일명 ヤマカシュウ(山河首鳥)

속명 *Smilax*는 이 속 나무를 가리키는 그리스어 고어에서 유래하였다. 종소명
*sieboldii*는 일본 식물을 유럽에 소개한 독일인 의사이자 식물학자인 지볼트(P. F.
Siebold·1796~1866)의 이름에서 따왔다.

청미래덩굴

잎지는 넓은잎 덩굴나무

남부 지방의 숲 가장자리에 자란다. 덩굴의 마디가 굽어서 이리저리 구불구불 뻗어가는 모습이 용을 닮았는데, 용의 옛 우리말이 '미르' 혹은 '미리'이다. 거기에 어린 줄기가 푸르므로 '청미르덩굴' 혹은 '청미리덩굴'이라 부르다가 청미래덩굴이 된 것으로 추정된다. 마디마다 용의 발톱에 해당하는 갈고리 같은 단단한 가시까지 갖고 있다. 남부 일부 지방에서는 청미래덩굴을 망개나무라고 부른다. 경남 의령의 망개떡은 망개나무 잎, 즉 청미래덩굴 잎으로 싸서 찌는 떡이어서 그런 이름이 붙었다. 붉은 열매가 늦가을에 열린다.

과명 백합과	영명 East Asian greenbrier
학명 *Smilax china*	중명 菝葜
	일명 サルトリイバラ(猿捕茨)

속명 *Smilax*는 이 속 나무를 가리키는 그리스어 고어에서 유래하였다. 종소명 *china*는 중국을 뜻한다.

청미래덩굴

초령목

늘푸른 넓은잎 중간키나무

초령목(招靈木)은 제주도 숲에서 매우 드물게 자라는 늘푸른나무다. 일본에는 비교적 흔하므로 일본 이름의 한자를 그대로 가져다 쓰고 있다. '영혼을 부르는 나무'란 뜻이며 일본인들은 신사(神社·일본의 종교인 신토의 신을 가리는 종교 시설)에 심고 신목(神木)으로 받든다.

과명 목련과
학명 *Michelia compressa*

영명 Compressed michelia
중명 台湾含笑
일명 オガタマノキ(小賀玉木, 招靈木)

속명 *Michelia*는 스위스 식물학자 미켈리(M. Micheli·1844~1902)에서 따왔으며 종소명 *compressa*는 평평하다는 뜻이다.

초피나무

잎지는 넓은잎 작은키나무

산초와 비슷하나 주로 열매의 껍질을 이용한다는 뜻으로 초피(椒皮)이며, 산초보다 향이 훨씬 강하다. 가시가 마주나고 잎 가장자리의 톱니가 물결 모양인 점이 산초나무와 다르다. 남부 지방에서는 초피나무의 열매를 흔히 '재피' 혹은 '잰피'라고 하며 추어탕이나 생선탕의 비린내를 없애주는 향신료로 쓴다. 제주도 등 남해안에는 잎이 훨씬 큰 **왕초피나무**가 자란다.

과명 운향과
학명 *Zanthoxylum piperitum*

영명 Cho-phi, Korean pepper
중명 胡椒木, 山椒
일명 サンショウ(山椒)

속명 *Zanthoxylum*은 그리스어 xanthos(황색)와 xylon(목재)의 합성어이며 종소명 *piperitum*은 후추 같다는 뜻이다.

초피나무

측백나무

늘푸른 바늘잎 큰키나무

측백(側栢)이란 잎이 납작하고 옆으로 자라기 때문에 붙은 이름이라고 《본초강목》에서 밝히고 있다. 바늘잎나무지만 작디작은 비늘잎이 여러 겹으로 포개져 잎이 형성되고, 전체적으로 납작한 모양이다. 모든 나무들이 햇빛이 드는 동쪽을 향하는데, 유독 측백나무만은 서쪽을 향해 자라기 때문에 '서쪽을 향하는 나무'라는 뜻으로 음양오행에서 서쪽을 나타내는 백(白)에 목(木)을 붙여 백(栢) 또는 측백(側栢)이라 했다는 이야기도 전한다.

과명	측백나무과	영명	Oriental arborvitae
학명	*Platycladus orientalis*	중명	側柏
		일명	コノテガシワ(側柏)

속명 *Platycladus*는 늘푸른나무이고 수지가 나오는 식물을 가리키는 고대 그리스어이다. 또 platys(펼치는)와 klados(갈라지는 가지)의 합성어로 좀 넓은 바늘잎과 어린 가지가 수직으로 발달하는 나무의 특징을 나타낸 것이라고도 한다. 종소명 *orientalis*는 동쪽이란 뜻이다.

측백나무

서양측백나무

늘푸른 바늘잎 큰키나무

과명 측백나무과

학명 *Thuja occidentalis*

속명 *Thuja*는 향나무의 한 종류를 칭하던 그리스어에서 유래했으며, 종소명 *occidentalis*는 서쪽을 뜻한다.

영명 Northern white-cedar

미국 북동부와 캐나다 남동부가 원산지이며 우리나라에는 일제강점기인 1930년대에 들어왔다. 따라서 '미국측백나무'가 더 적절한 이름이겠지만 서쪽이라는 뜻의 종소명 옥시덴탈리스(*occidentalis*)를 그대로 옮겨 서양측백나무라고 부른다. 잎은 측백나무와 마찬가지로 비늘잎이지만, 서양측백나무의 잎이 더 두껍고 더 크다. 열매는 돌기가 없고 손톱 크기이며, 씨에는 넓은 날개가 붙어 있다.

측백나무

충꽃나무

잎지는 넓은잎 작은키나무

남해안 바닷가에 주로 자라며 반목본성 식물이다. 지상으로 드러난 부분 중 밑부분은 목질화하여 겨울에도 살아 있으나 대부분의 줄기는 죽어버린다. 줄기를 완전히 둘러싸면서 돌려나기로 촘촘히 피는 보라 꽃이 일정한 간격으로 층을 이루어 핀다고 층꽃나무다. 줄기에 잔털이 빽빽하다. 북한 이름은 **층꽃풀**이다.

과명 마편초과
학명 *Caryopteris incana*

영명 Common bluebeard
중명 兰香草
일명 ダンギク(段菊)

속명 *Caryopteris*는 그리스어 caryon(열매, 견과)와 ptero(날개)의 합성어로 열매 가장자리에 작은 날개가 있는 특징을 나타낸다. 종소명 *incana*는 회백색의 부드러운 털로 덮여 있다는 뜻으로 잎 뒷면에 회백색 털이 밀생하는 특징을 나타낸다.

층꽃나무

층층나무

잎지는 넓은잎 큰키나무

줄기에서 가지가 뻗는 방식은 마주나기, 어긋나기, 돌려나기 등
이 있다. 층층나무는 가지가 뻗을 때 거의 수평으로 여러 개가
한꺼번에 돌려나기로 자란다. 마디마다 규칙적으로 가지가 가
지런한 층을 이루기 때문에 '층층이 나무'라 하다가 층층나무가
되었다. 아예 계단나무라고 부르기도 한다. 숲속에서 다른 나무
를 제치고 너무 빨리 자라는 특성이 있어서 '폭군 나무'란 뜻으
로 폭목(暴木)이라고도 한다. '등대 나무'라는 뜻의 중국 이름도
나무의 특징을 잘 나타내고 있다.

과명 층층나무과	영명 Giant dogwood
학명 *Cornus controversa*	중명 灯台树
	일명 ミズキ(水木)

속명 Cornus는 뿔을 뜻하는 라틴어 cornu에서 왔으며, 뿔처럼 목재의 재질이
단단하다는 뜻이다. 종소명 *controversa*는 의심스럽다는 뜻이다.

층층나무

치자나무

잎지는 넓은잎 작은키나무

치자(梔子)는 중국 이름을 그대로 가져온 것이다. 노란색으로 염색할 때 쓸 수 있는 긴 타원형의 열매가 열린다. 고대 중국에는 치(卮)라는 작은 술잔이 있었는데, 그 모양이 치자나무 열매와 비슷하게 생겼다고 한다. '나무로 만든 치'라는 뜻으로 치자 치(梔)라는 글자를 만들고, 열매를 나타내는 자(子)를 붙여 치자나무라고 했다. 치자나무의 꽃을 가리켜 담복(薝蔔)이라고도 하는데, 산스크리트어 캄파카(campaka)를 음역한 말이다. 불교와 관련이 깊어 대승불교 경전의 하나인 《유마경(維摩經)》에도 나온다. 치자나무는 새하얀 홑꽃이 피지만 겹꽃이 피는 꽃치자도 있다.

과명 꼭두서니과
학명 *Gardenia jasminoides* f. *grandiflora*

영명 Cape jasmine
중명 梔子
일명 クチナシ(梔子)

속명 *Gardenia*는 미국의 박물학자 가든(A. Garden·1730~1791)의 이름에서 따왔다. 종소명 *jasminoides*는 재스민 같은 향기가 있다는 뜻이고, 품종명 *grandiflora*는 '큰 꽃'이란 뜻이다.

치자나무

영주치자

늘푸른 넓은잎 덩굴나무

과명 마전과
학명 *Gardneria insularis*
종소명 *insularis*는 섬에서 난다는 뜻이다.

영주산(한라산의 옛 이름)에 자라며
치자나무와 비슷하다고 영주치자라고 한다. 치자나무와는
과가 다른 별개의 식물이며 덩굴로 자라지만, 하얀 꽃이
닮았고 잎과 열매도 얼핏 치자나무를 연상시킨다. 북한 이름은
영주덩굴이다.

치자나무

칠엽수

잎지는 넓은잎 큰키나무

긴 잎자루 끝에 손바닥을 펼쳐놓은 것처럼 7개 전후의 커다란 잎이 달린다고 하여 칠엽수(七葉樹)다. 둥글게 모인 잎 중 가운데 잎이 가장 크고 옆으로 갈수록 점점 작아진다. 잎 길이가 한 뼘 반, 너비가 반 뼘 전후이며 가을에 노랗게 단풍이 든다. 개화기에 들여온 일본 원산의 나무이며, 아름드리로 크게 자란다. 가로수로 널리 심고 있으며, 공원에서도 많이 볼 수 있다.

과명 칠엽수과
학명 *Aesculus turbinata*

영명 Japanese horse chestnut
중명 日本七叶樹
일명 トチノキ(栃の木)

속명 *Aesculus*는 먹는다는 뜻의 라틴어 aescare에서 유래하였다. 이 속 나무의 열매를 식용하거나 가축 사료로 이용했기 때문이다. 종소명 *turbinata*는 원추 또는 역원추꽃차례를 일컫는다.

가시칠엽수

잎지는 넓은잎 큰키나무

과명 칠엽수과

학명 *Aesculus hippocastanum*

종소명 *hippocastanum*은 칠엽수의 라틴어 옛 이름으로 말밤(馬栗)이란 뜻이다.

영명 Marronnier
중명 欧洲七叶树
일명 セイヨウトチノキ

유럽칠엽수 혹은 서양칠엽수라고도 하며 마로니에(marronnier)로 더 잘 알려져 있다. 칠엽수와 가시칠엽수는 수만 리 떨어진 곳에서 자라지만 구별이 어려울 만큼 비슷하다. 가시칠엽수는 잎 뒷면에 털이 거의 없고, 열매껍질에 돌기가 가시처럼 발달해 있다. 반면 칠엽수는 잎 뒷면에 적갈색의 털이 있고 열매껍질의 돌기가 퇴화하여 흔적만 남아 있다.

칡

잎지는 넓은잎 덩굴나무

대부분의 우리 문헌에는 칡을 한자 갈(葛)로 적고 있다. 그러나
조선 세종 때 간행된《향약채취월령(鄕藥採取月令)》등에는 칡을
'질을(叱乙)'이라고 한 기록이 있다. 예부터 우리 이름이 있었음을
알 수 있다. 세월이 지나면서 '질을'이 변하여 '츩'으로 쓰다가 최
근에야 지금 우리가 쓰는 칡이 되었다.《청구영
언(靑丘永言)》에 실린 한글로 된 〈하여가(何如歌)〉
에도 "만수산 드렁츩이 얼거딘들 엇
더흐리/우리도 이리코 잇다가 백년
산들 엇더흐리"라 하여 '츩'으로 표기
되어 있고,《동의보감》한글본에도 '츩'
으로 되어 있다.

과명 콩과
학명 *Pueraria lobata*

영명 East Asian arrow root
중명 野葛
일명 クズ(葛)

속명 *Pueraria*는 스위스 식물학자 푸에라리(M. N. Puerari·1765~1845)의 이름에서
따왔다. 종소명 *lobata*는 얕게 갈라진다는 뜻이다.

ㅋ·ㅌ

콩배나무
태산목
탱자나무
통탈목

콩배나무

잎지는 넓은잎 중간키나무

콩알은 매우 작은 물건을 비유적으로 이르는 말이다. '콩배'는
콩알처럼 작은 배란 뜻이다. 실제로도 콩알보다 조금 굵은 콩
배나무의 열매는 배의 축소판으로 열매 표면에 하얀 점이 점점
이 찍혀 있는 것까지 닮았다. 배나무와 속(屬)이 같으니 서로 사
촌쯤 되는 가까운 사이다. 북한 이름은 **좀돌배나무**이다,

과명 장미과	영명 Korean sun pear, Callery pear
학명 *Pyrus calleryana* var. *fauriei*	중명 豆梨
	일명 マメナシ(豆梨)

속명 *Pyrus*는 배나무의 라틴어 옛 이름인 pirus에서 유래하였다. 종소명
*calleryana*는 중국에서 프랑스로 식물을 채집하여 보낸 칼레리(J. M.
Callery · 1810~1862)의 이름에서, 변종명 *fauriei* 는 일본에서 선교 활동을 한 프랑스
선교사 파우리(U. Fauri · 1847~1915)의 이름에서 따왔다.

콩배나무

태산목

늘푸른 넓은잎 큰키나무

태산(泰山)은 중국의 큰 산이다. 크고 많음을 비유적으로 이르는 말로도 쓰인다. 미국 남동부가 원산인 태산목(泰山木)은 둥그스름한 잎의 길이가 거의 한 뼘이나 되고, 꽃은 두 손으로 감싸쥐어도 남을 만큼 크다. 잎과 꽃의 크기가 다른 나무보다 훨씬 크다 하여 태산목이다. 우리가 쓰는 태산목이란 이름은 일본 이름을 가져온 것이고, 북한은 큰꽃목련이라 한다.

과명 목련과
학명 *Magnolia grandiflora*

영명 Bull bay, Southern magnolia
중명 洋玉兰, 广玉兰
일명 タイサンボク(泰山木)

속명 *Magnolia*는 프랑스 식물학자 마뇰(P. Magnol · 1638~1715)의 이름에서 따왔다.
종소명 *grandiflora*는 '큰 꽃'이란 뜻이다.

탱자나무

잎지는 넓은잎 작은키나무

탱자나무는 촘촘히 돋아난 길고 날카로운 가시,
은은한 향기를 가진 하얀 꽃과 동그란 등황색 열매가 일품
이다. 열매는 신맛이 강하긴 하지만 귤처럼 먹기도 했다. 탱자
나무를 가리키는 한자는 지(枳)인데, 조선 후기의 선비들 문집
에는 귤의 종류로 감귤이나 유자와 함께 등자(橙子)가 언급된다.
등자는 본래 신맛이 강한 광귤을 가리키는 단어지만 탱자의
다른 이름이기도 했던 것으로 보이며, 등자가 열리는 나무를
'등자나무'라고 부르다가 탱자나무로 변한 것으로 짐작된다. 혹
은 중국 장강 상류가 원산지인 탱자나무를 두고 '당(唐)나라에
서 들어온 험상궂은 가시(刺)가 달린 나무'여서 처음에는 '당자
(唐刺)나무'로 부르던 것이 탱자나무가 되었다고도 볼 수 있다.

과명 운향과
학명 *Poncirus trifoliata*

영명 Trifoliate orange,
Hardy orange
중명 枳
일명 カラタチ(枳殻, 枸橘)

속명 *Poncirus*는 귤의 일종의 프랑스어 이름에서 왔으며 종소명 *trifoliata*는 3개의
잎이란 뜻이다.

통탈목

늘푸른 넓은잎 작은키나무

통탈(通脫)은 '호방하여 사소한 일에 구애되지 아니함'을 뜻한다. 통탈목(通脫木)이란 이름은 중국 이름을 그대로 들여온 것인데, 우리나라에서는 통탈목의 여러 약효 중 소변을 잘 나오게 하는 이뇨 효과에 주목하여 '시원하게(脫) 잘 통(通)하는 나무(木)'라는 뜻으로 통탈목이 된 것으로 짐작하기도 한다. 중국 장강 이남에 자라며 팔손이처럼 큰 잎이 여럿으로 갈라진다. 줄기 가운데의 얇고 하얀 골속을 약으로 쓴다.

과명 두릅나무과
학명 *Tetrapanax papyriferus*

영명 Rice-paper plant
중명 通脱木
일명 カミヤツデ(紙八手)

속명 *Tetrapanax*는 그리스어 tetra(넷)와 *Panax*(인삼속)의 합성어로 잎이 인삼속의 식물을 닮은 특징을 나타낸다. 종소명 *papyriferus*는 종이를 생산한다는 뜻인데 하얀 골속이 마치 종이 같은 특징을 나타낸다.

ㅍ

팔손이

늘푸른 넓은잎 작은키나무

손바닥 두셋을 합친 만큼이나 큰 잎이 달리는 자그마한 나무다. 긴 잎자루의 끝에 달린 잎이 손가락을 펼친 것처럼 7~9갈래로 갈라지는데, 대체로 8갈래로 갈라지므로 팔손이라고 한다. 남해안에 주로 자라며 경남 비진도에는 자생지가 있다.

과명 두릅나무과	영명 Glossy-leaf paper plant
학명 *Fatsia japonica*	중명 八角金盤
	일명 ヤツデ(八つ手)

속명 *Fatsia*는 이 종류 나무의 일본 이름에서 유래하였다. 종소명 *japonica*는 일본을 뜻한다.

팔손이

팥꽃나무

잎지는 넓은잎 작은키나무

허리춤 남짓 자라는 자그마한 나무로 잎이 나오기 전에 가지를
감싸 두르듯 붉은 보라색 꽃이 뭉치로 핀다. 팥꽃나무란 이름
은 꽃이 피어날 때의 빛깔이 팥알 색깔과 비슷하다 하여 붙었
다. 꽃에는 독이 있다. 서남해안을 따라 주로 자라며 전라도 일
부 지방에서는 이 꽃이 필 때쯤 조기가 많이 잡힌다 하여 조기
꽃나무라고도 한다.

과명 팥꽃나무과
학명 *Daphne genkwa*

영명 Lilac daphne
중명 芫花
일명 フジモドキ(藤擬き)

속명 *Daphne*는 그리스 신화에 나오는 요정의 이름 Daphne에서 따왔다. 종소명
*genkwa*는 한자 이름 완화(芫花)의 일본식 독음 겐카(ゲンカ)에서 왔다.

팥꽃나무

팥배나무

잎지는 넓은잎 큰키나무

메마른 산성토양에서도 잘 버티므로 서울의 북한산을 비롯한 화강암지대에 널리 자란다. 수많은 열매를 매달아 가을날 산새들의 좋은 먹이가 된다. 팥배나무란 이름은 열매는 팥을 닮았고 꽃은 하얀 배나무 꽃 같다 하여 '팥'과 '배'를 붙여 만든 이름이다. 이름만 보면 배나무와 가까운 사이인 것처럼 보이지만, 팥배나무와 배나무는 속(屬)이 다를 만큼 거리가 있다.

과명 장미과	영명 Korean mountain ash
학명 *Sorbus alnifolia*	중명 水楡花楸
	일명 アズキナシ(小豆梨)

속명 *Sorbus*는 유럽마가목의 열매를 가리키는 라틴어 옛말 sorbum에서 왔으며 종소명 *alnifolia*는 오리나무속(*Alnus*)과 잎이 비슷하다는 뜻이다.

팥배나무

팽나무

잎지는 넓은잎 큰키나무

늦봄에 자그마한 팽나무 꽃이 지고 나면 금세 초록색 열매가 열리기 시작한다. 가난하던 시절의 시골 아이들에겐 주위 모든 곳이 놀이터였고 모든 것이 장난감이었다. 팽나무는 아이들과 가장 친근한 나무였다. 초여름 날 콩알만 하고 약간 탄력이 있는 파란 열매가 팽총의 총알이 되었다. 열매를 따 작은 대나무 대롱의 아래위로 한 알씩 밀어 넣은 다음, 한쪽에다 대나무 꼬챙이를 꽂아 오른손으로 탁 치면 공기총의 원리로 반대쪽의 팽나무 열매가 '팽' 하고 멀리 날아가게 된다. 팽총의 총알 '팽'이 매달리는 나무란 뜻으로 팽나무란 이름이 생겼다. 열매는 황적색으로 익고, 먹을 수 있다. 이외에 팽나무 종류지만 잎끝이 꼬리처럼 길고 열매가 까맣게 익는 **검팽나무**, 잎이 크고 꼬리처럼 긴 결각도 있는 **왕팽나무** 등이 있다.

과명 느릅나무과	영명 East Asian hackberry
학명 *Celtis sinensis*	중명 朴树
	일명 エノキ(榎)

속명. *Celtis*는 단맛이 있는 열매가 달리는 나무를 일컫던 그리스어에서 유래하였다. 종소명 *sinensis*는 중국을 뜻한다.

편백

늘푸른 바늘잎 큰키나무

일본 원산으로 우리나라에는 일제강점기부터 남해안에 주로
심고 있다. 일본 이름은 한자로 회(桧) 혹은 회목(桧木)이라 쓰고
읽기는 히노키(ヒノキ)라고 한다. 우리나라에 들어오면서 우리는
중국 이름을 빌려 편백(扁柏)이라고 한다. 편백은 '잎이 납작한
나무'라는 뜻이고, 실제 잎의 모양도 무엇엔가 눌린 듯 납작하다.

과명 측백나무과
학명 *Chamaecyparis obtusa*

영명 Japanese cypress
중명 日本扁柏
일명 ヒノキ(桧)

속명 *Chamaecyparis*는 그리스어 chamai(작은)와 cyparissos(삼나무류)의
합성어이다. 종소명 *obtusa*는 둔하다는 의미로 잎끝이 뾰족하지 않고 뭉뚝한 것을
나타낸다.

포도나무

잎지는 넓은잎 덩굴나무

서아시아가 원산지이며 기독교와 관련이 깊어 성경에도 155회
나 등장한다. 중국 한무제 때 사신으로 갔던 장건이 가지고 왔
다. 고대 페르시아어로 부도우(budow)라고 부르던 이 과일을 음
역하여 포도(葡萄)란 이름으로 부르게 되었다. 우리나라에는 대
체로 고려 때 들어온 것으로 짐작되며, 중국에서 들어온 이름을
그대로 쓰고 있다.

과명 포도과	영명 European grape, Wine grape
학명 *Vitis vinifera*	중명 葡萄
	일명 ブドウ(葡萄)

속명 *Vitis*는 포도를 일컫는 라틴어 옛말에서 유래했으며 종소명 *vinifera*는
포도주를 생산한다는 뜻이다.

포도나무

폭나무

잎지는 넓은잎 큰키나무

제주도에 자라는 팽나무 종류는 일반적인 팽나무와는 달리 잎 끝이 꼬리처럼 길다. 그래서 구분을 위해 제주 이름인 폭나무를 공식 명칭으로 삼았다. 바닷가 포구에 특히 잘 자라는데, 포구에 많은 나무여서 '포구나무'라고 하다가 폭나무가 되었다고도 한다. 북한 이름은 **좀왕팽나무**이다.

과명 느릅나무과	영명 Biond's hackberry
학명 *Celtis biondii*	중명 紫弹朴, 紫弹树
	일명 コバノチョウセンエノキ （小葉の朝鮮榎）

속명 *Celtis*는 단맛이 있는 열매가 달리는 나무를 일컫던 그리스어에서 유래하였다.
종소명 *biondii*는 비온디(A. Biondi · 1848~1929)의 이름에서 따왔다.

푸조나무

잎지는 넓은잎 큰키나무

푸조나무는 다 자라면 줄기의 지름이 몇 아름 되는 큰 나무로, 남해안 및 섬에서 자란다. 바닷가 포구 마을의 당산나무로 흔히 만날 수 있다. 굵은 콩알 굵기의 검푸른 열매는 포구를 들락거리는 작은 새의 먹잇감이다. 처음에는 '포구의 새 나무'란 뜻에서 '포구조목(浦口鳥木)'이라고 쓰던 것이 '포굿조나무'를 거쳐 푸조나무가 되었다. 일본 이름인 무쿠노키(椋の木)는 '찌르레기 나무'란 뜻인데, 찌르레기가 푸조나무 열매를 좋아한다고 붙인 이름으로 이 역시 새와 관련이 있다. 팽나무와 생김새가 닮았고 자라는 곳이 거의 같아 개팽나무, 열매가 검다고 검팽나무로 부르기도 한다.

과명 느릅나무과	영명 Scabrous aphananthe
학명 *Aphananthe aspera*	중명 糙叶树
	일명 ムクノキ(椋の木, 樸樹)

속명 *Aphananthe*는 그리스어 aphanes(눈에 띄지 않는다)와 anthos(꽃)의 합성어이며 종소명 *aspera*는 약간 거칠다는 뜻이다.

푸조나무

풍년화

잎지는 넓은잎 작은키나무

풍년화는 일본 원산의 자그마한 꽃나무다. 일본 이름 만사쿠
(滿作)는 '풍작'이란 뜻인데, 봄에 일찍 소담스럽게 이 나무의 꽃
이 피면 풍년이 든다고 하여 이런 이름이 붙었다고 한다. 우리
나라에는 일제강점기에 처음 들어왔으며, 일본 이름의 뜻을 따
와 풍년화(豐年花)라고 이름을 지었다.

과명 조록나무과
학명 *Hamamelis japonica*

영명 Japanese witch hazel
중명 日本金縷梅
일명 マンサク(満作)

속명 *Hamamelis*는 고대 그리스어로서 hamos(닮다)와 melis(사과)의 합성어이다.
종소명 *japonica*는 일본을 뜻한다.

피나무

잎지는 넓은잎 큰키나무

피나무는 껍질을 뜻하는 피(皮)가 곧 이름으로 쓰인 나무다. 껍질의 쓰임이 그만큼 넓다는 뜻이다. 피나무의 영어 이름인 배스우드(Basswood), 라임(Lime), 린덴(Linden)에도 모두 껍질이란 뜻이 들어 있다. 피나무 껍질에 들어 있는 인피섬유는 길고 질겨서 쓰임이 많았다. 잘게 쪼개서 옷을 만드는가 하면, 굵은 밧줄을 만들기도 했고, 촘촘히 엮어서 바닥에 까는 삿자리로도 썼다. 그 외 **찰피나무**가 있다. '찰'은 품질이 좋다는 뜻이며 '참'과 거의 같은 의미다. 전국 어디서나 자라며 질 좋은 염주를 만들 수 있다. 일본 특산 피나무로 규슈(九州) 지방에 많이 자란다는 **구주피나무**가 있다. 일제강점기에 들어왔으며 성장이 빠르다. 조경수로 가끔 심는데, 이름 중 일본 규슈를 가리키는 구주(九州)를 유럽을 가리키는 한자어인 구주(歐洲)와 혼동하기 쉽다.

과명 피나무과	영명 Amur linden
학명 *Tilia amurensis*	중명 紫椴
	일명 シナノキ(級の木, 椵の木)

속명 *Tilia*는 날개를 뜻하는 그리스어 ptilon(날개)를 어원으로 한다. 열매에 날개가 있는 데서 비롯하였다. 종소명 *amurensis*는 러시아 아무르 지방을 뜻한다.

피라칸타

늘푸른 넓은잎 작은키나무

우리나라에 심는 대표적인 피라칸타 종류는 중국에서 한자로 화극(火棘)이라 쓰는 작은 나무이다. 흰 꽃이 피고 나면 콩알 굵기의 빨간 열매가 맺혀 나무를 뒤덮듯이 겨울 내내 달려 있다. 그 모습이 마치 불타는 것 같고, 가시도 있다. 우리는 속명 피라칸타(*Pyraecantha*)를 그대로 이름으로 쓴다. 추위에 잘 버티므로 전국에 걸쳐 조경수로 널리 심는다.

과명 장미과
학명 *Pyracantha angustifolia*

영명 Narrow firethorn
중명 窄叶火棘
일명 タチバナモドキ(橘擬き)

속명 *Pyracantha*는 그리스어로 pyr(불)와 akanthos(가시)의 합성어이며 영어 이름도 '불가시(firethorn)'이다. 종소명 *angustifolia*는 '가는 잎'이란 뜻이다.

피라칸타

함박꽃나무

잎지는 넓은잎 중간키나무

함박꽃이란 이름의 뜻은 '큰 바가지처럼 생긴 풍성한 꽃'이다.
풀 종류의 함박꽃은 작약이라는 이름으로도 불리며, 한약재로
널리 쓰인다. 함박꽃나무는 꽃이 함박꽃과 비슷하나 풀이 아닌
나무여서 이런 이름이 붙었다. 목련과도 닮아서 '산에 자라는
목련'이라는 뜻으로 산목련으로도 부른다. 함박꽃나무는 우리
나라 토종 나무이며 잎이 난 뒤 한참 지나서야 꽃이 다소곳이
아래를 향하여 핀다. 북한에서는 **목란**(木蘭)이라 하며 우리 무
궁화처럼 그들의 국화로 알려져 있다. 북한의 영빈관인 목란관
의 이름도 여기서 따온 것이다. 중국에서는 목련을 목란(木兰)이
라 쓰며, 함박꽃나무는 천녀목란(天女木兰)이라 쓴다.

과명 목련과
학명 *Magnolia sieboldii*

영명 Siebold's magnolia
중명 天女木兰
일명 オオヤマレンゲ(大山蓮華)

속명 *Magnolia*는 프랑스 식물학자 마뇰(P. Magnol·1638~1715)의 이름에서, 종소명
*sieboldii*는 일본 식물을 유럽에 소개한 독일인 의사이자 식물학자인 지볼트(P. F.
Siebold·1796~1866)의 이름에서 따왔다.

함박꽃나무

합다리나무

잎지는 넓은잎 큰키나무

줄기가 학의 다리처럼 길다고 '학다리나무'라고 부르다가 합다리나무란 이름으로 바뀌었다. 나무껍질은 얇고 회백색을 띠며, 가지가 적고 줄기가 여럿 모여 포기를 이루는 경우가 많다. 가지가 적고 키만 껑충 커 보여서 학의 다리를 떠올리게 한다. 남부 지방의 숲속에서 만날 수 있으며 여름에 자그마한 흰 꽃이 모여 피었다가 가을에 붉은 열매가 달린다.

과명 **나도밤나무과**	영명 Oldham's meliosma
학명 *Meliosma oldhamii*	중명 红柴
	일명 ヤンバルアワブキ(山原泡吹)

속명 *Meliosma*는 그리스어 meli(봉밀)와 osme(냄새)의 합성어이며 봉밀 냄새가 나는 나무란 뜻이다. 종소명 *oldhamii*는 채집가 올덤(T. Oldham·1816~1878)의 이름에서 따왔다.

해당화

잎지는 넓은잎 작은키나무

해당화(海棠花)는 '바닷가의 꽃나무'란 뜻이다. 당(棠)은 팥배나무, 산사나무, 해당화 등 여러 나무를 나타내는 글자이다. 모래밭에서 줄기를 뻗어 무리를 이루고, 주로 붉은 꽃이 피지만 드물게 흰 꽃도 있으며, **겹해당화**도 있다. 매괴(玫瑰)라고 부르기도 한다. 키 1~1.5미터 정도로 자라며 줄기가 얽혀 있는 경우가 많아 얼핏 덩굴나무처럼 보인다. 잎에 주름이 있는 것이 특징이다. 줄기에는 잔가시가 촘촘하다.

과명 장미과
학명 *Rosa rugosa*

영명 Beach rose
중명 玫瑰
일명 ハマナス(浜茄子, 浜梨)

속명 *Rosa*는 붉은색을 어원으로 하는 장미의 라틴어 옛말 rosa에서 왔다.
종소명 *rugosa*는 주름이 있다는 뜻이다.

해당화

향나무

늘푸른 바늘잎 큰키나무

향을 가지고 있는 나무란 뜻의 향목(香木)에서 향나무가 되었다.
대부분의 경우 나무의 향은 정유(精油) 형태로 꽃이나 잎, 열매
에 들어 있으나 향나무 종류는 나무의 속살에 향이 들어 있다.
향은 예부터 신을 불러오는 매개체로 여겨져 제사 의식에 꼭 쓰
였다. 향나무의 속살은 붉은 빛이 도는 보라색이므로 조선왕조
실록을 비롯한 옛 문헌에는 흔히 자단(紫檀)으로 기록되어 있다.

과명 측백나무과
학명 *Juniperus chinensis*

영명 Chinese juniper
중명 龙柏
일명 イブキ(伊吹)

속명 *Juniperus*는 라틴어에서 젊음을 뜻하는 junio와 분만의 의미를 가진
parere의 합성어이다. 향나무속 나무가 분만을 유도하는 성분을 지니고 있는 데서
비롯했다 한다. 종소명 *chinensis*는 중국을 뜻한다.

향나무

가이즈카향나무

늘푸른 바늘잎 큰키나무

과명 측백나무과
학명 *Juniperus chinensis* 'Kaizuka'

종소명 *chinensis*는 중국을 가리키며, 재배종명 'Kaizuka'는 일본 오사카 인근의 지명이다.

영명 Kaizuka Chinese juniper
일명 カイヅカイブキ (貝塚伊吹)

향나무와는 달리 바늘잎이 거의 없고 찌르지 않는 비늘잎이 대부분인 향나무의 한 변종이다. 일본에서 들여왔으며 오사카 남쪽의 가이즈카(貝塚)란 곳의 지명을 따서 이름을 지었다. 가지가 나선 형태로 돌려나는 특징 때문에 나사백(螺絲柏)이라 부르기도 한다. 하지만 그 이름은 잘 쓰이지 않으며, 가이즈카향나무가 표준명이다.

향나무

곱향나무

늘푸른 바늘잎 작은키나무

과명 측백나무과

학명 *Juniperus
communis* var.
saxatilis

종소명 *communis*는
'보통의', '통상의'란 뜻이며
변종명 *saxatilis*는 바위
주변에 자란다는 의미이다.

영명 Alpine juniper
일명 リシリビャクシン
（利尻柏槇）

북부 지방의 고산지대에 자라는
향나무 종류로 흔히 땅에 누워
자란다. 줄기가 굽어 있다고
'굽향나무'라 하다가 곱향나무가
된 것으로 짐작된다. 전남 순천
송광사의 천연기념물 제88호 쌍향수를 곱향나무라는
이름으로도 부르는데, 향나무 치고는 잎이 가늘고 부드럽고
고와 그런 이름이 붙었을 뿐 식물학적으로 곱향나무는 아니다.

뚝향나무

늘푸른 바늘잎 작은키나무

과명 측백나무과

학명 *Juniperus chinensis*
　　 var. *horizontalis*

종소명 *chinensis*는
중국을 뜻하며, 변종명
*horizontalis*는 가지를
수평으로 뻗는단 뜻이다.

영명 Horizontal Chinese
　　 juniper

향나무의 변종으로 둑에 흔히 심는다 하여 뚝향나무다. 거의 수평으로 자라면서 늘어지는 가지가 땅에 닿아 다시 뿌리를 내려 작은 숲을 이루는 것이 특징이다. 저수지나 밭둑의 흙이 흘러내리는 것을 막기 위해 심는다. 우물가에 심어 우물에 햇빛이 바로 들지 않게 하고 먼지를 막는 역할로도 쓰인다.

옥향(둥근향나무)

늘푸른 바늘잎 작은키나무

과명 측백나무과

학명 *Juniperus chinensis*
'Globosa'

종소명 *chinensis*는 중국을
뜻한다. 재배종명 'Globosa'는
둥글다는 뜻이다.

영명 Globe Chinese
juniper

일명 タマイブキ(玉伊吹)

곧추선 하나의 줄기가 없고
아래서부터 여러 개의 줄기가
올라오면서 둥그스름한 형태를
이룬다. 가지와 잎이 거의 빈곳이
보이지 않을 정도로 촘촘하게 자라며, 자기들끼리 가지 뻗음을
적당히 조절하여 타원형 수형을 만든다. 옥향(玉香) 혹은
둥근향나무라 부르는 향나무의 한 재배품종이다. 우리나라
산에도 있었다고 하나 근거를 찾기 어렵고, 주변에서 만날 수
있는 옥향은 모두 일본에서 들여온 것이다.

헛개나무

잎지는 넓은잎 큰키나무

헛개나무는 중부 이남의 숲에서 가끔 볼 수 있는 평범한 나무였지만, 독특한 모양의 열매가 술을 깨는 데 효과가 있다고 알려지면서 사람들의 많은 관심을 끌게 되었다. 열매자루가 육질화되어 울퉁불퉁 이리저리 휜 모양을 두고《물명고》에는 닭발 같다고도 했다. 그러나 농사일에 익은 백성들은 벼훑이와 닮았다고 생각했다. 벼훑이는 벼의 낱알을 훑어낼 때 쓰는 도구다. 지방 따라 호로깨, 호깨를 비롯하여 훑치개, 홀깨, 홀태 등 수많은 이름이 있다. 벼훑이의 가장 간단한 형태는 나뭇가지 두 개를 집게처럼 묶은 것이었다. 이때 낱알이 걸리기 쉽도록 울퉁불퉁한 나뭇가지를 썼는데, 헛개나무의 열매자루가 그런 나뭇가지와 닮았기에 '호로깨나무'나 '호깨나무'로 부르던 것이 변하여 헛개나무가 되었다고 짐작된다.

과명	갈매나무과	영명	Oriental raisin tree
학명	*Hovenia dulcis*	중명	枳椇
		일명	ケンポナシ（玄圃梨）

속명 *Hovenia*는 호번(D.v.d. Hoven · 1724〜1787)의 이름에서 따왔다. 종소명 *dulcis*는 달콤하다는 뜻이다.

협죽도

늘푸른 넓은잎 작은키나무

협죽도(夾竹桃)는 남해안에서 제주도에 걸쳐 섬에서 주름 잡힌 붉은 꽃을 피우는 자그마한 늘푸른나무다. 잎이 좁은데(狹, 夾) 대나무(竹) 잎을 닮았고 꽃은 복숭아(桃)꽃처럼 생겼다고 해서 붙은 중국 이름을 그대로 받아들였다. 다른 이름은 유도화(柳桃花)이다. 자라는 모습과 나뭇잎이 버드나무(柳)를 닮았고 꽃은 복사꽃처럼 보이기 때문이다. 잎이나 줄기 등에 독을 가진 유독식물이다. 북한에서는 **류선화**(柳仙花)라고 한다.

과명 협죽도과
학명 *Nerium oleander*

영명 Common oleander, Rosebay
중명 夾竹桃
일명 キョウチクトウ(夾竹桃)

속명 Nerium은 축축하다는 뜻의 그리스어 neros에서 유래하였다. 종소명 *oleander*는 협죽도를 일컫는 라틴어이다.

호두나무

잎지는 넓은잎 큰키나무

기원전 139년 한무제는 흉노족에 맞서기 위해 장건이란 외교
관을 오늘날 아프가니스탄쯤으로 짐작되는 대월지(大月氏)에 파
견한다. 하지만 외교는 실패했고, 장건은 오히려 흉노에 붙잡
혀 13년이나 포로 생활을 하다가 구사일생으로 살아 돌아오면
서 호두를 가져왔다. 모양이 마치 복숭아씨처럼 생긴 이 과실
을 보고 중국 사람들은 오랑캐나라(胡)에서 가져온 복숭아(桃)
같은 씨앗이란 뜻으로 호도(胡桃)라 했다. 우리나라에서도 이를
그대로 받아들여 원래는 나무 이름도 호도나무라 했는데, 지금
은 호두나무가 표준명이다.

과명 가래나무과	영명 Persian walnut
학명 *Juglans regia*	중명 胡桃, 核桃
	일명 クルミ(胡桃)

속명 *Juglans*는 고대 라틴어 jovis(제우스)와 glans(도토리)의 합성어이다. 맛이 좋은
호두 등 견과가 달린 나무를 제우스에게 바친 것에서 유래하였다. 종소명 *regia*는
'왕의 품격을 갖춘', '최상급'이라는 뜻이다.

호두나무

호랑가시나무

늘푸른 넓은잎 작은키나무

호랑가시나무의 잎은 긴 오각형 혹은 육각형으로 모서리마다 가시가 튀어나와 정말 괴상한 모양이다. 잎은 가죽처럼 두툼하고, 가시는 단단하고 날카롭다. 호랑이가 등이 가려우면 이 나무의 잎 가시에다 등을 문질러 댄다는 뜻에서 호랑가시나무란 이름이 붙었다. 또 날카롭고 단단한 가시가 마치 호랑이 발톱과 같은 모양이어서 호랑가시나무가 되었다고도 한다. 그 외에도 가시가 고양이 새끼발톱 같다 하여 묘아자(猫兒刺), 회백색 나무껍질을 두른 가지를 보고 개뼈다귀 같다고 구골목(狗骨木)이라 부르기도 한다.

과명 감탕나무과
학명 *Ilex cornuta*

영명 Horned holly
중명 枸骨, 猫儿刺, 老虎刺
일명 シナヒイラギ(支那柊)

속명 *Ilex*는 서양호랑가시나무의 라틴어 옛 이름이며 종소명 *cornuta*는 각(角)이 진다는 뜻이다.

호랑가시나무

호자나무

늘푸른 넓은잎 작은키나무

제주도 숲속 계곡의 그늘에 자라는 무릎 높이 정도의 자그마
한 늘푸른나무다. 바늘 같은 가시가 마치 호랑이 발톱처럼 날
카롭다 하여 호랑이(虎) 가시(刺) 나무란 뜻으로 호자(虎刺)나
무가 되었다. 비슷한 나무인 **수정목**은 가시가 잎 길이의 절반에
못 미칠 정도로 짧다. 수정목의 북한 이름은 **구슬뿌리나무**이다.

과명	꼭두서니과	영명	Indian damnacanthus
학명	*Damnacanthus indicus*	중명	虎刺
		일명	アリドオシ(蟻通し)

속명 *Damnacanthus*는 그리스어 damnao(뛰어나다)와 acantha(가시)의
합성어이다. 종소명 *indicus*는 인도를 뜻한다.

호자나무

홍가시나무

늘푸른 넓은잎 중간키나무

중국과 일본에 자란다. 새잎이 나올 때 곱고 붉은 빛이 나무 전체를 뒤덮어 단풍이 들거나 붉은 꽃이 핀 것처럼 보인다. 잎은 남부 지방에 흔한 가시나무 잎을 닮아서 홍(紅)가시나무라고 한다. 조경수로 흔히 심는다.

과명 장미과
학명 *Photinia glabra*

영명 Japanese photinia,
Red-leaf photinia
중명 光叶石楠
일명 カナメモチ(要黐)

속명 *Photinia*는 새잎이 붉고 광택이 있다는 뜻이고, 종소명 *glabra*는 털이 없다는 뜻이다.

홍가시나무

화백

늘푸른 바늘잎 큰키나무

화백은 일본 원산으로 편백과 모양이 거의 같으나 중부 지방의
좀 더 추운 곳에서도 자랄 수 있다. 수형이 편백보다는 부드러운
느낌이므로 특별히 꽃 화(花)를 넣어 화백(花栢)이라 한 것으로 보
인다. 원예품종으로 잎이 가는 실처럼 늘어지는 **실화백**이 있다.

과명 측백나무과
학명 *Chamaecyparis pisifera*

영명 Sawara cypress
중명 日本花柏
일명 サワラ(椹)

속명 *Chamaecyparis*는 그리스어 chamai(작은)와 cyparissos(삼나무류)의
합성어이다. 종소명 *pisifera*는 라틴어 pisum(완두콩)에서 유래했으며 완두콩
모양의 열매(구과)를 맺는다는 뜻이다.

화살나무

잎지는 넓은잎 작은키나무

나뭇가지에 화살 깃을 닮은 회갈색의 코르크 날개를 달고 있어서 화살나무다. 한자 이름은 '귀신이 쓰는 화살 날개'란 뜻의 귀전우(鬼箭羽)이고 또 '창을 막는다'는 뜻으로 위모(衛矛)라고도 하는데, 모두 코르크 날개 때문에 붙은 이름이다. 일찍 물드는 붉은 단풍이 예뻐서 정원수로 많이 심는다. 새순은 홑잎나물이라 하며 대표적인 봄나물이다. 북한에서는 화살나무를 다른 이름으로 홑잎나무라고도 한다.

과명 노박덩굴과
학명 *Euonymus alatus*

영명 Burning bush spindle tree
중명 卫矛
일명 ニシキギ(錦木)

속명 *Euonymus*는 그리스어 eu(좋음)와 onoma(이름)의 합성어인데, '좋은 평판'이란 뜻이다. 종소명 *alatus*는 줄기에 코르크질의 날개가 발달한다는 뜻이다.

화살나무

회잎나무

잎지는 넓은잎 작은키나무

과명 노박덩굴과

학명 *Euonymus alatus* f.
ciliato-dentatus

품종명 *ciliato-dentatus*는
ciliato(가장자리의 털)와
dentatus(이빨 모양의 톱니)의
합성어로 잎 가장자리에
털처럼 자잘하게 돋는
잔톱니의 모양을 나타낸다.

영명 Winged burning
bush spindletree

화살나무뿐만 아니라 참회나무,
참빗살나무, 회목나무등의 회나무
종류는 새순이 부드럽고 향긋하여
모두 홑잎나물이라 부르며 봄나물로
식용했다. 잎을 홑잎나물로 먹는
나무여서 '홑잎나무'라 하다가 회잎나무가 되었다. 가지에
날개가 없는 것만 빼면 화살나무와 거의 똑같이 생겼다. 북한
이름은 **좀회나무**이다.

황근

잎지는 넓은잎 작은키나무

'노란 꽃이 피는 무궁화'란 뜻으로 황근(黃槿)이라 한다. 200여 종의 무궁화속 식물 중 나무로서는 유일하게 국내에 자생하는 무궁화이다. 남해의 섬 및 제주도에 자라며 여름에 피는 주먹만한 노란 꽃이 무척 아름답다. 까다롭게 굴지 않아 씨앗을 심어도, 꺾꽂이를 해도 잘 번식하는 소박함도 우리 정서와 맞는다. 북한 이름은 바닷가에 잘 자란다고 **갯아욱**이다.

과명 아욱과
학명 *Hibiscus hamabo*

영명 Yellow rosemallow
중명 海濱木槿
일명 ハマボウ(浜朴)

속명 *Hibiscus*는 아욱을 뜻하는 고대 라틴어에서 유래하였다. 종소명 *hamabo*는 일본 이름 하마보우(ハマボウ)를 그대로 따른 것이다.

황매화

잎지는 넓은잎 작은키나무

봄날 피는 노란 꽃이 매화를 닮았다 하여 황매화(黃梅花)이다. 옛
선비들은 매화를 너무 좋아한 탓에 꽃이 매화와 조금 닮기만
하면 매(梅) 자를 넣어 나무 이름을 짓곤 했다. 사람 키 정도까지
자라면서 포기를 이루어 가지를 늘어뜨리는데, 노란 꽃이 보기
좋아 정원수로 널리 심는다.

과명 장미과	영명 Kerria rose
학명 *Kerria japonica*	중명 棣棠
	일명 ヤマブキ(山吹, 棣棠)

속명 *Kerria*는 스코틀랜드 식물학자 커(W. Kerr·?~1814)의 이름에서 따왔다.
종소명 *japonica*는 일본을 뜻한다.

황매화

죽단화

잎지는 넓은잎 작은키나무

황매화와 생김새나 잎 모양이
같으나 꽃이 겹꽃이면 죽단화라고
한다. 옛날에 임금님이 꽃을 보고
선택하여 심게 하면 어류화(御留花)라
불렀는데, 선택하지 않고 내보낸
나무는 출단화(黜壇花)라 했다고 한다. 죽단화는 이 출단화가
변한 이름으로 짐작된다. 겹황매화라고도 한다.

과명 장미과

학명 *Kerria japonica* f.
pleniflora

종소명 *japonica*는 일본을
뜻한다. 품종명 *pleniflora*는
여러 겹의 겹꽃이란 뜻이다.

영명 Doulble flowered
kerria

중명 重瓣棣棠花

일명 ヤエヤマブキ
(八重山吹)

황매화

황벽나무

잎지는 넓은잎 큰키나무

황벽(黃蘗)나무는 황백(黃柏)나무, 황경나무, 황경피나무라고도 불린다. 줄기의 두꺼운 겉껍질을 벗겨내면 선명한 노란색 속껍질이 나타난다. 이 속껍질을 벽(蘗)이라 하는데, '쓴맛'이라는 뜻도 있다. 그래서 '쓴맛 나는 노란 속껍질을 가진 나무'란 뜻으로 황벽나무가 되었다. 중국 이름을 그대로 받아들여 우리 이름으로 쓰고 있다. 북한 이름은 **황경피나무**이다.

과명 운향과

학명 *Phellodendron amurense*

영명 Amur corktree

중명 黃蘗, 黃柏

일명 キハダ(黃檗)

속명 *Phellodendron*은 phellos(코르크)와 dendron(나무)의 합성어이며 껍질에 코르크가 발달하는 특징을 나타낸다. 종소명 *amurense*는 러시아 아무르 지방을 뜻한다.

황철나무

잎지는 넓은잎 큰키나무

한반도 북부에 자라는 사시나무의 한 종류로 한자 이름은 황철목(黃鐵木)이다. 황철령, 황철봉, 황철산 등 '황철'이 들어간 지명은 주로 북한에 있으며 황철나무 자생지와 거의 일치한다. 황철 지방에서 흔히 볼 수 있는 나무라서 황철나무가 된 것으로 짐작한다. 혹은 놋쇠 같은 옅은 누런빛을 띠는 황철석(黃鐵石)에서 온 이름일 수도 있다. 황철나무는 봄에 나는 싹이 유난히 진한 황록색이고, 가을에 단풍이 들 때도 잎이 황갈색에서 갈색으로 변한다. 이것이 황철석을 연상하게 하여 황철나무란 이름이 생겼을 가능성도 크다.

과명 버드나무과	영명 Manchurian poplar
학명 *Populus maximowiczii*	중명 辽杨
	일명 늑ドロノキ(泥の木)

속명 *Populus*는 라틴어로 '민중'이란 뜻이다. 고대 로마인들이 이 속 나무 아래서 집회를 열었다는 데서 유래했다. 종소명 *maximowiczii*는 러시아의 분류학자로 동아시아 식물을 연구한 막시모비치(K. Maximovich·1827~1891)의 이름에서 따왔다.

황철나무

황칠나무

늘푸른 넓은잎 중간키나무

친숙한 적갈색 전통 옻칠 이외에 황금빛을 내는 황칠(黃漆)이
있다. 황금으로 도금한 것 같다 하여 금칠(金漆)이라고도 하는
데, 황칠나무는 그 나뭇진으로 황칠을 할 수 있는 나무라 하여
이런 이름이 붙었다. 황칠나무는 남해안 및 섬에 자라는 늘푸
른나무로 아름드리로 크게 자란다.

과명 두릅나무과	영명 Korean dendropanax
학명 *Dendropanax trifidus*	중명 늑黃漆木
	일명 늑カクレミノ(隱蓑)

속명 *Dendropanax*는 그리스어 dendron(나무)과 *Panax*(인삼속)의 합성어이며
인삼속의 식물과 열매가 닮은 특징을 나타낸다. 종소명 *trifidus*는 잎이 3갈래로
갈라지는 특징을 나타낸다.

황칠나무

회양목

늘푸른 넓은잎 작은키나무

　　대표적인 석회암지대인 북한의 강원도 회양(淮陽)에 많이 자란다고 회양목(淮陽木)이다. 회양 말고도 충북 단양, 강원도 영월, 삼척 등 석회암지대의 척박한 급경사지에서 자란다. 옛 이름은 나무속이 노랗다고 황양목(黃楊木)이라 했으나 언제부터인가 회양목으로 불리고 있다. 손톱 크기의 작고 도톰한 잎을 가진 자그마한 늘푸른나무다. 북한 이름은 **고양나무**이다. 북한의 강원도 회양군 바로 옆 세포군 고양산 일대에 많다는 뜻으로 짐작된다.

과명 회양목과	영명 Korean boxwood
학명 *Buxus sinica* var. *insularis*	중명 朝鮮黄杨
	일명 ツゲ(黄楊)

속명 *Buxus*는 상자를 뜻하는 라틴어 puxas에서 왔다. 회양목 목재로 작은 상자를 만든 데서 유래하였다. 종소명 *sinica*는 중국을, 변종명 *koreana*는 한국을 뜻한다.

회화나무

잎지는 넓은잎 큰키나무

중국 원산인 이 나무를 한자로는 괴(槐) 혹은 괴수(槐樹)라고 쓰며 그 꽃은 괴화(槐花)라고 한다. 괴화(槐花)의 중국 발음 화이화(huáihuā)가 변하여 회화나무가 된 것으로 짐작된다. 회나무, 홰나무라고도 하는데 이 역시 괴(槐)의 중국 발음 화이(huái)에서 온 것으로 추정한다. 우리나라에서는 느티나무도 괴(槐)라고 쓰는 경우가 많아 옛 문헌에 나오는 괴(槐)가 회화나무인지 느티나무인지는 문맥으로 판단하는 수밖에 없다. 회화나무는 가지를 자유로이 뻗어 학자의 기개를 상징한다고 알려져 있다. 그래서 선비가 사는 마을, 서원, 사당 등에 흔히 심었고 궁궐에도 심었으며 학자수(學者樹)라고도 부른다.

과명 콩과	영명 Chinese scholar tree
학명 *Sophora japonica*	중명 槐
	일명 エンジュ(槐)

속명 *Sophora*는 이 속의 식물을 가리키던 아랍어 이름에서 유래했다.
종소명 *japonica*는 일본을 뜻한다.

후박나무

늘푸른 넓은잎 큰키나무

우리나라 남쪽 섬 지방의 난대림을 대표하는 나무다. 나무껍질
이 위장을 치료하는 후박(厚朴)이란 한약재로 쓰이므로 '후박이
나는 나무'에서 후박나무가 되었다고 한다. 혹은 커다랗고 두꺼
운 긴 타원형의 잎에 껍질마저 매끄러워 너그럽고 편안한 느낌
이어서 '인정이 두텁고 거짓이 없다'는 뜻의 후박(厚朴)을 이름으
로 삼아 후박나무가 되었다고도 한다.

과명 녹나무과
학명 *Machilus thunbergii*

영명 Thunberg's bay-tree
중명 紅楠
일명 タブノキ(栳)

속명 *Machilus*는 인도네시아 현지어 makilan이 라틴어로 변한 것이며 종소명
*thunbergii*는 린네의 제자인 스웨덴의 식물학자 툰베리(C. Thunberg·1743~1828)의
이름에서 따왔다.

후추등

늘푸른 넓은잎 덩굴나무

후추등의 열매는 맛과 향이 서남아시아에서 나는 후추처럼 맵싸하다. 열매의 모양도 후추와 비슷하다. 또한 나무가 자랄 때는 다른 나무나 바위에 공기뿌리를 내어 자라는데, 이런 모습이 덩굴로 뻗어나가는 등나무를 연상케 하여 후추등이란 이름이 붙었다.

과명 후추과	영명 Kadsura pepper
학명 *Piper kadsura*	중명 风藤
	일명 フウトウカズラ(風藤葛)

속명 *Piper*는 후추라는 뜻이며, 종소명 *kadsura*는 칡을 가리키는 일본어 카즈라(カズラ)에서 왔다.

후추등

후피향나무

늘푸른 넓은잎 중간키나무

후피향(厚皮香)나무에선 약재로 쓰이는 후박나무 껍질의 향이 난다. 때문에 '후박나무(厚) 껍질(皮) 냄새(香)가 나는 나무'란 뜻의 후피향나무란 이름이 붙었다. 중국 이름을 그대로 가져온 이름이다. 제주도의 난대림에 주로 자란다.

과명 차나무과
학명 *Ternstroemia gymnanthera*

영명 Naked-anther ternstroemia
중명 厚皮香
일명 モッコク(木斛)

속명 *Ternstroemia*는 18세기 스웨덴의 자연과학자 테른스트룀(C. Ternstroem·1703~1746)의 이름에서 따왔다. 종소명 *gymnanthera*는 수꽃술의 꽃밥이 겉으로 드러나 있다는 뜻이다.

후피향나무

히어리

잎지는 넓은잎 작은키나무

이른 봄 잎이 나오기 전 노란 꽃이 몇 개씩 모여 아래로 처지면
서 피는 아름다운 우리 꽃나무다. 히어리란 말이 마치 외래어처
럼 느껴지나 순수한 우리말이다. 전남 순천에서 발견되었을 당
시 인근 주민들이 뜻을 알 수 없는 사투리로 '히어리'라고 불렀
다는데, 이것이 그대로 정식 이름이 되었다. 히어리의 꽃받침과
턱잎은 얇은 종이처럼 반투명한 것이 특징인데, 마치 밀랍을
먹인 것 같아 납판화(蠟瓣花)라고도 한다. 북한 이름은 **조선
납판나무**이다.

과명 조록나무과	**영명** Korean winter hazel
학명 *Corylopsis coreana*	**중명** 늑蠟瓣花
	일명 늑トサミズキ(土佐水木)

속명 *Corylopsis*는 그리스어로 *Corylus*(개암나무속)와 opsis(유사하다)의 합성어로
잎이 개암나무속과 비슷한 특징을 나타낸다. 종소명 *coreana*는 한국을 뜻한다.

히어리

나무 이름의 종류와 구성 방식

● 나무 이름의 변천과 쓰임새

나무는 다양한 이름을 갖고 있다. 우리는 어떤 나무를 두고 소나무, 은행나무, 감나무 등으로 부르지만 다른 나라에서는 어떻게 부를까? 당연한 이야기일 터이나 나라마다 서로 다른 독특한 이름을 갖고 있다. 예를 들어 우리의 감나무를 중국은 시슈(柿树), 일본은 가키(カキ), 영어권에서는 퍼시먼(persimmon)으로 부른다. 이런 이름을 일반명(common name) 혹은 향명(鄉名), 지방명이라 한다. 나라 사이에 교류가 거의 없고, 자기나라 사람들만 끼리끼리 모여 살던 옛날에는 같은 말을 쓰는 이웃과 함께 일반명을 공유하며 불편 없이 지내왔다. 더욱이 한자 문화권에 속하는 우리 선조들은 한자로 이웃나라인 중국, 일본과 소통하면서 수천 년을 살아왔다.

그러나 근세에 들면서 학문이 발달하고 문화 교류가 활발해지면서 인간 생활과 밀접한 관계가 있는 동식물의 이름을 세계적으로 통일할 필요성이 절실해졌다. 자기 나라나 한정된 지역에서만 알아들을 수 있는 이름이 아니라, 세계적으로 통하는 하나의 이름이 있어야 했다. 그리고 18세기 중엽 식물학의 학문

체계가 확립되면서 학명이란 획기적인 세계 공통의 이름 붙이기 방법이 도입되었다.

학명(學名·scientific name)은 스웨덴의 생물학자 린네(Carl von Linne)가 1753년에 쓴 《식물 종(Species Plantarum)》이란 저서에서 출발했다. 이명식(二名式) 명명법이라 하여 종의 이름을 속명(屬名)과 종소명(種小名)으로 표기하고 뒤에다 처음 학명을 만들어 붙인 사람의 이름을 넣는 방식이다. 이렇게 하면 종마다 단 하나의 이름을 갖게 된다. 나라와 언어가 달라도 서로 이름을 통용할 수 있다. 예를 들어 은행나무의 학명은 *Ginkgo biloba* Linne이다. *Ginkgo*가 속명, *biloba*가 종소명이며 Linne는 첫 명명자의 이름이다. 학명은 세계표준규약에 따라 속명의 첫 글자는 대문자로 쓰고, 이탤릭체로 표기해야 하는 등 복잡한 규정을 따라야 한다. 명명자는 학술서적이 아니면 생략해버리는 경우가 많다. 또 변종(variety)이나 품종(forma)의 명칭을 종소명 뒤에 약자 var.이나 f.를 넣고 나란히 이름을 표기하므로 이명식이 아니라 삼명식(三名式)이 되는 경우도 있다. 반송의 경우 소나무의 품종이므로 *Pinus densiflora* f. *multicaulis*로 나타낸다. 속명 *Pinus*와 종소명 *densiflora*를 기본으로 소나무의 품종임을 나타내는 f.를 넣고 품종명 *multicaulis*를 표기하는 방식이다.

일반명은 오랫동안 사람들의 입에서 입으로 전해 내려오

히어리

는 이름이다. 심지어 마을마다 이름이 다를 수 있지만 지금은
나라별로 통일된 일반명을 정해두고 있다. 우리나라의 식물 이
름을 현대적으로 정비한 것은 1937년《조선식물향명집》을 내
면서부터다. 이어 해방 이후인 1949년 1천여 종을 추가하여
《조선식물명집》을 내면서 정비 작업이 대체로 마무리되었다.
그때까지는 지방마다 같은 나무를 두고도 다른 이름으로 부르
곤 해서 한 나무에도 여러 이름이 있었는데, 이때 그중 합리적
이고 많이 쓰는 이름을 선정하여 표준명(정명)으로 삼고 다른
이름은 이명(異名)이라 했다. 이 과정에서 부분적으로 일본 이
름을 가져다 쓴 경우가 있어 비판을 받기도 한다. 이후 여러 과
정을 거쳐 지금은《국가표준식물목록》에 의거하여 통일된 일
반명을 사용하도록 권장하고 있다.

● 나무 이름의 구조

나무 이름의 구성을 보면 어근(語根·단어를 분석할 때, 실질적 의미를 나
타내는 중심이 되는 부분)에 접미어 '나무'를 붙인 형태가 기본형이다.
가래나무, 감나무, 은행나무의 경우 '가래', '감', '은행'이 어근이
고 접미어가 '나무'이다.

　　나무 이름은 접미어 없이 어근만으로 만들어지기도 한다.
순수한 우리말인 다래, 머루, 칡이나 한자말인 금송, 남천, 목
련, 무궁화, 철쭉, 황근 등은 어근만으로 된 이름이다. 어근에

　　　　　　　　　　　　　　　　　히어리

접미어 '나무'를 붙일지 안 붙일지는 일정한 기준이 없다. 목련과 무궁화는 '나무'를 붙이지 않지만 고욤과 모과는 '나무'를 붙인다. 애매한 경우엔 《국가표준식물목록》에 정해둔 대로 따르는 수밖에 없다.

또 나무 이름에는 나무의 특성을 정확하고 밀도 있게 나타내기 위하여 접두어가 붙은 경우가 많다. 예를 들어 벚나무와 비슷하지만 조금씩 모양새가 다른 나무로 산벚나무, 올벚나무, 왕벚나무 등이 있으며 여기서 '산', '올', '왕'은 접두어이다. 결국 나무 이름의 유형은 다음의 네 가지 형태로 나뉜다.

1   어근만으로 이루어진 이름

다래
<u>어근</u>

2   어근 뒤에 접미어를 붙인 이름

은행 나무
<u>어근</u> <u>접미어</u>

3   어근 앞에 접두어를 붙인 이름

산   이스라지
<u>접두어</u>   <u>어근</u>

4   어근 앞과 뒤에 각각 접두어와 접미어를 붙인 이름

개   살구 나무
<u>접두어</u>   <u>어근</u> <u>접미어</u>

히어리

◉ 어근의 여러 형태

나무 이름의 어근은 태곳적부터 사용하던 순우리말, 한자가 기본이 되는 한자어, 주로 서양에서 근래에 들어온 외래어 등으로 구성되며 서로 결합되어 있는 경우도 있다. 아래에선 다양한 유형의 어근을 유형별로 알아보자.

나무의 모양과 생태

전체적인 겉모습이나 살아가는 생태가 이름에 나타난 경우이다. 나뭇가지가 돌려나기로 층을 이루는 층층나무, 가지가 정확하게 3갈래로 갈라지는 삼지(三枝)닥나무, 소반처럼 둥그스름하게 자라는 반송(盤松), 길가를 뜻하는 노방(路傍)에 잘 자란다는 노박덩굴, 모래 속에 숨어 덩굴을 뻗어나가는 듯한 모습에서 이름을 따온 순비기나무, 반상록으로 겨울도 참고 잘 견딘다는 뜻의 인동(忍冬)덩굴, 참나무 등 다른 나무에 기생하면서 겨우겨우 살아가고 늘푸른잎으로 겨울을 이겨내는 겨우살이 등이 있다.

나무껍질

나무껍질은 나무속을 보호해주는 피부에 해당하며 나무 종류마다 모습이 다르다. 색깔이나 껍질의 특징에 따라 붙은 이름이 많다. 나무껍질의 색깔로 붙여진 이름으로 나무껍질이

히어리

거의 흰색인 백송(白松), 나무껍질이 검다는 뜻의 흑피목(黑皮木)에서 변한 가문비나무, 나무껍질이 회갈색이어서 분피(粉皮)나무라고 부르던 이름에서 유래한 분비나무, 검은 소나무란 뜻의 흑송(黑松)에서 검솔을 거쳐 변한 이름인 곰솔, 붉은 나무껍질로 대표되는 주목(朱木), 푸른 나무껍질의 벽오동(碧梧桐), 속껍질이 짙은 황색인 황벽(黃蘗)나무, 검은 대나무란 뜻의 오죽(烏竹)이 있다. 나무껍질의 형태에서 따서 만든 이름은 나무껍질이 사슴뿔(鹿角)처럼 보드랍고 아름다운 노각나무, 버짐이 핀 것 같은 버즘나무, 줄기에 화살 날개 모양의 코르크질 날개가 달리는 화살나무 등이 있다.

잎

잎은 나무의 얼굴이라 할 수 있으며 나무 종류를 구분할 때 꽃 다음으로 중요한 기준이다. 생김새가 비슷한 다른 식물이나 물체와 비유하여 붙인 이름이 많다. 잎이 고춧잎을 닮은 고추나무, 펼쳐진 박쥐 날개를 떠올리게 하는 모양의 잎을 단 박쥐나무, 잎이 악기 비파를 닮은 비파나무, 바늘잎이 좌우로 줄처럼 달려 한자의 아닐 비(非) 자를 닮은 비자(榧子)나무 등이 있다. 측백(側柏)나무란 이름은 측(側) 자를 써 잎이 옆으로 나온다는 뜻을 담고 있다. 편백(扁柏)은 납작할 편(扁) 자가 들어간 이름대로 잎이 납작한 비늘 모양이다. 잎자루에 달린 잎의 개

허어리

수에 따라 붙은 이름도 있다. 잎이 5개 달리는 오갈피나무, 7개 달리는 칠엽수 등이다. 바늘잎나무는 대개 늘푸른나무다. 하지만 겨울에 잎이 떨어지는 나무도 있고, 그런 특징에서 이름을 딴 나무로 잎갈나무, 새의 날개 같은 깃꼴잎이 겨울에 통째로 떨어지는 낙우송(落羽松)이 있다. 새순이 붓처럼 생긴 붓순나무, 새잎이 돋을 때 특별히 초록색이 강한 녹나무 등도 있다.

꽃

꽃은 식물의 생식기관으로 그 모양의 차이는 종을 구분하는 데 기본이 된다. 꽃이 핀 나무의 모습을 보고 붙인 이름으로는 쌀밥을 수북이 담아놓은 것 같다는 이팝나무, 밤에 보면 새하얗게 핀 꽃이 빛을 발하는 것 같다는 야광(夜光)나무, 하얀 꽃이 마치 작은 단(壇)을 이루는 것 같다 하여 백단(白壇)나무에서 변한 백당나무, 비단으로 수를 놓은 것 같은 둥근 꽃이 달린다는 뜻의 수구화(繡毬花)가 변한 수국 등이 있다. 꽃의 생김새로 본 이름은 백합꽃과 비슷한 꽃이 나무에 달린다는 뜻의 백합나무, 연꽃 모양의 꽃이 피는 나무란 뜻의 목련(木蓮), 함박꽃 모양의 꽃이 피는 함박꽃나무, 종(鐘) 모양의 꽃이 피는 종덩굴 등이 있다. 꽃의 생태를 두고 붙인 이름에는 음력 12월에 매화 닮은 꽃이 핀다는 납매(臘梅), 겨울에도 꽃이 피는 나무란 뜻의 동백(冬柏)나무, 오랫동안 계속해서 끝없이 꽃이 핀다는

히어리

무궁화(無窮花), 백 일 이상 오랫동안 꽃이 핀다 하여 백일홍나무에서 변한 배롱나무, 꽃받침과 꽃자루가 긴 타원형 주머니처럼 비대해지면서 수많은 작은 꽃들을 품어 꽃이 보이지 않게 되는 무화과(無花果)나무 등이 있다.

열매와 씨앗

열매와 씨앗은 자식을 위한 최고의 정성이 깃들어 있는 부분이다. 씨앗을 어떻게 멀리 보낼 것인지, 또 안전하게 살아남게 할 것인지를 고안한 천차만별의 결과물이다. 겉모습에서 유래한 이름에는 복숭아를 닮은 아름다운 열매라는 뜻의 앵도(鶯桃·櫻桃)가 변한 앵두, 복숭아를 닮은 보랏빛 과일인 자도(紫桃)가 변한 자두, 오랑캐나라에서 들어왔으며 씨앗이 복숭아 모양인 호도(胡桃)가 변한 호두 등을 들 수 있다. 또 나무에 달리는 참외란 뜻의 목과(木瓜)가 변한 모과, 살구를 닮은 은빛 씨앗인 은행(銀杏) 등이 있다. 그 외 열매가 베개처럼 생긴 까마귀베개, 딸기 모양의 열매가 달리는 산딸나무, 열매가 고급 부채인 미선(尾扇)을 닮은 미선나무, 열매가 쥐똥 같다는 쥐똥나무, 콩알만 한 배가 열린다는 뜻의 콩배나무가 있다. 그 외 벚(버찌의 준말)이 열리는 벚나무, 과육이 얼음처럼 하얀 빛깔인 으름, 이름에 열매를 뜻하는 자(子)가 붙은 구기자와 오미자 등이 있다.

히어리

가시

가시는 자신을 보호하기 위한 방어기구로 여러 모양이 있으며 가시가 있는 나무는 이름에 그것이 거의 반영되어 있다. 가시가 날카로운 갈고리처럼 휘어 있어 실이 잘 걸린다는 뜻의 실거리나무, 매의 발톱처럼 날카로운 가시가 달린 매발톱나무, 줄기에 큰 가시가 발달하는 조각자(皂角刺)나무가 있으며, 찔레꽃은 줄기의 가시가 찌른다는 뜻에서 온 이름이다. 옛날 임금님 행차의 앞에서 깃대를 매는 긴 막대기인 가서봉(哥舒棒)에서 이름이 유래한 가시나무는 이름과 달리 가시가 없다.

냄새 및 맛

잎이나 줄기, 꽃이나 열매 등에서 독특한 향기나 맛이 나는 나무가 있다. 생강 냄새가 나는 생강나무, 누린내가 나는 누리장나무, 닭의 배설물 냄새가 나는 계요등(鷄尿藤), 지독히 쓴 소태맛이 나는 소태나무, 감태 냄새가 나는 감태나무, 열매에서 신맛·단맛·쓴맛·짠맛·매운맛의 다섯 가지 맛이 난다는 오미자(五味子)나무, 열매가 달다는 뜻의 다래가 있다. 나무 자체에서 향기가 나는 향(香)나무, 꽃이 丁자 모양이고 향이 진한 정향(丁香)나무, 상서로운 향기가 난다는 서향(瑞香), 향기가 백 리에 이른다는 백리향(百里香) 등이 있다. 그 외에 잔가지를 꺾어 물에 담그면 푸른 물이 우러난다는 물푸레나무가 있다.

히어리

나무의 쓰임새

나무의 쓰임새로 이름이 붙은 경우다. 대팻집 만들 때 쓰는 대팻집나무, 윷을 만들기에 적합한 윷노리나무, 키를 만드는 데 썼다는 키버들, 조리를 만드는 데 사용한 조릿대, 떡을 찔 때 아래 그 잎을 깔아 떡이 달라붙지 않도록 했다는 떡갈나무, 잡귀가 싫어하여 나쁜 일이 일어나지 않게 해준다는 무환자(無患子)나무 등이 있다. 덩굴을 끈으로 쓴다 하여 붙은 이름인 마삭줄과 사위질빵, 질긴 껍질을 벗겨 쓰는 피(皮)나무, 속껍질을 느른해지도록 빻아 대용식으로 쓰는 느릅나무도 있다. 또 나무의 추출물에서 이름을 딴 나무로 옻이 나오는 옻나무, 황칠(黃漆)이 나오는 황칠나무 등이 있다. '진짜 나무'란 뜻의 참나무란 이름은 두루 쓰임새가 많아서 붙은 이름이다.

한자어

중국 이름을 가져다 쓰거나 한자를 따로 만드는 등 우리의 나무 이름에 한자가 들어 있는 경우는 굉장히 많다. 흔히 들어 있는 글자는 송(松), 백(栢), 매(梅), 유(柳), 동(桐), 계(桂) 등이다. 한자가 그대로 남아 있는 이름으로 골담초(骨擔草), 낙상홍(落霜紅), 담팔수(膽八樹), 목서(木犀), 무궁화(無窮花), 반송(盤松), 벽오동(碧梧桐), 산수유(山茱萸), 서향(瑞香), 석류(石榴), 자금우(紫金牛), 오미자(五味子), 주목(朱木), 죽절초(竹節草), 협죽도(夾竹桃) 등이 있다. 한자에서 유래했지만 변한 이름으로는 가승목(假僧木)이 변한 가죽나무, 노가자목(老柯子木)이 변한 노간주나무, 대조목(大棗木)에서 변한 대추나무, 서목(西木)이 변한 서어나무, 조협목(阜莢木)이 변한 주엽나무, 진승목(眞僧木)이 변한 참죽나무, 척촉(躑躅)이 변한 철쭉, 괴화(槐花)에서 변한 회화나무 등이 있다.

외래어

피라칸타는 속명 피라칸타(*Pyracantha*)에서 온 이름이다. 네군도(*negundo*)단풍, 리기다(*rigida*)소나무, 스트로브(*strobus*)잣나무, 테다(*teada*)소나무는 종소명을 이름에 붙였다. 아까시나무는 종소명 프세우도아카키아(*pseudoacacia*) 중 일부만 떼어 부르는 것이다. 개잎갈나무, 버즘나무는 영어 이름 히말라야시다(Hymalaya cedar), 플라타너스(Platanus)로 흔히 부른다.

◉ 접두어

잎·꽃·열매 등 각 기관의 생김새나 색깔, 나무 이름에는 자라는 곳, 생태, 쓰임에 따라 여러 접두어가 붙는다. 또 비슷한 나무를 따로 구분하기 위하여 접두어를 붙이는 경우도 많다.

가 ─ 진짜가 아닌 가짜(假)라는 뜻

　　　　가솔송, 가죽나무(假僧木)

　　　　　　　　　　　히어리

가새 — 가위의 방언으로 잎이 가위 모양임을 나타냄

가새뽕나무, 가새잎산사

가시 — 바늘처럼 뾰족하게 돋은 가시

가시까치밥나무, 가시복분자, 가시오갈피

각시 — 잎·꽃·열매 등이 작거나 예쁜 모습

각시괴불나무

갯 — 강이나 바다의 물이 드나드는 가장자리

갯대추나무, 갯버들

겹 — 꽃잎이 여러 겹으로 남

겹동백, 겹황매화

곱 — 줄기나 가지가 굽은 모양

곱향나무

공 — 둥근 공 모양

공조팝나무

광대 — 다른 나무와 모습이 닮음

광대싸리

구슬(구실) — 주로 열매가 구슬처럼 둥근 모양

구슬댕댕이, 구실잣밤나무

꼬리 — 꽃대가 동물의 꼬리를 닮음

꼬리조팝나무, 꼬리진달래

꽃 — 특별히 꽃이 아름다움

히어리

꽃개오동, 꽃버들, 꽃벚나무, 꽃아까시나무

나도(너도) — 서로 비슷함을 나타냄

　　　　나도국수나무, 나도밤나무, 너도밤나무

나래 — 날개를 부드럽게 일컫는 말

　　　　나래쪽동백, 나래회나무

나무 — 풀이 아님을 강조하는 말

　　　　나무딸기, 나무수국

난장이 — 키가 작음

　　　　난장이버들

눈 — 땅에 거의 붙어서 옆으로 자람

　　　　눈잣나무, 눈주목, 눈측백, 눈향나무

능수(수양) — 가지가 길게 늘어짐

　　　　능수버들, 수양버들

덤불 — 덤불 모양으로 자람

　　　　덤불오리나무, 덤불자작나무

덩굴 — 덩굴 모양으로 자람

　　　　덩굴옻나무, 덩굴장미

돌 — 열매나 꽃이 원종보다 좀 못하거나 단단함

　　　　돌배나무

두메 — 사람이 많이 살지 않는 변두리나 시골에 자람

　　　　두메닥나무, 두메오리나무

둥근 — 수형(樹形) 혹은 잎이 둥근 모양

　　　둥근난티나무, 둥근인가목, 둥근잎광나무,

　　　둥근향나무

등 — 등나무와 닮은 덩굴나무

　　　등수국, 등칡

땅(땃) — 키가 작아 거의 땅에 붙어 자람

　　　땅비싸리, 땃두릅나무

떡 — 떡의 보관이나 만들기에 관련됨

　　　떡갈나무, 떡버들, 떡오리나무, 떡윤노리나무

뚝 — 생태적으로 둑에 잘 자람

　　　뚝향나무

뜰 — 집 근처의 정원에 잘 심음

　　　뜰보리수, 뜰동백

만첩 — 꽃잎이 겹겹이 핌

　　　만첩백매, 만첩홍매, 만첩백도, 만첩산철쭉

뫼(묏) — 산(山)의 우리말

　　　묏대추나무

물 — 물가에 자라거나 나무속에 수분이 많음

　　　물박달나무, 물앵도나무, 물오리나무

민(민둥) — 털이나 가시가 없음

　　　민둥인가목, 민마삭줄, 민산초나무, 민해당화

히어리

바위 — 바위가 많은 곳에 흔히 자람

　　　바위말발도리, 바위수국, 암매(巖梅)

사방 — 황폐한 산지를 복구하는 사방공사에 쓰임

　　　사방오리나무

산 — 　주로 산에 자람

　　　산서어나무, 산옥매, 산철쭉, 산팽나무

새(쇠) — 작다는 뜻의 소(小)가 변한 말

　　　새머루, 쇠물푸레

선 — 　곧추선 모양으로 자람

　　　선버들

섬 — 　주로 섬에 자람

　　　섬개야광나무, 섬개회나무, 섬괴불나무, 섬벚나무,

　　　섬잣나무, 섬피나무

애기 — 키가 작고 귀여운 모습

　　　애기동백나무, 애기등, 애기모람

왕 — 　나무의 크기, 잎·꽃 등이 유사한 종보다 더 큼

　　　왕대, 왕머루, 왕모람, 왕버들, 왕벚나무

용 — 　용틀임을 하듯 구불구불하거나 가시가 크고 촘촘함

　　　용버들, 용가시나무

우묵 — 잎 끝이 우묵하게 凹자형으로 패임

　　　우묵사스레피나무

히어리

잔털 ─ 잎이나 꽃잎에 자잘한 털이 있음

　　　　잔털벚나무, 잔털인동

좀 ─ 나무의 크기, 잎·꽃 등이 유사한 종보다 작음

　　　　좀깨잎나무, 좀골담초, 좀목형, 좀싸리, 좀참꽃

줄 ─ 덩굴로 길게 자람

　　　　줄딸기, 줄댕강나무, 줄사철나무

진퍼리 ─ 질퍽한 벌판에 자라는 모습

　　　　진퍼리꽃나무, 진퍼리버들

쪽 ─ 잎이나 열매가 작음

　　　　쪽동백나무, 쪽버들

참 ─ 진짜 또는 품질이 좋음

　　　　참나무, 참빗살나무, 참식나무, 참싸리, 참오동나무,

　　　　참죽나무

콩 ─ 나무의 열매나 키가 작음

　　　　콩배나무, 콩버들

털 ─ 잎이나 꽃·열매에 털이 있음

　　　　털갈매나무, 털괴불나무, 털댕강나무, 털조장나무

풀 ─ 나무의 모양이 풀처럼 보임

　　　　풀명자, 풀싸리

　　　　　　　　　　　　　　　　히어리

아래는 유형별로 분류할 수 있는 다양한 접두어와 그것이 쓰인 나무 이름을 정리했다.

국내 지명 — 주요 산 및 자라는 지역명

금강소나무, 금강국수나무, 백두산자작나무, 설령오리나무, 우산고로쇠, 웅기피나무, 제주광나무, 제주조릿대, 중산국수나무, 지리산싸리, 탐라산수국, 풍산가문비, 한라산진달래

국외 지명 및 나라 이름 — 원산지명

구주피나무(일본 규슈), 구주소나무(유럽), 당단풍나무, 당마가목, 당매자나무, 독일가문비나무, 만주자작나무, 몽고뽕나무, 미국물푸레, 미국산사나무, 서양까치밥나무, 서양측백나무, 시베리아살구나무, 양버들(서양), 일본목련, 일본잎갈나무, 중국굴피나무, 중국단풍나무, 히말라야시다

동물 이름 — 개, 곰, 말, 호랑이 등 친숙한 짐승의 이름

개느삼, 개다래, 개머루, 개벚나무, 개비자나무, 개박달나무, 개산초, 개살구나무, 개서어나무, 개오동, 개옻나무, 개잎갈나무, 개회나무, 곰딸기, 괭이싸리, 괭이신나무, 말발도리, 말오줌때, 말오줌나무, 박쥐나무, 여우버들, 족제비싸리, 쥐다래, 쥐똥나무, 호랑가시나무, 호랑버들, 호자(虎刺)나무

히어리

새 이름 — 주변에 흔한 새 종류

가막살나무, 까마귀밥나무, 까마귀베개, 까마귀쪽나무, 까치밥나무, 매발톱나무, 매자나무, 병아리꽃나무

색깔 — 꽃·잎·열매·줄기 등의 색깔

검노린재, 검팽나무, 검은재나무, 노란팽나무, 노랑만병초, 노랑참식나무, 누른종덩굴, 백목련, 백서향, 백송, 붉가시나무, 붉나무, 붉은병꽃나무, 붉은인가목, 삼색싸리, 은단풍, 은백양, 은목서, 금목서, 자목련, 자주종덩굴, 청가시덩굴, 청괴불나무, 청시닥나무, 홍단풍, 황매화, 흑오미자, 흰등나무

형태 — 주로 잎의 길이, 넓이, 두께 등

가는잎벚나무, 가는잎음나무, 긴잎느티나무, 긴잎조팝나무, 넓은잎딱총나무, 넓은잎황벽나무, 왕후박나무, 좁은잎산사나무, 좁은잎천선과나무, 큰잎느릅나무

● 접미어

단풍나무, 대추나무, 은행나무 등에서 보듯 어근의 뒤에 붙은 접미어는 대부분이 '나무'이다. 그 외 마가목, 마취목, 채진목, 초령목, 태산목, 통탈목, 회양목 등 목(木)을 붙이는 경우도 있으며 담팔수, 보리수, 산호수, 월계수, 칠엽수 등 수(樹)를 붙이

는 경우도 있다. 덩굴로 자란다고 덩굴을 붙인 경우는 노박덩굴, 담쟁이덩굴, 으름덩굴, 인동덩굴, 청가시덩굴, 청미래덩굴 등이 있다. 비슷한 예로 등나무처럼 덩굴로 자란다는 뜻으로 등(藤)이 붙은 계요등, 후추등도 있다. 또 열매를 뜻하는 자(子)가 붙은 이름은 오미자 등이 있는데 개비자나무, 구기자나무, 비자나무처럼 접미어가 겹으로 붙기도 한다. 나무이지만 이름에 초본을 뜻하는 초(草)나 '풀'이 접미어로 쓰인 이름에는 골담초, 낭아초, 만병초, 죽절초, 인동초, 된장풀, 린네풀, 조희풀 등이 있다. 화(花)가 접미어인 경우는 능소화, 무궁화, 불두화, 영춘화, 풍년화, 해당화 등이 있으며 '꽃'이 붙는 경우도 있는데 구슬꽃나무, 병꽃나무, 팥꽃나무, 함박꽃나무처럼 다시 나무가 붙은 이중 접미어 형식이 많다.

히어리

북한의 나무 이름

1948년 남과 북이 갈라지고 이제 70년을 넘기고 있다. 전쟁을 치르고 서로 적대하면서 교류가 끊겨 같은 민족임에도 모든 분야의 이질감이 점점 커지고 있는 현실이다. 특히 언어의 차이가 크다는 것은 잘 알려져 있지만, 나무 이름이라는 특정 영역에서 구체적으로 얼마만큼 달라졌는지를 간략하게 알아보고자 한다. 최근 국립생물자원관에서는《국가생물종목록집-북한지역 관속식물》을 출간하였다. 이 자료를 중심으로 북한에서 출판한《식물원색도감》과《조선식물지》를 참조하여 남북한의 나무 이름 차이를 비교해 보았다.

북한의 나무 이름은 전반적으로 순우리말의 의미를 살리려는 노력이 돋보이며 외래어 순화, 비속어 안 쓰기, 한자의 한글화 등에 중점을 두고 있다. 문화를 공유하고 같은 언어를 사용하므로 선조들이 붙인 순우리말 이름은 남북이 서로 다르지 않다. 대부분의 이름은 우리와 똑같이 쓰고 있거나 한두 글자 정도가 다를 뿐이어서 금방 무슨 나무인지 알 수 있다. 그러나 해방 이후 남북이 별개로 학문의 체계를 발전시키면서 일부 이름들은 완전히 달라져버렸다. 우리로서는 짐작도 어려워 학명이 아니면 소통할 수 없는 이름들도 적지 않다. 계수나무는 구슬꽃잎나무, 괴불나무는 아귀꽃나무, 귀룽나무는 구름나무, 낙우송은 늪삼나무, 박태기나무는 구슬꽃나무, 버즘나무는 방울나무, 산사나무는 찔광나무, 산초나무는 분지나무, 염주나무는 구슬피나무, 영산홍은 큰꽃철쭉나무, 자두나무는 추리나무, 함박꽃나무는 목란, 회양목은 고양나무, 히어리는 조선납판나무로 부르고 있다.

외국에서 수입한 나무의 경우 우리는 자생지나 수입해온 나라의 이름을 흔히 나무 이름에 포함시켰다. 그러나 북한은 국가 이름을 가능한 피하고 순우리말로 나타내었다. 특히 '일본'은 나무 이름에서 완전히 빼버렸다. 일본매자나무는 좀매자나무, 일본목련은 황목련, 일본잎갈나무는 창성이깔나무, 일본전나무는 굳은잎전나무 등으로 바꾸었다. '중국'이 들어간 나무 이름도 중국굴피나무는 풍양나무, 중국단풍은 애기단풍나무로 바꾸었다. 당(唐)이 들어간 당광나무는 큰광나무, 당느릅나무는 털씨느릅나무, 당조팝나무는 털조팝나무로 바꾸었으나 당귤나무는 그대로 쓰고 있다. 또 외래어 이름을 쓸 때 우리는 주로 속명이나 종소명을 접두어나 나무 이름으로 그대로 쓰는 반면 북한은 우리말을 새로 만들어 사용하는 예가 많다. 리기다소나무는 세잎소나무, 메타세쿼이아는 수삼나무, 방크스소나무는 짧은잎소나무, 스트로브잣나무는 가는잎소나무,

459   북한의 나무 이름

풍겐스소나무는 거센잎소나무 등으로 바뀌었으나 네군도단풍
처럼 종소명을 그대로 두기도 했다.

국내의 지명을 나무 이름으로 붙인 경우도 많다. 왕벚나무
는 제주도가 원산지임을 강조하기 위하여 제주벚나무라고 하
였다. 일본잎갈나무는 평북 창성군의 이름을 따 창성이깔나무,
북아메리카가 원산인 은단풍은 평양단풍나무라 했다. 회양목
은 고양나무라고 했는데, 북한의 강원도 회양군 바로 옆 세포
군 고양산 일대에 많다는 뜻으로 짐작된다.

우리와 친근한 동물인 개, 곰, 여우, 괭이(고양이), 호랑이, 박
쥐, 병아리, 까마귀, 까치 등을 접두어로 하는 이름은 북한도
마찬가지이나 다만 접두어로 '개'가 들어간 이름은 철저히 바
꿔버렸다. 우리의 개머루는 돌머루, 개싸리는 들싸리, 개다래
는 말다래나무, 개벚지나무는 별벚나무, 개산초는 사철초피나
무, 개벚나무는 산벚나무, 개살구나무는 산살구나무, 개박달
나무는 좀박달나무, 개비자나무는 좀비자나무, 개서어나무는
좀서어나무, 개오동나무는 향오동나무, 개옻나무는 털옻나무
로 바꿨다. 다만 개나리는 전체를 어근으로 봐서 개나리꽃나
무로 두었다. 이렇게 나무 이름에서 '개'를 없앤 이유는《김일
성 전집》에 적혀 있다. "우리나라 식물들 가운데는 쥐똥나무뿐
만 아니라 개똥나무, 개살구나무, 개오동나무를 비롯하여 이름
을 천하게 부르는 식물이 많은데 그런 이름을 다 고쳐야 합니

북한의 나무 이름

다"라고 교시하였다는 것이다.

한자 이름은 오죽을 검정대, 유동을 기름오동나무, 백송을 흰소나무로 바꾼 예에서 볼 수 있듯 전체를 우리말로 풀어 쓴 경우가 있고 청시닥나무를 푸른시닥나무, 흑오미자를 검은오미자나무라고 한 것과 같이 접두어만 우리말로 바꾼 경우가 있다. 또 한자 이름을 완전히 다른 한글 이름으로 바꿔버린 예로 채진목을 독요나무, 황근을 갯아욱으로 바꾼 예가 있다. 반대로 우리는 순우리말을 쓰는데 북한에서는 한자어를 쓴 경우도 있다. 쉬나무는 수유(茱萸)나무, 함박꽃나무는 목란(木蘭)으로 부른다. 우리가 외래어 그대로 쓰는 메타세쿼이아는 수삼(水杉)나무로 바꾸었다.

그 외 좀 혼란스러운 경우도 있다. 만병초를 큰만병초라 하는 대신 노랑만병초를 만병초로 부르고, 옥매는 만첩옥매라 부르며 산옥매를 옥매라 하고, 붉은병꽃나무를 북병꽃나무라 하며 골병꽃을 붉은병꽃나무라고 부른다. 중대가리나무의 이름을 우리는 구슬꽃나무로 바꾸었는데, 북한에선 구슬꽃나무란 이름은 우리의 박태기나무를 가리킨다. 또 우리의 지렁쿠나무를 북한은 넓은잎딱총나무라 하고, 우리의 덧나무를 북한에서는 지렁쿠나무라고 하는 등 이름이 같아도 남북에서 각자 다른 나무를 가리키는 경우가 많다. 또 다래, 담팔수, 말발도리, 무궁화, 벽오동, 복자기, 산딸기, 산수유, 팔손이, 편백, 화백 등은 우리의《국가표준식물목록》에서는 '나무'가 붙지 않으나 북한에서는 다래나무, 담팔수나무, 무궁화나무처럼 모두 '나무'가 붙는다. 그러나 등칡, 모란, 목련, 위성류, 주목 등에는 붙이지 않아 일정한 규칙이 없는 것은 우리와 마찬가지다.

금방 무슨 나무인지 알 수 있는 이름도 우리가 쓰는 이름과 미묘한 차이가 있다. 두음법칙을 적용하지 않아 나한송은 라한송, 육지꽃버들은 류지꽃버들이라고 쓴다. 붉다는 뜻으로 붙인 '붉'이란 접두어를 '북'이라고 써서 붉가시나무를 북가시나무, 붉은병꽃나무를 북병꽃나무라고 한다. '눈'이라는 접두어도 '누운'으로 풀어 써서 눈잣나무는 누운잣나무, 눈주목은 누운주목, 눈향나무는 누운향나무라고 하며 덩굴나무인 마삭줄은 마삭덩굴나무, 영주치자는 영주덩굴 등으로 이름에 '덩굴'을 붙여 생태적인 특성을 알기 쉽게 했다. 물론 청가시덩굴을 청가시나무라고 하는 것처럼 반대인 경우도 있다.

북한의 나무 이름

남북한 주요 나무의 이름 비교표

우리 이름	북한 이름
각시괴불나무	산아귀꽃나무
감태나무	흰동백나무
개가시나무	돌가시나무
개나리	개나리꽃나무
개느삼	느삼나무
개다래	말다래나무
개머루	돌머루
개박달나무	좀박달나무
개벗나무	분홍벗나무
개벗지나무	별벗나무
개비자나무	좀비자나무
개산초	사철초피나무
개살구나무	산살구나무
개서어나무	좀서어나무
개야광나무	조선섬야광나무
개오동	향오동나무
개옻나무	털옻나무
개잎갈나무	설송나무
개회나무	참산회나무
거제수나무	물자작나무
거지딸기	맛노랑딸기
계수나무	구슬꽃잎나무

북한의 나무 이름

우리 이름	북한 이름
골병꽃	붉은병꽃나무
곰딸기	붉은가시딸기
광대싸리	싸리버들옻
괴불나무	아귀꽃나무
구슬꽃나무	머리꽃나무
구주물푸레	산물푸레나무
구주소나무	보천소나무
귀룽나무	구름나무
귤	홍귤나무
금강인가목	금강국수나무
금송	금솔
까마귀밥나무	까마귀밥여름나무
까마귀베개	헛갈매나무
꽃개오동	능소향오동나무
꽃개회나무	꽃정향나무
꽃아까시나무	장미색아카시아나무
나한송	라한송
낙우송	늪삼나무
난티나무	난티느릅나무
낭아초	낭아땅비싸리
노간주나무	노가지나무
노랑만병초	만병초
노린재나무	노란재나무

우리 이름	북한 이름
눈잣나무	누운잣나무
눈주목	설악가라목
눈향나무	누운향나무
당광나무	큰광나무
당느릅나무	털씨느릅나무
당단풍나무	넓은잎단풍나무
당매자나무	가는잎매자나무
당버들	좁은잎황철나무
당조팝나무	털조팝나무
덤불오리나무	날개오리나무
덧나무	지렁쿠나무
독일가문비나무	긴방울가문비나무
돈나무	섬엄나무
돌뽕나무	털뽕나무
된장풀	쉬풀나무
두메닥나무	조선닥나무
등대꽃나무	초롱진달래나무
등수국	넌출수국
딱총나무	푸른딱총나무
땃두릅나무	땅두릅나무
라일락	큰꽃정향나무
리기다소나무	세잎소나무
마삭줄	마삭덩굴나무

우리 이름	북한 이름
만병초	큰만병초
만주곰솔	맹산검은소나무
만첩산철쭉	두봉화
말오줌나무	울릉딱총나무
말오줌때	나도딱총나무
매실나무	매화나무
머루	산머루
먹넌출	청사조
먼나무	좀감탕나무
메타세쿼이아	수삼나무
명자나무	풀명자나무
명자순	참까치밥나무
목서	향목서나무
물앵도나무	물아귀꽃나무
물오리나무	참오리나무
물참대	댕강말발도리나무
미국개오동	꽃향오동나무
미국물푸레	뾰족잎물푸레나무
미역줄나무	메역순나무
박달목서	목서나무
박태기나무	구슬꽃나무
방크스소나무	짧은잎소나무
백당나무	접시꽃나무

우리 이름	북한 이름
백량금	선꽃나무
백송	흰소나무
버즘나무	방울나무
보리밥나무	봄보리수나무
분꽃나무	섬분꽃나무
불두화	큰접시꽃나무
붉가시나무	북가시나무
붉은병꽃나무	북병꽃나무
비술나무	비슬나무
비양나무	솜털모시풀
사위질빵	모란풀
산당화	명자나무
산벚나무	큰산벚나무
산사나무	찔광나무
산앵도나무	물앵두나무
산유자나무	산수유자나무
산철쭉	산철죽나무
산초나무	분지나무
산호수	털자금우
새비나무	털작살나무
서양까치밥나무	물알까치밥나무
서울귀룽나무	긴꼭지구름나무
섬딸기	팔장도딸기

우리 이름	북한 이름
솜대	분검정대
송악	담장나무
수수꽃다리	넓은잎정향나무
수정목	구슬뿌리나무
쉬나무	수유나무
스트로브잣나무	가는잎소나무
시닥나무	단풍자래
식나무	넙적나무
싸리	풀싸리
아광나무	뫼찔광나무
아까시나무	아카시아나무
아왜나무	사철가막살나무
애기고광나무	각시고광나무
애기등	등덩굴
약밤나무	평양밤나무
양버들	대동강뽀뿌라
양버즘나무	홑방울나무
양벚나무	단벚나무
염주나무	구슬피나무
영산홍	큰꽃철죽나무
영주치자	영주덩굴
영춘화	봄맞이꽃나무
오죽	검정대

우리 이름	북한 이름
올괴불나무	올아귀꽃나무
왕대	참대
왕벚나무	제주벗나무
용버들	고수버들
우묵사스레피나무	갯사스레피나무
웅기피나무	선봉피나무
위령선	꽃으아리
유동	기름오동나무
육지꽃버들	륙지꽃버들
은단풍	평양단풍나무
의성개나리	풀색개나리꽃나무
이나무	의나무
이스라지	산앵두나무
이태리포푸라	평양뽀뿌라
일본매자나무	좀매자나무
일본목련	황목련
일본병꽃나무	고려병꽃나무
일본잎갈나무	창성이깔나무
일본전나무	굳은잎전나무
잎갈나무	좀이깔나무
자두나무	추리나무
장구밥나무	장구밤나무
정향나무	둥근잎정향나무

우리 이름	북한 이름
족제비싸리	왜싸리
좀깨잎나무	새끼거북꼬리
종덩굴	수염종덩굴
주엽나무	주염나무
줄딸기	덩굴딸기
중국굴피나무	풍양나무
중국단풍	애기단풍나무
쥐똥나무	검정알나무
지렁쿠나무	넓은잎딱총나무
짝자래나무	짝자래갈매나무
참개암나무	뿔개암나무
참꽃나무	제주참꽃나무
참나무	상수리나무
채진목	독요나무
철쭉	철죽나무
청가시덩굴	청가시나무
층꽃나무	층꽃풀
치자나무	좀치자나무
콩배나무	좀돌배나무
태산목	큰꽃목련
털개회나무	정향나무
털인동	번들잎인동덩굴
폭나무	좀왕팽나무

북한의 나무 이름

우리 이름	북한 이름
풀싸리	자주풀싸리
풍겐스소나무	거센잎소나무
할미밀망	큰모란풀
함박꽃나무	목란
해변노간주	누운노가지나무
해변싸리	갯싸리
협죽도	류선화
홍괴불나무	숲아귀꽃나무
황근	갯아욱
황벽나무	황경피나무
황산차	황산참꽃
회나무	좀나래회나무
회목나무	실회나무
회양목	고양나무
회잎나무	좀회나무
흑오미자	검은오미자나무
히어리	조선납판나무

참고문헌

국내 문헌

강길운, 《비교언어학적 어원사전》, 한국문화사, 2010
강희안, 서윤희·이경록 역, 《양화소록》, 눌와, 1999
공우석, 《북한의 자연생태계》, 집문당, 2006
공우석, 《한반도 식생사》, 아카넷, 2003
국립생물자원관 편, 《국가 생물종 목록집: 북한지역 관속식물》, 국립생물자원관, 2019
국립수목원 편, 《식별이 쉬운 나무 도감》, 지오북, 2010
국립진주박물관, 《정유재란 1597》, 국립진주박물관, 2017
김무림, 《한국어 어원사전》, 지식과교양, 2015
김태영·김진석, 《한국의 나무》, 돌베개, 2018
나카무라 고이치, 조성진·조영렬 역, 《한시와 일화로 보는 꽃의 중국문화사》,
     뿌리와이파리, 2004
문일평, 정민 역, 《꽃밭 속의 생각》, 태학사, 2005
박문기, 《대동이》2, 정신세계사, 1991
박상진, 《궁궐의 우리 나무》, 눌와, 2014
박상진, 《우리 나무의 세계》I·II, 김영사, 2011
백문식, 《우리말 어원 사전》, 박이정, 2014
서정범, 박재양 편, 《새국어어원사전》, 보고사, 2018
송원섭, 《무궁화》, 세명서관, 2004
송응성, 최주 역, 《천공개물》, 전통문화사, 1997
송홍선, 《제주자생 상록수도감》, 풀꽃나무, 2003
신준환, 《다시 나무를 보다》, 알에이치코리아, 2014
안학수·이춘녕·박수현, 《한국농식물자원명감》, 일조각, 1982
이어령 편, 《매화》, 생각의 나무, 2003
이영노, 《한국식물도감》I·II, 교학사, 2006
이영노, 《한국의 송백류》, 이화여자대학교출판부, 1986
이우철, 《원색한국기준식물도감》, 아카데미서적, 1996
이우철, 《한국 식물명의 유래》, 일조각, 2005
이우철, 《한국식물의 고향》, 일조각, 2008
이유미, 《우리나무 백가지》, 현암사, 2015
이윤옥, 《창씨개명된 우리 풀꽃》, 인물과사상사, 2015

이진오,《한자 속에 담긴 우리문화 이야기》, 청아출판사, 1999

이창복 외,《식물분류학》, 향문사, 1985

이창복,《신고 수목학》, 향문사, 1986

이창복,《원색 대한식물도감》, 향문사, 2009

이형상, 이상규·오창명 역주,《남환박물》, 푸른역사, 2009

이호철,《한국 능금의 역사, 그 기원과 발전》, 문학과지성사, 2002

임경빈,《나무백과》, 일지사, 1982

임경빈,《우리 숲의 문화》, 광림공사, 1993

임경빈,《이야기가 있는 나무백과》, 서울대학교출판부, 2019

임소영,《한국어 식물이름의 연구》, 한국문화사, 1997

임업연구원 편,《한국수목도감》, 임업연구원, 1987

장진성·김휘·길희영,《한반도 수목 필드가이드》, 디자인포스트, 2012

정광 편저,《왜어유해》, 태학사, 1992

정약용, 김종권 역,《아언각비》, 일지사, 1992

정약용, 송재소 역주,《다산시선》, 창작과비평사, 1997

정태현 외 2인,《조선식물명집》I, II, 조선생물학회, 1949

정태현 외 3인,《조선식물향명집》, 조선박물연구회, 1937

정태현,《한국식물도감》상권 목본부, 신지사, 1957

정태현,《한국식물도감》상, 신지사, 1956

조영수,《색채의 연상》, 시루, 2017

최영전,《한국민속식물》, 아카데미서적, 1997

플로렌스 헤들스톤 크레인, 최양식 역,《한국의 들꽃과 전설》, 선인, 2015

하영삼,《한자어원사전》, 도서출판3, 2014

한국정신문화연구원 편,《조선후기한자어휘검색사전: 물명고·광재물보》,
    한국정신문화연구원, 1997

허북구·박석근,《궁금할 때 바로 찾는 우리 나무 도감》, 중앙생활사, 2015

허준, 조헌영·김동일 외 역,《동의보감: 탕액·침구편》, 여강, 2007

홍석모, 정승모 역,《동국시세기》, 풀빛, 2009

북한 문헌

김현삼·리수진·박형선·김매근,《식물원색도감》, 과학백과사전종합출판사,
    1988(영인본)

리성대·리금철,《천연기념물편람》, 북한 농업출판사, 1994(영인본)

임재록,《조선식물지》, 과학기술출판사, 1996(영인본)

중국 문헌

郑万钧 외, 《中国树木志》, 中国林北出版社, 1985
冯宋明, 《Dictionary of seed plants names: Latin-Chinese-English》,
    중국과학출판사, 1989

일본 문헌

村田懋麿, 《土名対照鮮滿植物字彙》, 目白書院, 1932
山林暹, 《朝鮮産木材の識別》, 林業試験場, 1938
上原敬二, 《樹木大圖說》I · II · III, 有明書房, 1964
北村四郎·村田源, 《原色日本植物図鑑》木本編 1·2, 保育社, 1994
深津正·小林義雄, 《木の名の由來》, 東京書籍, 1997
岡部誠, 《由来がわかる木の名前》, 日東書院, 2002
平川南 편, 《古代日本文字の来た道》, 大修館書店, 2005
加納喜光, 《動植物の漢字がわかる》, 山海堂´2007
加納喜光, 《植物の漢字語源辞典》, 東京堂出版, 2008

온라인 자료

국가생물종자원시스템(www.nature.go.kr/main/Main.do)
국가표준식물목록(www.nature.go.kr/kpni/index.do)
국립생물자원관(www.nibr.go.kr)
국립국어원 표준어대사전(stdict.korean.go.kr/main/main.do)
한국고전종합DB(db.itkc.or.kr)
한국민족문화대백과사전(encykorea.aks.ac.kr)
나무 이름유래(blog.naver.com/mistnote)
낙은재(blog.daum.net/tnknam)
식물의종소명(blog.naver.com/sohparm/40138052216)
GZK植物事典(gkzplant2.ec-net.jp/index.html)
北海道大學 植物生態(hosho.ees.hokudai.ac.jp/~tsuyu/top/dct/language-j.html)
森林総合硏究所(www.ffpri.affrc.go.jp)
中国林业科学研究院(www.caf.ac.cn)

찾아보기

찾아보기

찾아보기

우리 나무 이름 사전

초판 1쇄 발행일 2019년 8월 26일
초판 3쇄 발행일 2022년 11월 30일

지은이   박상진

펴낸이   김효형
펴낸곳   (주)눌와
등록번호   1999.7.26. 제10-1795호
주소   서울시 마포구 월드컵북로16길 51, 2층
전화   02-3143-4633
팩스   02-3143-4631
페이스북   www.facebook.com/nulwabook
블로그   blog.naver.com/nulwa
전자우편   nulwa@naver.com
편집   김선미, 김지수, 임준호
디자인   엄희란

책임 편집   김지수
나뭇잎 일러스트   한수정
표지·본문 디자인 로컬앤드

제작 진행   공간
인쇄   더블비
제본   비춤바인텍

ISBN 979-11-89074-15-9 (03480)